U0006087

日本設計師才懂の

好房子法則

An Awesome Atlas of House Building Solutions

黑崎 敏 著　桑田 德 譯

1 PLANNING

2 SPACE

3 ELEMENT

4 DETAIL

5 MATERIAL

6 SITE

7 URBAN

原點

CONTENTS

1 PLANNING 計劃——住宅設計的第一步

2 SPACE 空間——追求個人的極致空間

3 ELEMENT 元素——空間的構成要素

4 DETAIL 細節——講究細部的設計

5 MATERIAL 素材——日新月異的設計選材

6 SITE 環境——創造絕佳住家環境的方法

7 URBAN
都市——享受舒適的城市生活

都市

圖面符號說明——

view move wind sun

1

PLANNING

計劃—— 住宅設計的第一步

01

為居住空間創造節奏感的迴游動線

A migratory flow to bring a rhythm to a residential space

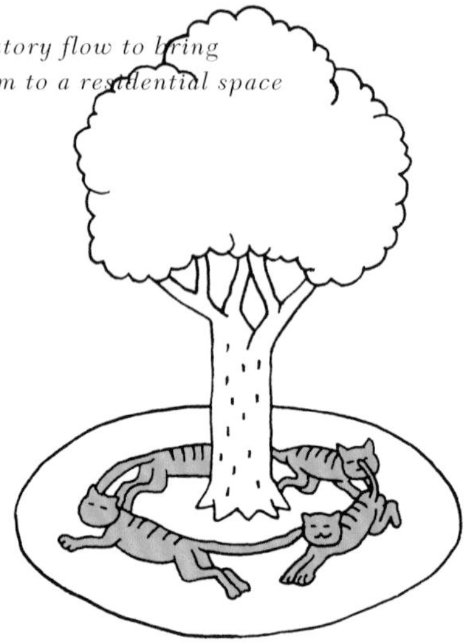

日本江戶時代（一六〇三年～一八六七年）出現了一種新式庭園，也就是所謂的「迴游式庭園」。這種可以在漫遊中一面欣賞庭園造景的「迴游式設計」，也常用於住宅內的空間設計，可在居住者的活動中同步呈現整個居住空間，彷彿同時看見好幾個不一樣的空間表情。就在視野逐漸展開之際，會感覺整個空間比實際的大小更為寬敞，因此應用在空間較小的住宅時效果格外明顯。

迴游式設計還有另一個特色：比起朝著單一方向展開的空間而言，比較不會產生封閉感。小孩子特別能夠感受到這一點，會不知不覺循著迴游的動線繞行奔跑，因為這種動線不會給人壓力，而且「迴游」本身即代表空間的開放性。

這種迴游式的開放，為居家生活提供了流動感和節奏感，進而提高活動效率。這也是迴游式設計之所以會被應用在家庭主婦使用最為頻繁的「家事動線」的原因。這條動線未必是一條走道，也可能利用某個類似房間的空間，甚至是大膽直接貫穿建築物的內外。設計師放棄了傳統單調的走廊設計，改以寬度適中的一筆畫設計。如此大膽的設計，能讓人立刻體驗到完全出乎意料的景致。

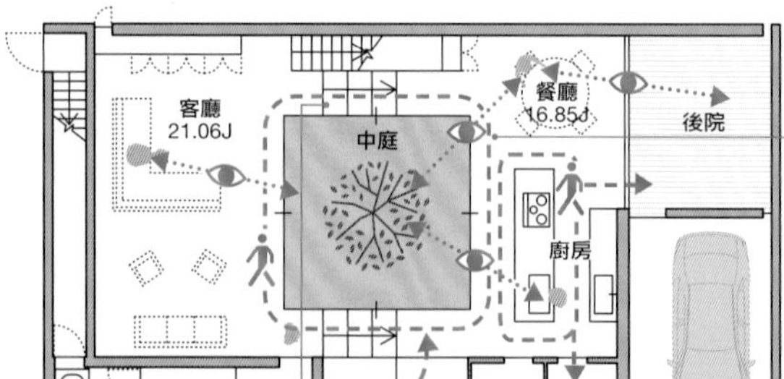

體驗各種不同的意外風光

POINT 1
透過迴游，享受空間中各種不同的表情。

一樓平面圖　S=1:250
（單位：J約合1個榻榻米，2個榻榻米約合1坪。）

POINT 2
利用平緩的高低差製造空間變化，為居家生活營造舒適的節奏感。

左：從餐廳廚房可以穿越中庭看到客廳。藉由空間的連貫、整合，自然呈現出迴游式的開放，而不採用傳統的走廊動線。
右：從客廳望向廚房。樓梯上方的自然光線與中庭的主樹（symbol tree），令人不禁想沿著平緩的寬面階梯，到對面的空間一探究竟。

感受內外的渾然一體

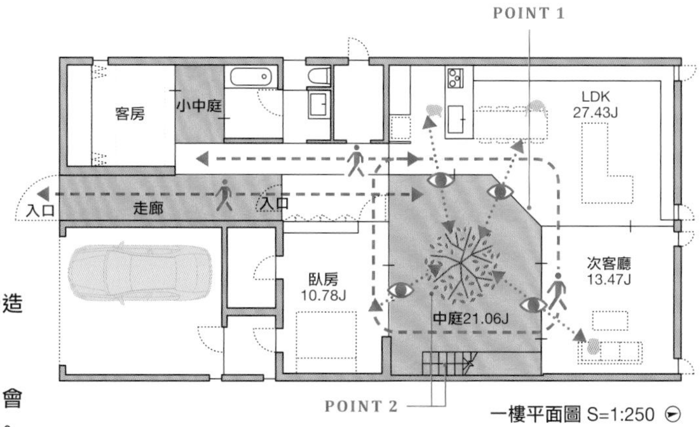

一樓平面圖 S=1:250

POINT 1

利用連續的落地窗作為區隔，營造出空間中一氣呵成的流動感。

POINT 2

在迴游空間中，視焦（eyestop）會自動移向中庭的主樹和龍骨梯上。

左：吸引視焦的位置成了整條迴游動線的中心點，將內外空間緊密連結起來。

右：俯瞰中庭。利用具有節奏感的連續式落地窗和推拉門，創造出一氣呵成的迴游開放。

透過高度的變化營造開放性

左：刻意製造席地而坐的客廳和餐廳廚房之間的高度差，藉此吸引居住者的視線，讓空間自然產生連續性。

右：餐廳廚房和玄關的高度一致，客廳又和外頭的木作露台高度一致，藉此貫穿內外，營造連續的空間。

POINT 1

利用天花板和地板的水平高度，創造空間中的流動性和節奏感，以及整體空間的開放性。

POINT 2

透過挑高和開放式設計，強化迴游時的立體感和空間的深度。

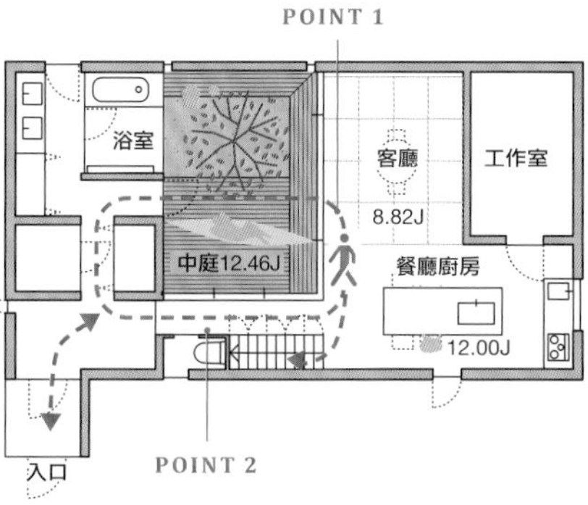

一樓平面圖 S=1:250

02

串連縱向空間的立體動線

A vertical work in a residential space

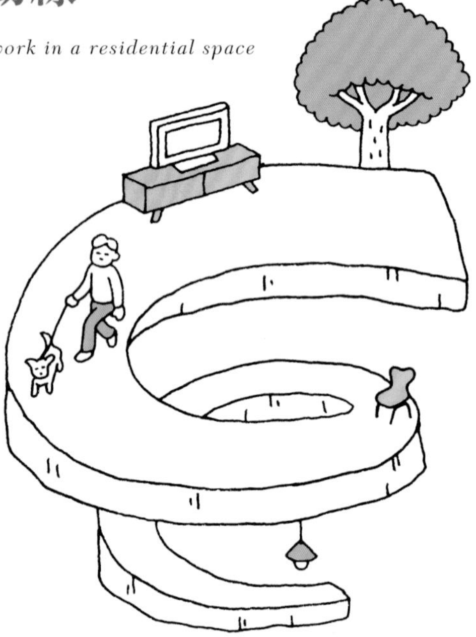

在寸土寸金的都市裡，建築在一小塊彈丸之地上的「塔型」住宅相當常見。為了有效運用有限的基地，設計師必須將設計的重點從長度、寬度轉移至高度。因此這類住宅的空間設計，極少看到nLDK（N個客廳、餐廳、廚房）式的平面分布，而多採取立體式的分層架構。可想而知，串連立體空間的動線當然不會是「走廊」，而是縱向的「樓梯」。換言之，基地狹小的住宅設計，重點多在如何讓居住者在樓梯的結構中享受生活的樂趣。

好比樓梯側面的牆壁若是一整面書架，上下樓梯時即可隨心所欲地取書，彷若置身書店之中。假若是一棟採取挑高夾層式設計（Skip floor）、縱向延伸的居住空間，若能把俯視和仰望都加入平日可見的視野裡，即可享受到一般平面公寓無法享受到的節奏感。因此，將住宅的空間朝縱向拉高，可說是讓居住者在都市空間中散步的一種設計手法。

屋主可以把藏書、CD、黑膠唱片收納在樓梯邊的牆面層架上，在有限的空間和日常活動中享受空間運用的樂趣。

POINT

透過樓梯間的縱向散步，享受立體的居住空間。

在附設書架的樓梯上縱向散步

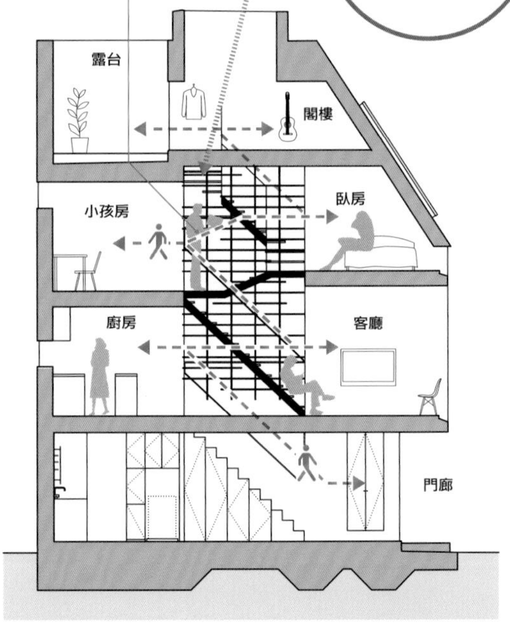

斷面圖 S=1:150

利用天井強調空間的高度

POINT

刻意營造的俯視和仰望的挑高視野，讓空間變得加倍寬敞。

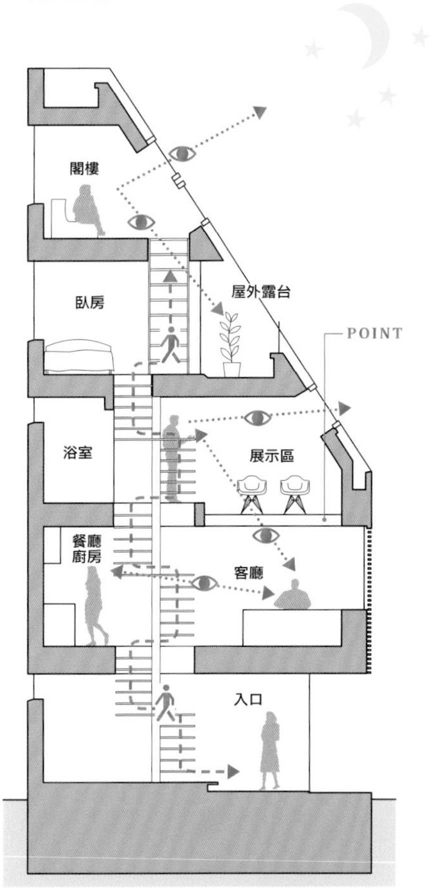

斷面圖 S=1:150

上：利用天井周邊的結構樑空間，展示屋主蒐集的伊姆斯椅（Eames Chair）。這是透過創意的設計，營造立體空間的極佳範例。

下：安排在空間中央的鏤空式樓梯，為居住者創造出一種輕盈的縱向設計印象，讓人不禁想上樓一探究竟。

03 提高效率的精簡化 家事動線

A housekeeping flow to compactify

所謂「家事動線」，是指洗衣、做菜時的活動路線。要讓家事進行變得更有效率，必須盡可能集中用水位置，縮短動線距離。換言之，家事動線所講求的，正是「精簡」。

動線的寬度必須至少維持在八十公分，而且動線途中不可擺放任何物品。途中若設有門戶，勢必會影響家事的進行，有礙效率。若非加設門片不可，則以左右橫推的推拉門為宜。動線繞行的空間本身，則最好採用駕駛座艙式（cockpit）概念作為設計基礎，因為這樣的設計最具機動性，可以在做家事時顧及家人或小孩。

吧檯式或開放式廚房由於視野較廣，既能一體全觀，又能同步做事，是最安心的選擇。此外，若能把廚房和室內空間連結在一塊，且能輕鬆進出露台和後門，做起事來必定更為得心應手。在思考家事動線的同時，留意室內通風的狀況也是設計廚房時的一大重點。

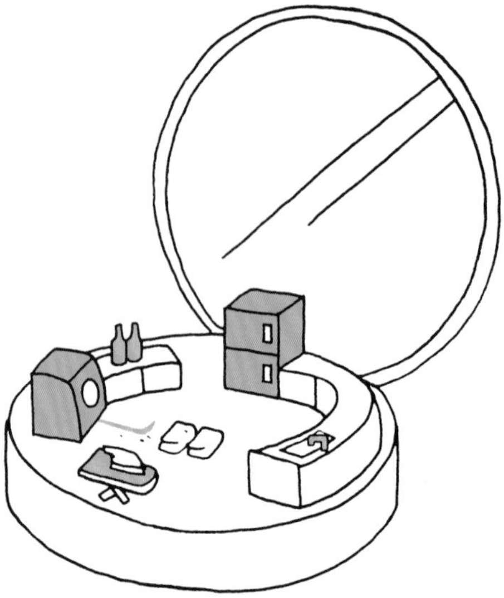

十字動線 提高家事效率

POINT

十字動線也是家事動線的一種選擇。將原本的隔間改為推拉門，進行家事變得更為得心應手。

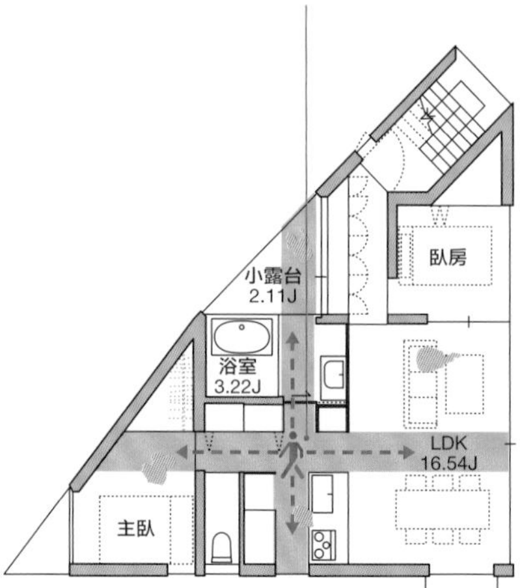

二樓平面圖 S=1:200

在廚房做菜時，視線可直達化妝間後方的小露台，做起家事來既安心又有效率。

既區隔又連結的家事空間

從廚房可以穿過透明強化玻璃隔間，清楚看見化妝間。視覺上的連結既能讓室內空間感覺更為寬敞，也能提高家事效率。

POINT 1
把廚房、化妝間、小露台集中在同一個區塊，讓家事動線變得更具機動性。

POINT 2
藉由化妝間的透明強化玻璃隔間，把廚房改換成擁有廣角視野的活動空間。

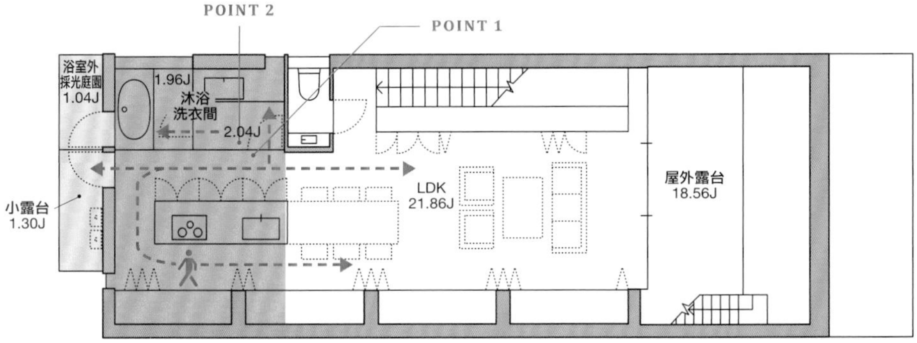

二樓平面圖 S=1:150

將家事空間整合成一處完整的後花園

POINT 1
配合家事，設計成餐廳→廚房→小露台→浴室→盥洗室→洗衣間一筆畫的連續最短距離。

POINT 2
若發生家事動線和生活動線交錯的情況，最好的處理方式就是盡量避免其他動線造成二度干擾。

左：從餐廳越過廚房望向小露台。最短的直線距離，永遠是最具效率的選擇。
右：開放式小露台（花園）不僅和廚房相通，也和浴室相連，形成視覺上的中庭效果。

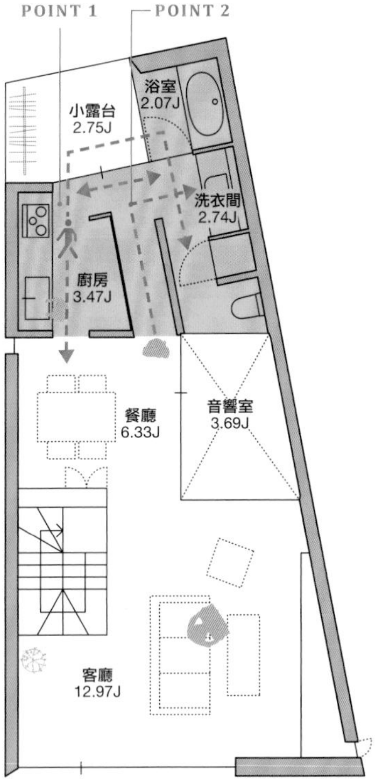

二樓平面圖 S=1:150

提升居住性的過渡空間

An intermediate space with high-livability

傳統的日式房屋，最常看到內部空間卻在外部、外部空間卻屬於內部的設計，也就是所謂的「過渡空間」。譬如地面直接延伸自外頭巷弄的「土間」，以及明顯由內部空間向外延伸而成的「緣側」、「廣側」和屋簷。這類空間之所以能讓人感到寧靜，原因就在於同時內外兩棲，既能接觸戶外的自然和四季變化，又能和家中的家人維持一定的交流。

過渡空間在和四周的元素建立關聯的同時，由於本身既屬於內部，也屬於外部，因而也具有平衡內外的效果。西方建築也有所謂的內院（court）和露台（patio），其實也是一種把中庭納入內部空間的設計手法。同樣的手法，在日本早年的「長屋」也可看到在有限空間內創造開放性的類似設計概念。

過渡空間的設計可以透過寬度、對外開口的形式、地板的高低差，營造出更具深度且細膩的空間表現。在思考如何提升住宅居住性時，務必針對過渡空間做出最周全的處理和安排。

活用高低差＋相同設計連結內外

POINT 1
把稍微抬高的客廳空間和屋外的露台設成相同的高度，以突顯內外之間的關聯。

POINT 2
將內部的水泥牆面直接延伸到屋外的露台，產生內外合一的效果，而屋外露台的開放感也會隨即影響到內部空間。

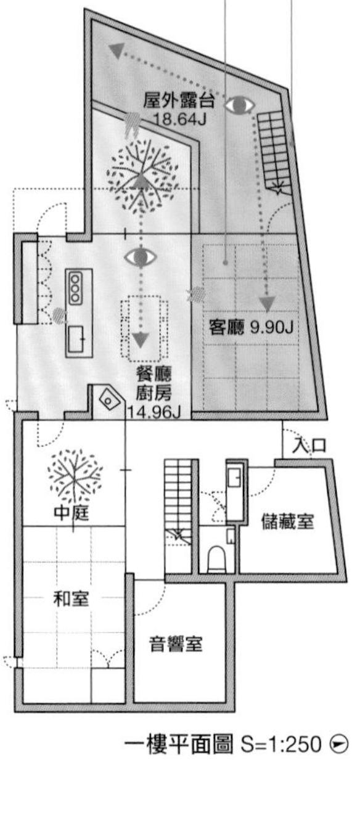

一樓平面圖 S=1:250

從水泥裸牆的LDK望向連續延伸的屋外露台。客廳和屋外露台地板同高，因而更加強了空間本身的延續性。

利用內外的界線營造空間延續性

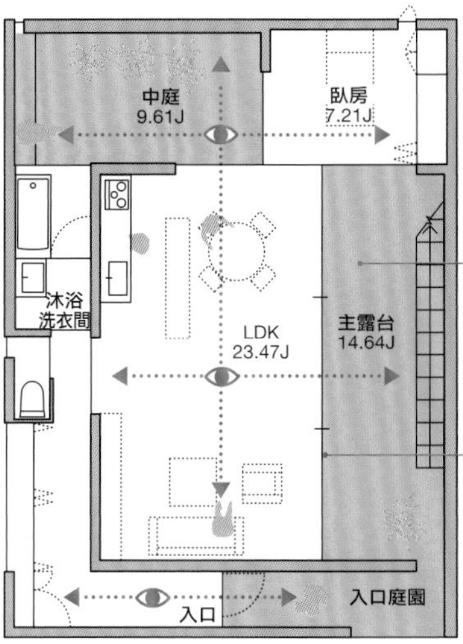

一樓平面圖 S=1:200

POINT 1

由外牆所包圍的內部露台，經由分散設計，製造內外之間模糊不清的界線，讓空間感覺更為寬敞。

POINT 2

面對露台開口採用全開式落地窗設計，營造出內外連續的過渡空間。

上：全開式落地窗外的露台就是名副其實的過渡空間。緊貼在牆面上的裝飾樓梯變成借景，形成室內景觀的一部分。
下：在和周邊環境清楚區隔的同時，又將內部向外延伸，因而創造出一片私人專屬的天空視野。

相對於一樓採取的開放式設計，讓停車場和巷道產生連續性，二樓則顧及生活的隱密性，在南邊特別設置了高架式圍牆。

納入戶外空間延伸室內空間

POINT 1

當木作拉門完全開啟時，室內空間立即延伸至戶外。視覺上會自然把空間的範圍延伸至正面的牆壁。

POINT 2

刻意納入周邊的巷道空間，所營造而成的一樓停車場。採用開放式設計，選擇了不致讓人感覺封閉的鋼骨高架式外牆。

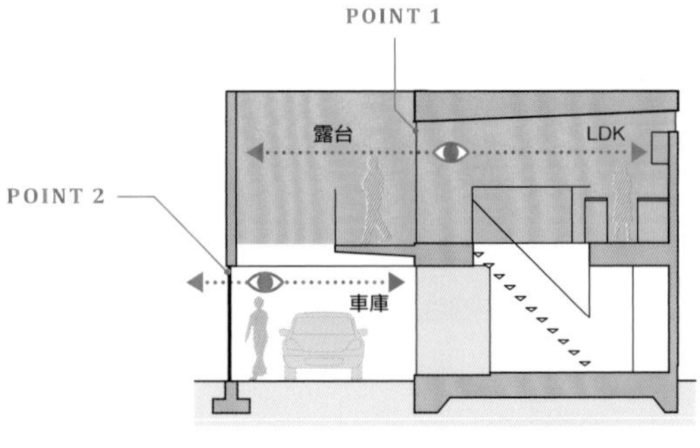

斷面圖 S=1:200

05 猶如住宅骨骼的樓梯動線

Steps to be a frame in a house

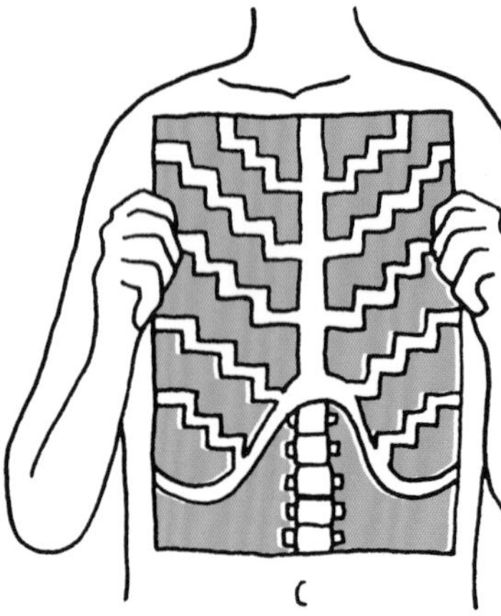

若非平房，一般的住宅裡一定少不了「樓梯」，然而樓梯的功能又絕非僅止於連結不同樓層的作用。樓梯的存在，不僅可以改變空間的景觀視野，本身也可作為隔間、舞台，乃至裝飾，好比運動場上的全能運動員。

住家樓梯的寬度至少必須有七十五公分，同時，因種類的不同，所佔據的空間也不一樣。譬如直式樓梯最節省空間，螺旋式樓梯所需的空間則稍微大些。樓梯扶手的安裝方式則可用來突顯空間的開放性或封閉性。特別是面積較小的住宅，與其選擇用牆壁包圍而成的樓梯間，不如改採將樓梯視為生活空間一部分的「生活式樓梯」。

若是兼具家事動線之類、串連不同空間的樓梯，設在空間的邊緣反而容易讓動線變得更為複雜；為求簡化動線，設在住宅正中央才是上策。若能讓居住者在上下樓梯時不禁駐足、回首，觀望意外的風光景致，則是樓梯設計中的極品之作。樓梯既是住宅的骨骼，也具有提升室內氣氛的功能。

左：去除樓梯的豎板，不僅可以加大視野，還能強化一樓的採光。

右：陽光從夾層平台沿著傾斜的天花板照入室內，讓整個空間包裹在柔和的光線之中。整座樓梯的特色在於，不論上下樓時都能享受到陽光的撫慰。

上下樓梯同時享受景觀視野

POINT 1

刻意把樓梯的動線設計成三角形，創造出直角式樓梯無法營造的意外景致。

POINT 2

配合梯形建築設計而成的樓梯，刻意把LDK的視野導向上方。

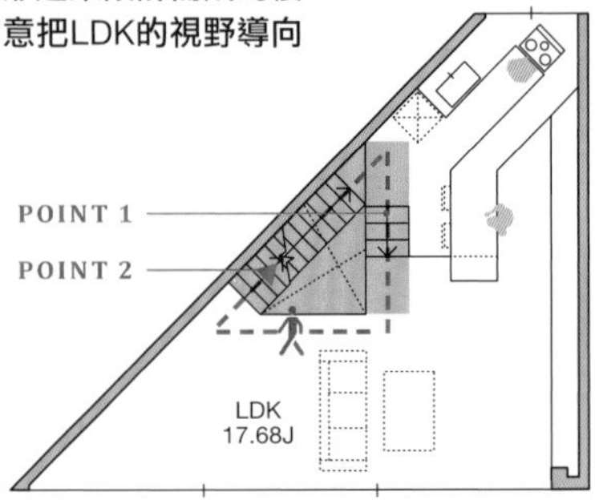

二樓平面圖 S=1:200

刻意把貫穿整座夾層屋天井的鋼骨樓梯設在空間正中央，實現了極為簡潔的樓梯動線。

利用輕量樓梯營造開放空間

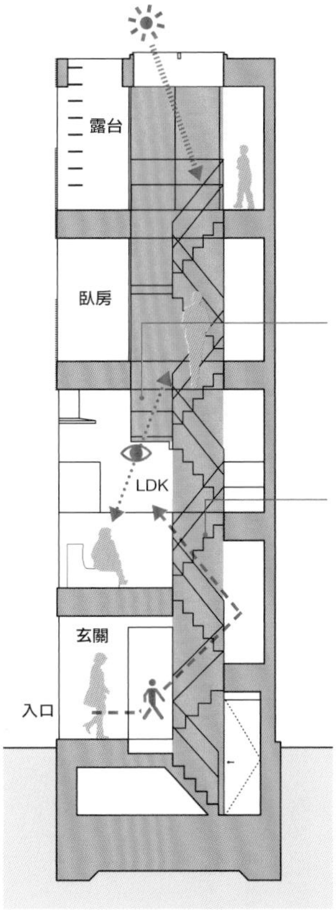

POINT 1

採用鋼骨材料，從天花板垂吊而下的樓梯間，營造出輕量且一氣呵成的連續樓梯。

POINT 2

去除了樓梯的豎板，並採用輕薄的踏板，讓樓梯整體更顯輕盈，避免金屬可能帶來的壓迫感。

斷面圖 S=1:150

將樓梯動線集中在空間正中央

POINT 1

刻意把樓梯設在房子的正中央，藉此將所有動線縮到最短的距離。

POINT 2

把樓梯設在客廳和餐廳的中間，柔和地區隔出不同的生活空間。

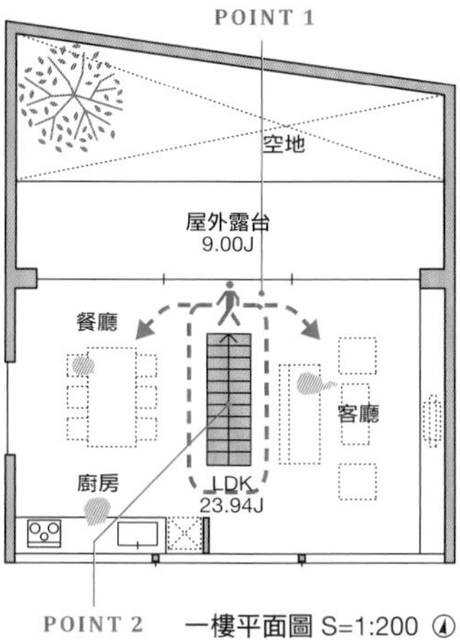

一樓平面圖 S=1:200

上：玄關空間的龍骨梯本身就是空間中的裝飾品，藉此突顯出空間特殊的氣質。

下：爬上樓梯後會見到刻意鏤空的圍欄，為空間營造出舒適和開放感。

讓空間充滿動感的
挑高夾層式設計

Skip-floor to give a rhythm to space

擴大樓梯間的範圍，即可把整個空間提升成夾層屋的設計。每一個樓層的高度只有半個樓梯，藉以製造樓層間獨特的關聯，讓向下和向上的視線彼此交錯。這是一般集合住宅不可能享受得到的景致。

特別是都市住宅，人們難免會想體驗到更大的空間感和連續性。因此，與其製造隔間，不如利用挑高夾層式設計，效果會更好。一來，空間本身好像變成了生活的舞台，二來，空間與空間之間自然產生了「看」與「被看」的關係。

不過，在體驗天井升降和更具深度的動態空間之際，隨之產生的則是隱私、空調、聲音等有待克服的問題。而且，變化過大或太過陡直的樓梯，並不適用於高齡者的住宅。因此這一類設計，如何配合居住者的生活型態、提供權衡的「夾層生活」，才是最大重點。

前後的庭園和室內彼此交錯且連貫。透過視線與活動的交錯，營造出一幅充滿節奏感的生活風景。

POINT 1

揚棄以牆壁作為隔間，改採固定的高低差作為區隔，將整個空間串連成一個極大的空間，營造出寬敞和節奏感。

POINT 2

除了高低差，空間的配置全面採取立體交錯的設計，讓空間的表現更顯活潑動感。

不斷交錯的地板和空間

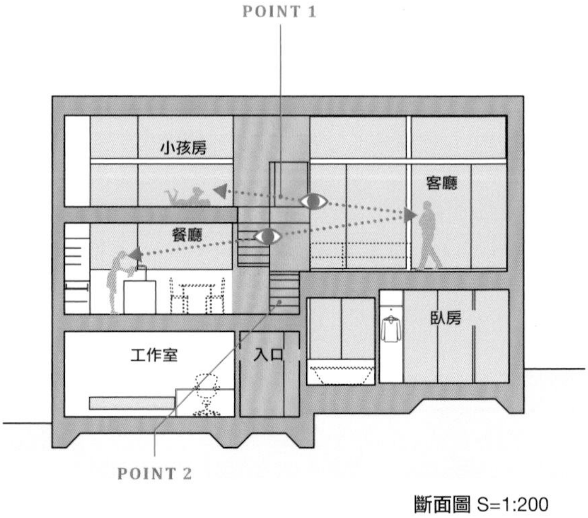

斷面圖 S=1:200

利用地板高度改變單調的樓層設計

POINT 1

在狹小的空間裡，中央設置一座大型的樓梯天井，藉此分隔出前後分明的夾層空間，讓夾層彼此產生「看」與「被看」的交互作用，以及成對的關聯性。

POINT 2

節奏感十足的天井不僅創造出向上和向下許多不同的視野景致，也提升了室內的採光；光線由上而下，讓天井搖身一變成為開展樓下各空間的裝置。

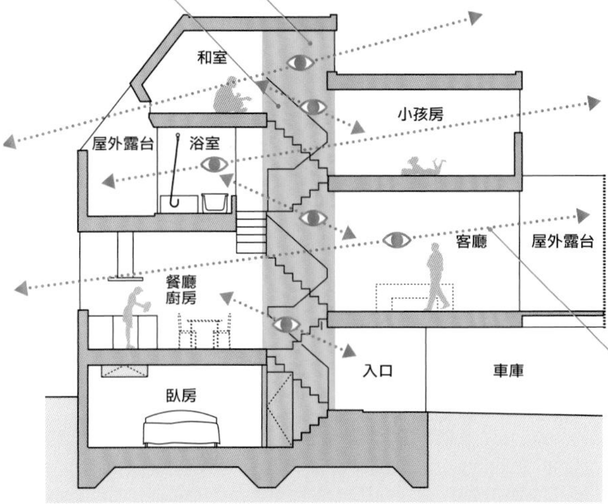

POINT 3

將空間中較長的一邊設計成隧道的形狀，為前後、上下建立起視線上的關聯。

斷面圖 S=1:200

藉由中央樓梯的設置，將地下一樓至地上三樓串連成一個徐徐上升的連續空間；超大的樓梯間彷若舞台。

左：挑高夾層式設計的一大特色在於，將有限的空間發揮到極致的寬敞。
右：浴室採用透明強化玻璃作為隔間，讓居住者能夠一眼望見每一個相連的夾層空間。

改變空間氣氛的
天花板高度

A control of ceiling height to give a change to a scale

「寬敞」一詞不僅意味著平面的「大」，更多時候也包含了天花板的「高」。天花板的高度足以改變空間的寬敞度和空間整體的規模。

一般來說，天花板較低的空間比較容易營造親密性和親和性，而天花板較高的空間大多能突顯空間的氣勢和氣派。因此要求親密性的和室，通常天花板較低；講究氣派的入口大廳，天花板則較高。總之，高度的選擇必須因地制宜。也因此，天花板的高度設計確實是一種替空間創造特殊功能的手法。

即便是大套房，藉由天花板不同且連續的高度變化，也能營造出獨特的節奏，不致落於單調平凡。就像在夾層屋內設計地板高低差一樣，天花板的高度變化雖無法創造出視覺上的交錯感，卻可以讓居住者感受到空間中完全不同的氣氛。

透過天花板的高度變化，創造空間的動感

POINT 1

餐廳廚房和客廳之間的二樓夾層，藉由天花板的高度變化，強調各自的空間特性。

POINT 2

藉由天窗映入的光線和螺旋式樓梯，刻意強調空間的縱向，進而突顯挑高設計的空間感。

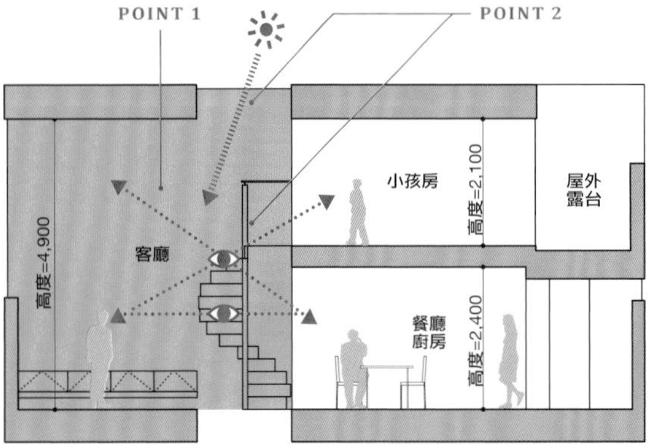

斷面圖 S=1:150

利用配置了大型天井的客廳和挑高較低的餐廳廚房形成明顯的對比，在彼此相連的空間之間，製造出無形的區隔。

高低差＋傾斜的天花板改變室內氛圍

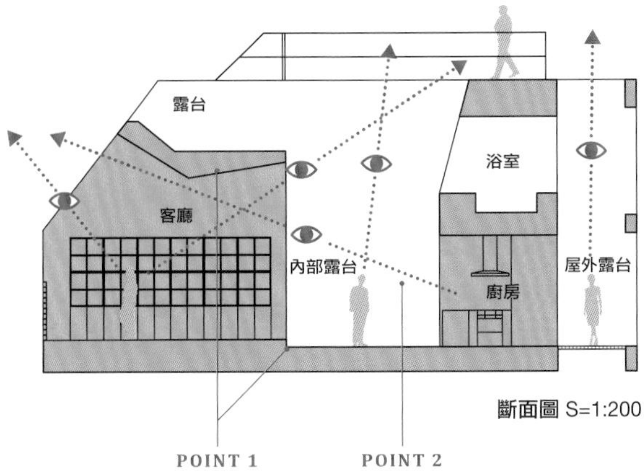

斷面圖 S=1:200

POINT 1

搭配刻意安排的挑高設計，地板的高低差和傾斜的天花板立刻改變了空間整體的感覺。

POINT 2

透過內部露台的設置，並搭配展開視野的對外開口，製造出內外的關聯性，也讓居住者體會到空間規模的變化。

左：結合天窗和傾斜的天花板，為空間帶來舒適的節奏感。
右：位在夾層二樓的內部露台，也是為室內營造開放性的設計。
下：從廚房望向客廳。空間的明暗對比來自天花板的高度變化，而地板的高低差也讓客廳搖身一變，成為名副其實的生活舞台。

創造深度和距離感的主從架構

A main house and a dependence to produce a depth in-between space

主要空間和附屬空間一大一小的成對架構，也經常出現在住宅設計中。透過這類手法，可為居住空間內的視覺帶來無可取代的豐富性。隨著相對位置的改變，會自然產生極具趣味性的深度和距離感，因此，位置的控制是設計時必須特別掌握的重點。

變化的關鍵在於，不論從主要空間望向附屬空間，或從附屬空間望向主要空間，都要能讓居住者享受到不同的韻味。在彼此的位置互動中，油然生起一股穩定、平衡的感覺，透過彼此的空間距離，讓人更明確感受到自己所在的位置。

主要空間和附屬空間的功能差異越大，或者距離越遠，會更突顯兩者的對立關係，並拉大彼此的距離。

住家裡的主要空間和附屬空間是由無數的素材所搭配而成，看似一體，又非一體。正因為如此，設計時必須兼顧兩者，考慮周全才行。

左：隔著中庭、視覺上彼此連結的主廳和後廳。
右：由中庭抬頭看到主廳、後廳兩個全然不同調性的空間。

設計主、從兩個客廳

POINT

中間隔著中庭、彼此對峙的主廳和後廳，兩者既擁有完全不同的調性，同時藉由玻璃隔間，又呈現出彼此仍是一體的空間感。

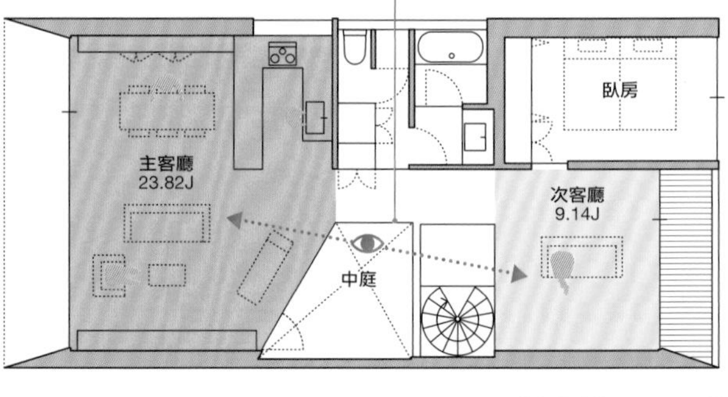

二樓平面圖 S=1:200

創造起居室和客房的關聯

POINT

緊鄰餐廳廚房、席地而坐的客廳，和隔著中庭遙遙相望的和室，既保持著互不侵犯的距離，又清楚分隔出各自的功能。

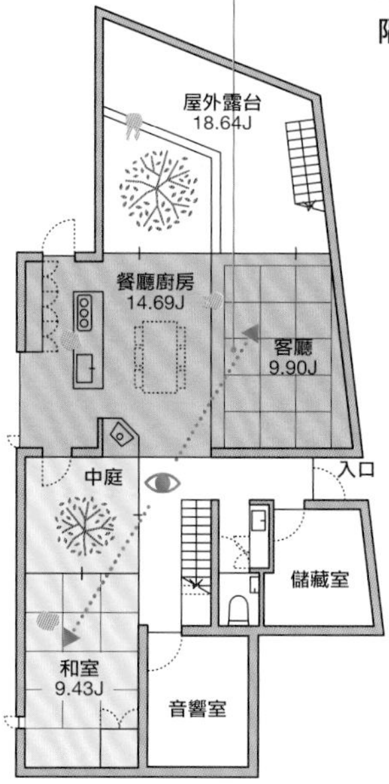

一樓平面圖 S=1:250

上：和室的客房外頭有個造景中庭，穿過中庭，可以清楚望見對面的起居室。
下：隔著種植著變葉木主樹的中庭，可以清楚看見對面鋪著榻榻米的客房。

正面右手邊是主露台，正面後方則是次露台。作為附屬空間的小臥房，就設在主要空間、大客廳的後面。

明確區分私人空間和公共空間

POINT

利用巧妙的偏移效果，在空間中製造出特殊的距離感。主要空間和附屬空間既彼此相連，同時也明確區分了公共空間和私人空間，各自擁有專屬的露台。

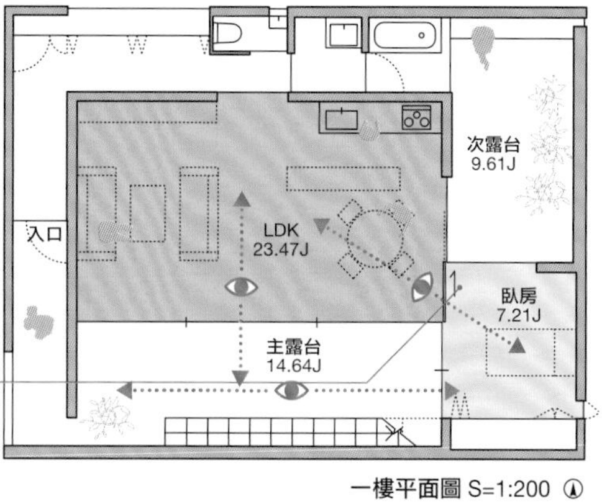

一樓平面圖 S=1:200

09 連結內外空間的庭園功能

A role of a courtyard to blur boundary for inside and outside space

當設計師企圖營造一處「看似在內，卻像在外」的居住空間時，最常運用的就是庭園所帶來的效果。藉由將外部的中庭轉換成內部空間的手法，讓內部空間瞬間和外部空間產生關聯。簡言之，住宅內的中庭，毫無疑問屬於內部，而非外部。

小型庭園和採光庭園的發想，不僅確保了室內的光線和空氣的流通，更提醒我們應該經常留意「自然」的重要。而利用加大、加寬的雨遮或屋簷所形成的簷下空間，也是一種將外部納入室內的有效手法。

庭園是距離室內最近的外部空間，因此特別容易影響內外關係的建立。必須瞭解，對外開口的設計會直接影響室內與外部空間的距離感。此外，也應極力避免將人車往來頻繁的外部納為庭園，遇到類似的情形，不如盡量和它保持一定的距離。總之，庭園最原始的目的就是要創造和內部空間共存且舒適的關聯性。

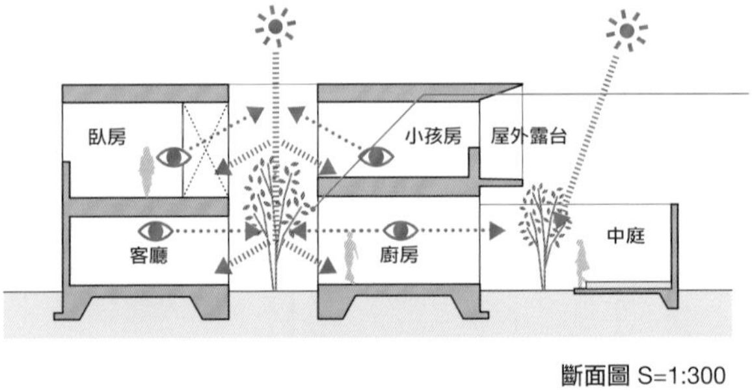

斷面圖 S=1:300

POINT
在較深的建築中央設置中庭，藉此納入自然光線。由於居住者會自然把視線移向光線明亮的採光庭園，內外的關係便於焉建立。

設置小型庭園納入自然光線

藉由突顯中庭的明亮和室內的昏暗，創造對比，營造一處舒適、寧靜的空間。

利用不同調性的庭園，創造不同的風景

左：利用緊鄰客房的一方小中庭，讓室內得享柔和的光線。
右：由兩側高牆所包圍的入口中庭，形成一處深長的過渡空間，目的是轉換出入者的情緒。

POINT 1

兼具前庭功能的狹長入口中庭，是刻意用來轉換出入者情緒的裝置。

POINT 2

利用種植在中庭的一株主樹，加強居住者的向心力，以及和自然共存的無形感動。

POINT 3

設在客房和浴室之間的小中庭（採光庭園），形成了一處享受陽光與自然的小空間，同時讓居住者感受到與大中庭大不相同的寧靜景致。

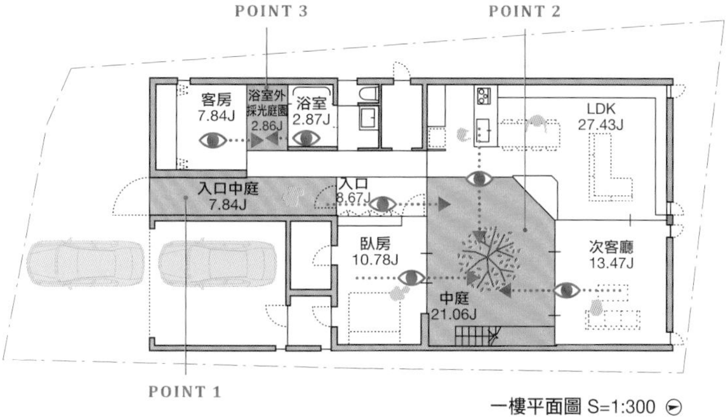

一樓平面圖 S=1:300

面對中庭的大型連續落地窗，為不同的空間營造出動態的關聯性。

利用對外開口納入全景視野

A cozy view taken in from an opening

從近乎封閉的狹小空間，眺望整片遼闊的全景視野，是件多麼令人開心的事。這種眺望的快感，也就是所謂「視覺領域」（Isovist），是設計師追求舒適設計時極為常見的手法。

譬如到日本箱根，從飯店房間外的露台眺望山巒美景，感動不在話下；然而，倘若換成是從一間五十坪的大房間向外眺望，可想而知，那份感動勢必大大降低。空間設計的關鍵在於，是否能夠事先在眺望的主體和被眺望的客體之間，建立起一個最恰當的比例關係。

在住宅方面，運用落地窗向外借景，可提升裝飾效果，同時，這樣的效果也取決於對外開口附近的家具擺設。因此，在建地開始進行設計的階段，必須同時考量開口處的視野景觀及家具的選擇等細節。總之，不論營造出多少處視覺領域，舒適性終究是設計最根本的前提。

創造視線的穿透性，取得全景視野

上：穿透緊鄰浴室的小露台，享受眺望的快感。浴缸的高度和視線的開口，乃是舒適與否的關鍵所在。
下：為了能充分享受到住宅北邊的景觀視野，室內刻意安排了全景落地窗。

POINT 1
利用落地窗取得全景視野的對外開口，是創造景觀最重要的裝置。

POINT 2
藉由和浴缸高度一致的小露台和外牆之間的水平線，擷取外部的景觀視野，創造一處造景浴室。浸泡在浴缸的同時，彷彿獨自享有一整片的視覺領域。

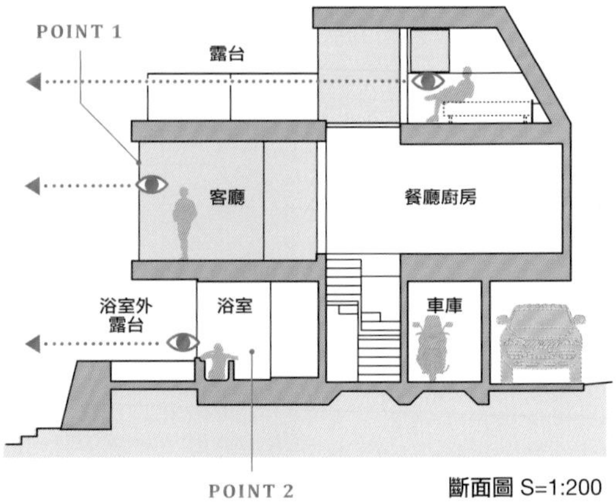

斷面圖 S=1:200

利用全開式落地窗，取得眺望視野

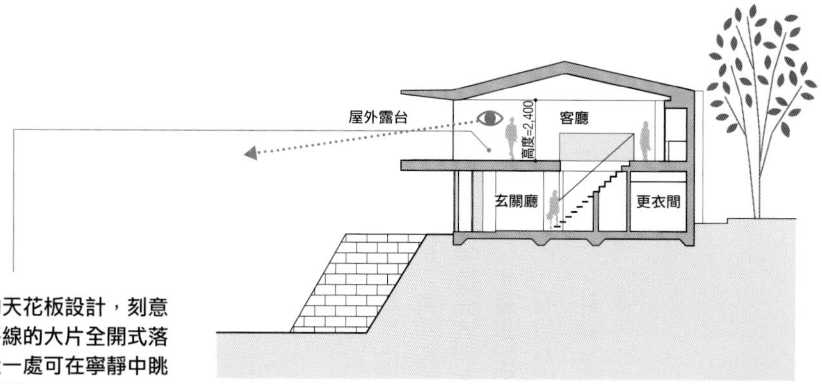

斷面圖 S=1:300

POINT

相對挑高傾斜的天花板設計，刻意選擇了強調水平線的大片全開式落地窗，藉以營造一處可在寧靜中眺望遠方的視覺領域。

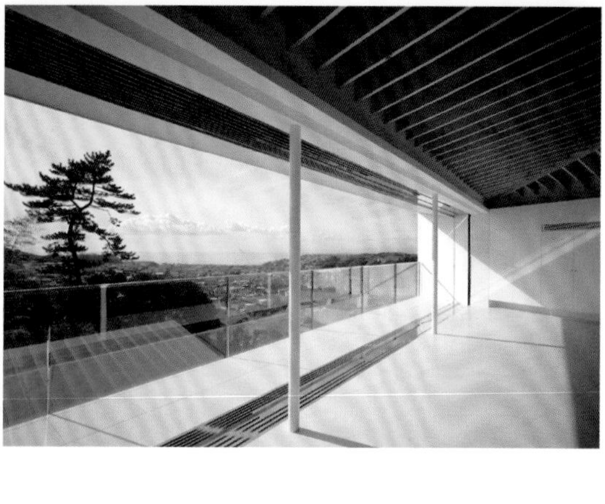

上：拉門完全敞開時，立即產生出協調內外的過渡空間，並和外部極致的景觀視野融為一體。
左下：透過狹長玄關前方的大片透明落地窗的刻意安排，成功營造出高度舒適性的視野領域。
右下：利用突顯雨披和屋外露台的水平線，擷取外圍的森林和海洋景觀，將外部借景納入室內。

放大空間尺寸的瘦身結構體

A structure to show space like one-size bigger

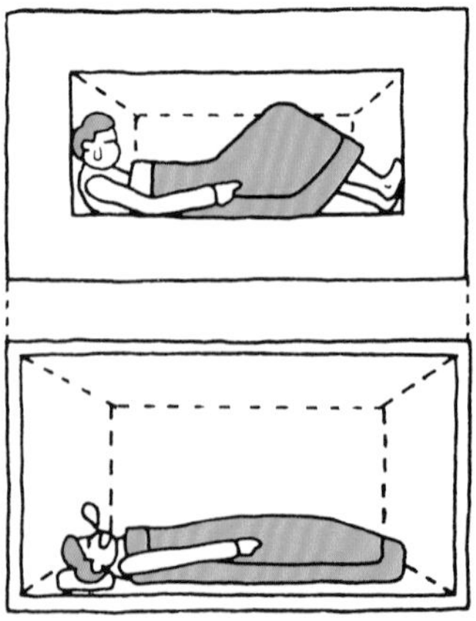

當建物屬於基地面積狹小的都市住宅時，屋主都不免希望在法律允許的範圍內，盡可能加大使用的空間。譬如選擇厚度較薄的牆壁和地板，便是理所當然的方法。

為了薄化牆壁和地板，一般建築師多會把焦點集中在外牆、地板的選材，以及板材內部的組合設計，不過最有效的方法應該在於「結構體」本身的選擇。結構體相當於建築物的支架，而結構體的選擇往往會因環境條件和預算、成本等因素，出現許多不同的選項；然而即便選項再多，設計師必須要掌握一個重點，就是屋主們共同的要求：沒有多餘的贅肉和脂肪的結構。

建物的結構就好比人的裸體，比例越端正，就越能表現出寬敞和氣派。瘦身處理過的結構好處多多，不僅放大了空間的尺寸，營造出精緻、輕巧的外在美，更可能達成降低成本的目標。總之，只要瘦身方法得宜，建造出來的房屋必定美觀耐看。

和白色螺旋樓梯對望的山形牆大型開口，上頭裝設了兩根鋼製支架。

利用鋼骨支架省卻結構牆

POINT 1

在邊牆內裝設了細細排列的15公分×18公分樑柱，實現了一處能夠抵擋風壓，擁有高達4.9公尺木造天井的大型LDK空間。

POINT 2

山形牆不做結構牆，而改以鋼製支架作為支撐，將對外的開口加大到極限，形成一處大型開口，大大提高了天井的開放性。支架的選色和窗櫺完全一致，讓兩者同化成一體，增添室內空間的一致性。

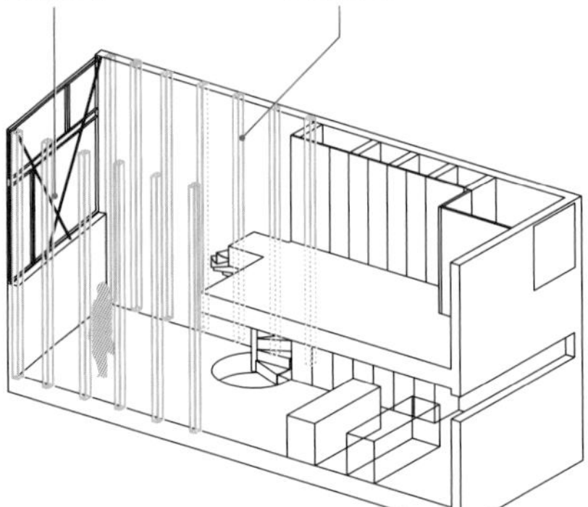

利用木造建材＋鋼鐵樑柱，實現全景視野

POINT 1

採用比一般更大且形狀扁平的大面積樑柱和鋼骨樑柱，成功實現寬達7公尺的大型開口。

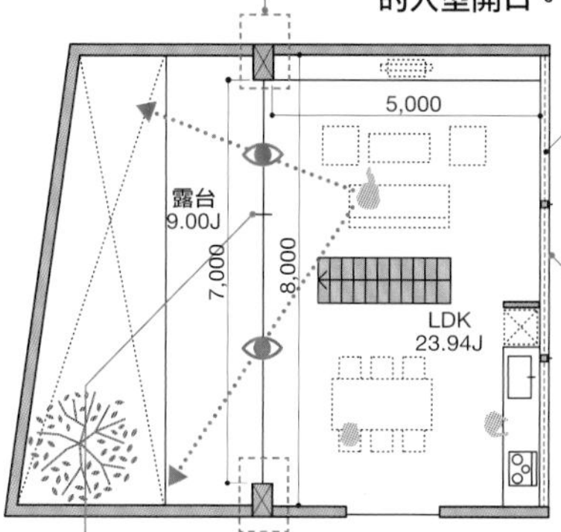

POINT 2

水平連續的氣窗加上鋼製支架，讓牆面具有結構牆的功能。

二樓平面圖 S=1:200

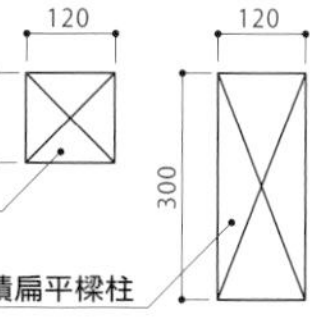

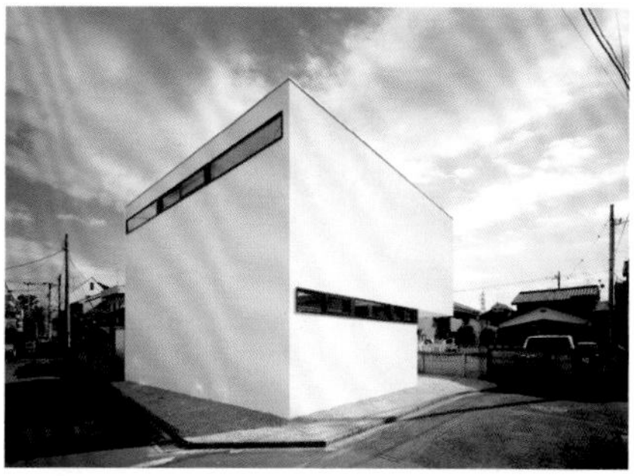

上：木造住宅結構的壁量和分配至為重要，窗戶的數量也非常有限。但若改採大面積樑柱、鋼骨樑柱及鋼製支架，便可提高窗戶設計的自由度。

下：藉助鋼製支架所實現的最大寬度橫向氣窗和結構牆。

利用 RC 建材＋鋼骨樑柱，營造簡潔的空間

上：從客廳望向高低不同卻和客廳緊緊相連的廚房。支撐著三樓地板的這根鋼骨樑柱，其實也支撐著整座建築物的重量。

下：為了避免過於突顯穿越地板、直達屋頂的這根鋼骨樑柱，所以盡可能縮小樑柱的直徑，乃是樑柱設計的重點。

POINT

在夾層空間的中央裝設支撐屋頂和夾層地板的鋼骨樑柱，讓三樓地板看來更為輕巧，同時也加大了空間的寬敞度。

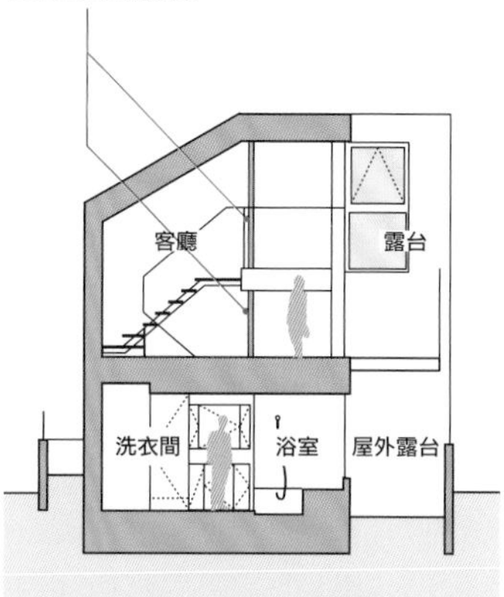

斷面圖 S=1:200

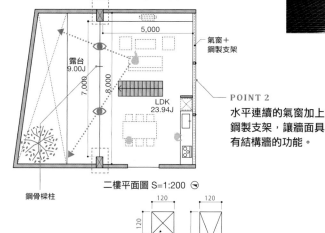

變化多端的大套房式設計

Various one-room

現代住宅的風格，正逐漸從擁有家人同數目房間的nLDK住宅，轉變成大套房式的設計。即使預計未來家人的人數可能增加，許多屋主仍舊寧可選擇大套房式設計，同時顧及各方面的細節，也不願採用傳統預留房間的作法。大套房式設計可謂變化多端，最具代表性的，就是起居室的設計。由於吃飯、休閒、睡覺，所有的活動都在這裡，因此設計時會特別考量家人之間的互動、共同生活的向心力，以及提供足夠的收納空間。

對於大套房式住宅，一般屋主要求的不外乎空間變化的包容力和舒適的動線連結。譬如不再考量家人團聚一同看電視，反而容許每一個人可以在同一空間內各行其事，互不干擾又不致孤立。另一個重點是，大套房式設計會全面顧及房間之間的連結和動線，形成一處活動起來非常舒適、自在的生活空間。至於最新的大套房式設計觀念則是，乍看之下每一個元素互不相干，實際上卻彼此關聯。

將所有功能集中於一室

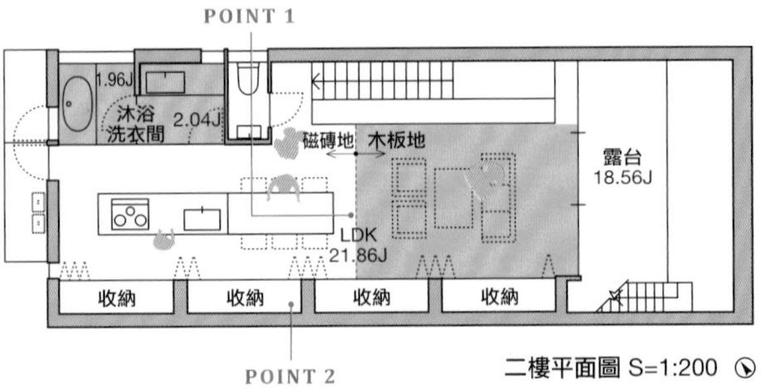

二樓平面圖 S=1:200

POINT 1

客廳、餐廳、廚房橫向連續並排，並且藉由地板的素材作為區隔，形成一處一體相連卻又各自獨立的特殊空間。

POINT 2

將整面牆壁做成收納空間，讓物品可以各得其位、收納整齊，藉以維持原本容易變得雜亂的大套房空間的美觀，同時營造出空間中的一致性。

左：透明的浴室和洗衣間，大大降低了大套房式設計的封閉感，讓空間呈現出開放和大器。
右：揚棄單調的動線設計，把每一個空間都設計成擁有各自的功能，進而讓套房空間的運用發揮到極致。

創造大套房的立體感

POINT 1

即便空間不大，利用閣樓和夾層露台相連的設計，營造出一處立體、寬敞的大套房景致。

POINT 2

刻意縮小餐廳廚房，加大客廳的面積，讓套房的空間自然產生抑揚頓挫的韻律感。

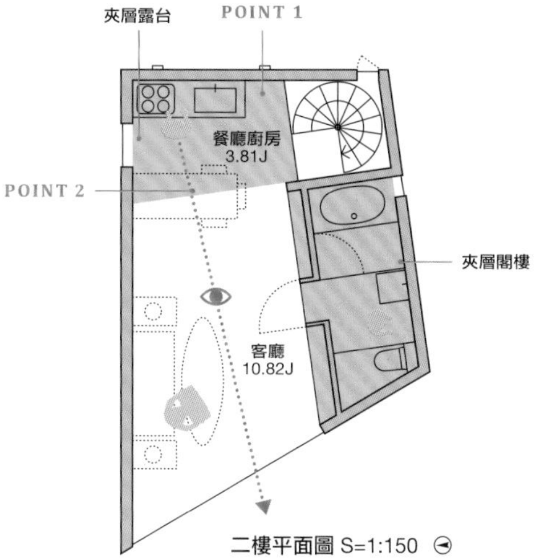

二樓平面圖 S=1:150

藉由覆蓋住整個空間的天花板設計，以及不同高度的夾層和天井的串連，形成功能完整的大套房空間。

將屋外露台納入大套房

POINT 1

在L形的空間裡，用牆壁圍出一處內部露台，形成內外一體的開放式套房空間。

POINT 2

原本固定不變的大套房，利用移動式的隔間設計，讓屋主可依情況微調空間的距離感和深度。

室內的光線會隨著天窗和左側露台所納入的自然光線而改變。透過光線的改變，套房空間會產生自然的動態感，避免落於單調乏味。

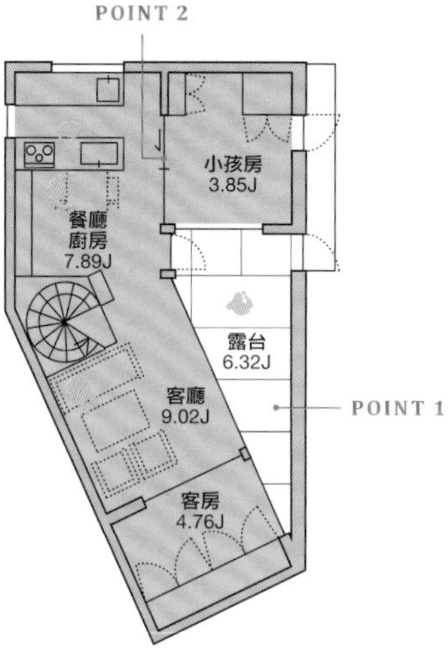

二樓平面圖 S=1:200

手法

13

串連空間的訂製家具

Order-made furniture to connect space

為了能夠讓空間呈現出一致性，可利用量身訂做的「訂製家具」。這類家具可以把不同的空間橫向或縱向地串連整合，如同接著劑一般，將空間中不同的元素連結在一起。

和地板、牆壁、天花板一樣，設計訂製家具時，除了平衡感和外觀風格，還必須特別留意顏色和素材的選擇，因為這些細節會直接影響到空間整體的格調。

尤其當我們試圖把不同的空間串連起來時，若能刻意強調訂製家具的長度和高度，效果必會大為提升。即便在設計大套房時，難免還是會發生空間被切割的狀況，倘若這時候能夠有效運用訂製家具串連的功能，居住者應該會更清楚地感受到空間的連續性；再搭配上照明設計，利用光線明暗的效果，又更能突顯出這種連續的效果。透過空間的串連，非但可以為居住者的生活注入節奏感和故事性，更能讓生活變得更為優遊自在，增添豐富的色彩。

橫向的訂製家具為空間注入流動效果

藉助照明的效果，刻意突顯出訂製家具細長的輪廓，讓整體空間產生流動的景致。

POINT

為了強調空間的深度和細長的外形，而刻意設計的連續且細長的訂製家具，藉以提高室內的整體感，營造空間和居住者緊密連結的關係。

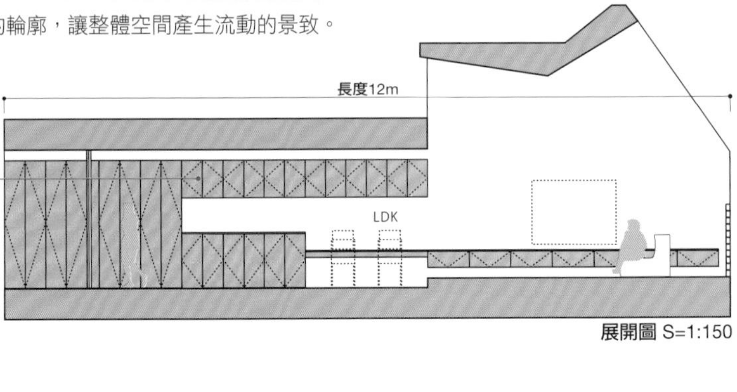

展開圖 S=1:150

跨越樓層的訂製家具

木材的自然紋理充分表現出細緻的表情，也突顯出木工設計原汁原味的印象。

POINT 1

將天井的整座牆面全部做成書櫃，為整體空間創造了完美的連續性和整體感。

POINT 2

書櫃使用單一素材，並且盡可能維持相同的尺寸，藉以刻意營造一種不論身在何處都仍在原地的印象。

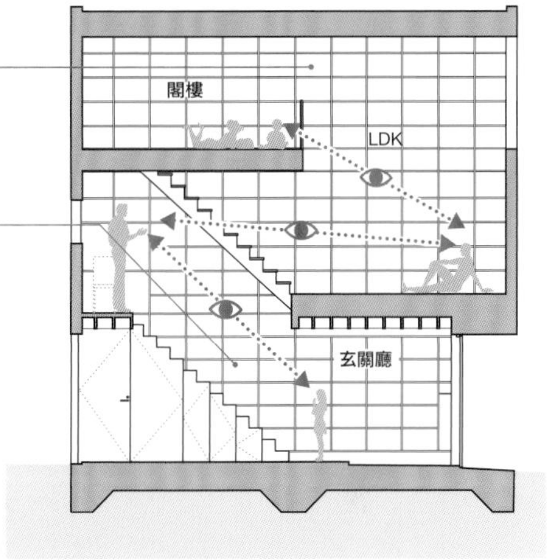

斷面圖 S=1:150

左：二、三樓是書櫃，一樓玄關則是鞋櫃。訂製家具可依照空間的用途改變功能，但造形上始終不變。
右：縱向或橫向跨越每一個空間的訂製家具，為整體空間賦予更強烈的視覺效果，也為屋主的生活注入全新的生命契機。

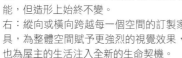

手法

14

地小人稠地區的空間解決方案

Spatial solutions in a high density and narrow place

在日本寸土寸金的都會區，隨處可見十坪不到的住宅。儘管交通便利，地小人稠地區的住宅，倘若不加入一點巧思，居住者肯定無法享有正常的居住環境。這時，正是發揮設計師的專長，以及我們解決問題的能力了。

譬如遇到建地狹小的狀況，設計的重點應該擺在如何讓居住者共享這有限的空間，最具代表性的解決方案就是利用天井。乍看之下天井非常占空間，但由於它具有串連所有空間的特性，因此可以為整體空間帶來寬敞的感覺，足以創造鬼斧神工之效。

此外，將空間本身做成樓梯間的挑高夾層式設計，也可以加強空間的連續性，以及視覺上的寬敞和節奏感。最重要的是，可以把居住空間全部串連起來，從一樓的玄關到頂樓，一氣呵成。空間的限制乃是日本建築和室內設計創意的源頭，正因這個源頭，才有今日豐碩的成果。

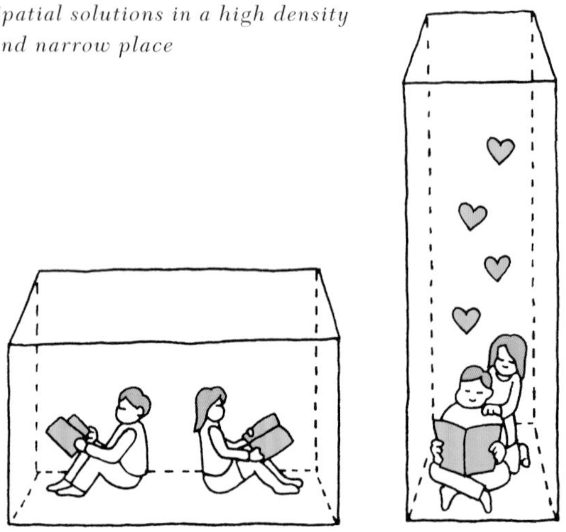

利用內部露台強化室內採光

從露台的採光窗照射進來的光線，透過天花板的折射，產生極為細膩的明暗變化。

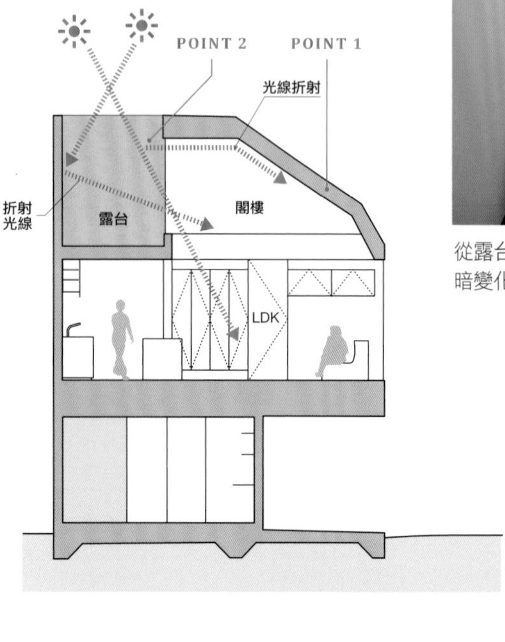

斷面圖 S=1:150

POINT 1

根據法定高度限制做成的天花板，所呈現的室內空間。

POINT 2

為了解決都會區用地狹小的問題，在頂樓設置內部露台，並且安裝高窗，一來可確保居住者的隱私，也讓室內取得充足的自然光線。

密集住宅區採用高窗確保採光

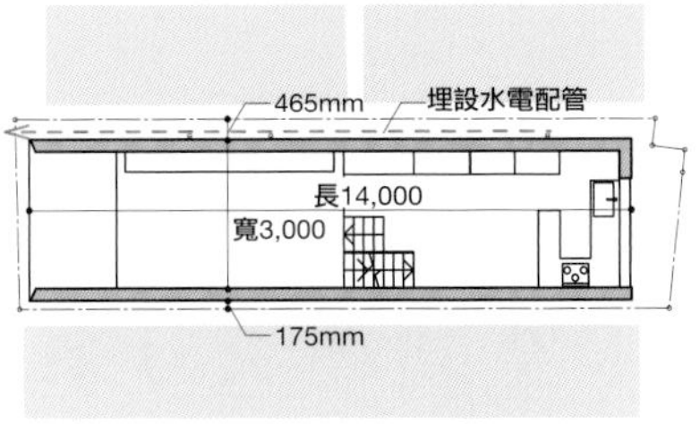

配置圖 S=1:300

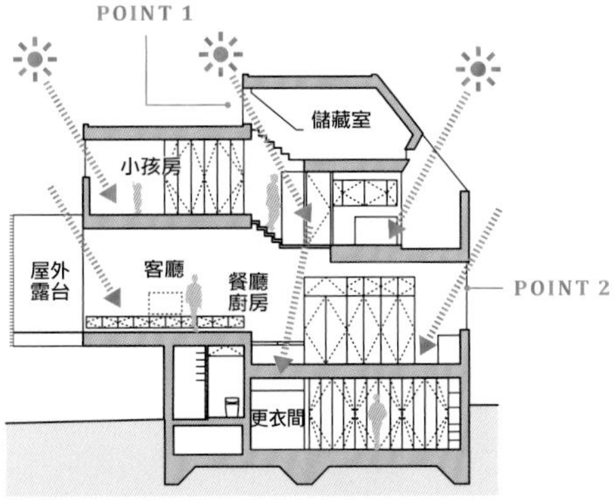

斷面圖 S=1:300

POINT 1

利用高窗採光，光線穿越天井，照亮整棟住宅空間。

POINT 2

緊鄰鄰宅的密集住宅區往往採光不易，為求兼顧防盜等問題，最好的解決方案就是大量設置天窗或高窗。

利用無豎板樓梯，讓高窗的採光更容易照到下方的樓層。

運用天窗引進自然光線

POINT 1

由北面的天窗引進自然光線，光線穿越高窗透明玻璃，直達一樓的用水位置，並為整體空間提供了自然照明。

POINT 2

頂樓臥房採用透明玻璃隔間，既顧及了室內溫度的調節，也為室內帶來了柔和的光線。

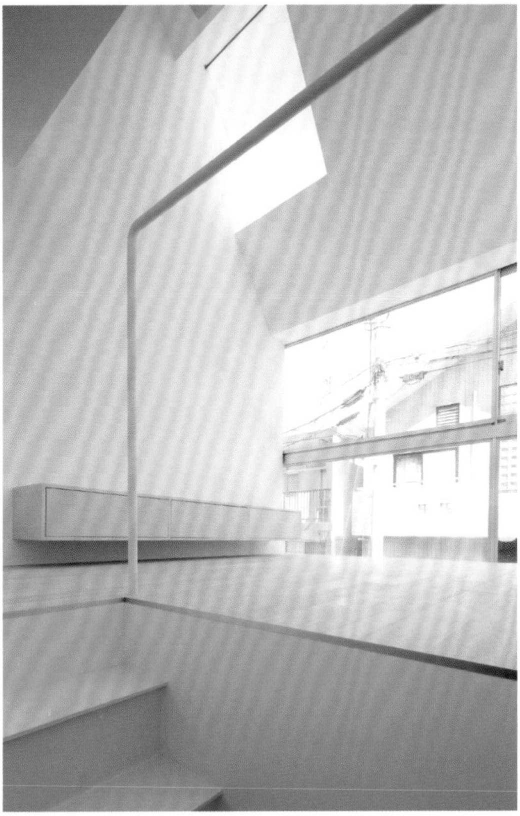

由北面的天窗引進的擴散光線，讓整體空間籠罩在柔和的光線裡。

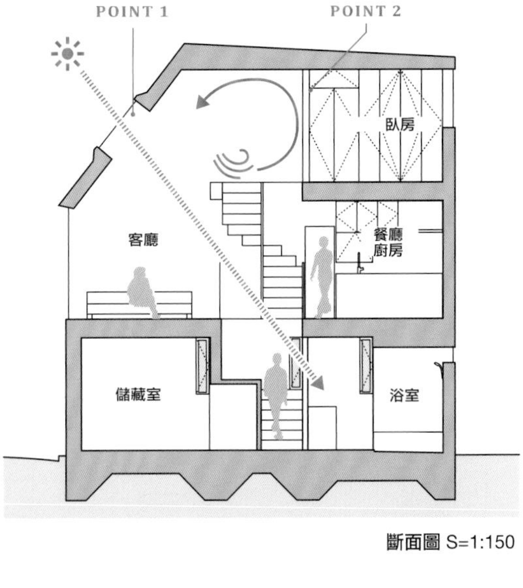

斷面圖 S=1:150

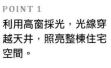

手法

15

克服高冷地區各種狀況的設計手法

A design technique in a cold area

高冷地區的住宅設計，有許多必須留意的重點。入冬後的氣溫和雨雪當然不在話下，設計師還必須針對可能出現的強風和積雪提出特別的解決方案。而一般屋主最常提出的要求，則是希望能夠以避免意外或突發狀況為優先考量。因此，相較於海拔和緯度較低的住宅，高冷地區的住宅設計往往功能性更重於設計性。

在空間足夠的前提下，可以利用移動式隔間，把樓梯間或天井分隔開來，解決冷暖房效率的問題。為了提高室內空間的氣密性，建議選擇天然素材，譬如木材或石膏水泥板，這類素材同時還兼具調整濕度和除臭的效果。

此外，如何在嚴酷的自然環境當中（譬如在天候較為穩定的季節），利用一些特殊裝置，讓室內得以向外開放，也是設計時的一大重點。好比說可以設置全開式的對外開口或景觀門窗，增添幾分生活的情趣。而做好防寒、防漏，也可避免意外發生。要言之，設計師必須先行達成屋主最基本的功能需求，而後行有餘力，才可能用心在其他細部的設計。

針對大雪的開放性防護

POINT 1

利用較深的雨披（雪披），夏日遮蔽日照，冬季減緩風雪的侵襲。

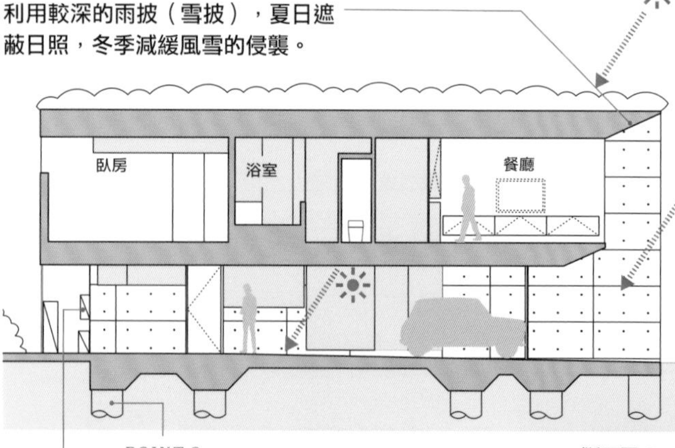

斷面圖 S=1:200

POINT 2

此案位處冬天積雪至少3公尺高的大雪地區，因此一樓全部設為車庫，在寬敞的底層挑空結構（piloti）內設置正門入口，並設有中庭，作為正門入口採光的來源。而熱水器等機器設備也全數設在一樓內部，以避免遭受大雪波及。

POINT 3

為了對抗冬季凍土產生的地基下陷，在地基下方另行打下穩固的基樁。

左：和雨披形式相同且連成一體的門形外牆，既能阻擋冬雪，也營造了正面開放的印象。

右：藉由中庭的設置，為底層挑空和正門入口提供足夠的採光。中庭同時也可作為大雪時的堆雪區。

利用開放性空間營造溫暖的環境

稍微提高的榻榻米空間是入冬後的客廳，附近設有燒柴的壁爐。南面的陽光可以透過內部露台照入室內。

POINT 2

為能同時對抗冬季的寒冷和夏季的日照，採用鋼筋水泥隔熱建材，外牆上又塗佈了一層光觸媒塗料。

POINT 1

樓梯邊設置了一間乾衣室，直接引入一樓的暖氣。坐北朝南的中庭則具有節省能源的效果。

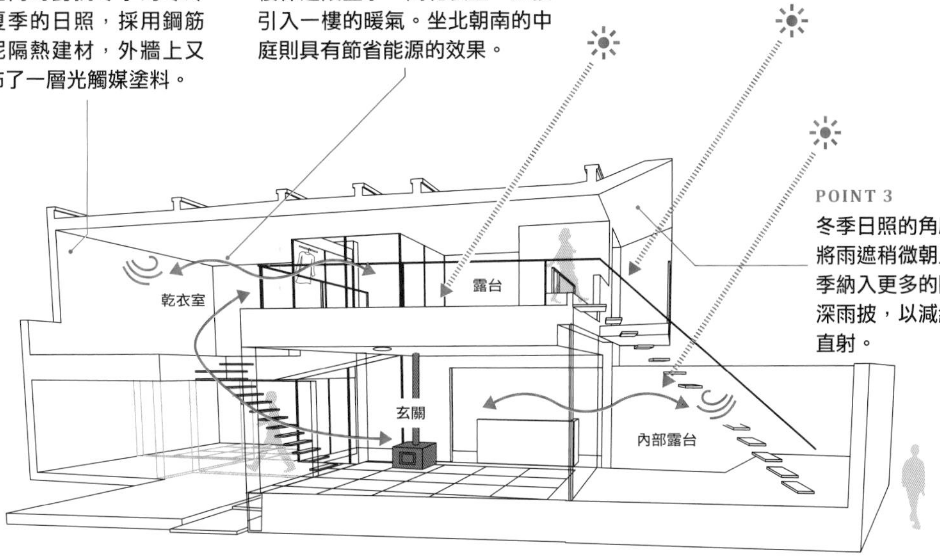

POINT 3

冬季日照的角度較小，只要將雨遮稍微朝上，即可在冬季納入更多的陽光，同時加深雨披，以減緩夏季豔陽的直射。

左：照明全數採用LED燈，實現了一棟兼顧環保和節電的電氣化住宅。
右：對外開口在視覺上完全暢行無阻，同時也阻擋了外頭流入的冷空氣。

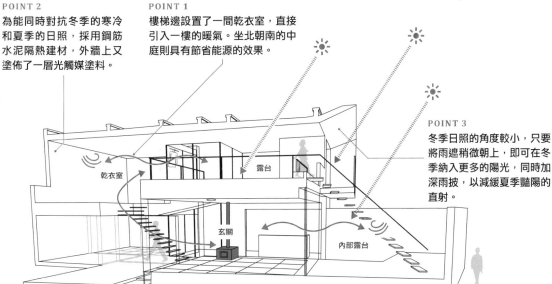

2

SPACE

空間—— 追求個人的極致空間

日常生活的表演舞台

舞台式設計

Stage-steps as a stage in a daily life

住宅相當於一座日常生活的表演舞台，唯有當居住者在這座舞台上活得多采多姿，那兒才稱得上是一個「家」。創造視野的設計手法何其之多，其中之一就是所謂的「舞台式設計」。

眾所周知，以往西方音樂演奏和戲劇表演所用的舞台，和觀眾席之間總是維持著某種程度的高低差，而且通常舞台較低、觀眾較高。高低差有助於讓觀眾更清楚地意識到前（觀眾）後（舞台）空間的區隔，會很自然把焦點集中在舞台上。換言之，藉由地板的高度差可立即突顯空間中的重點。

此外，譬如設置在許多公園裡、聚集人群的沉落式庭園（Sunken Garden，即低窪的廣場），當設計師在設計廣場、試圖讓觀眾安坐其中，要求集中焦點時，製造高低差永遠是效果最好的一種手法。高低差能夠為觀者的視線提供多樣變化，並有效為原本單調的空間賦予全新的意義。總之，透過舞台（高低差）的設置，既可為日常生活創造「非日常」的感覺，更可藉由「日常」和「非日常」的交混，讓居住者享受到更為舒適的生活感受。

藉由舞台式設計，立刻改變空間的氣氛，創造出兩個不同氛圍的新空間。設計的關鍵在於：視線的高低變化。舞台（設計的重點）和穩重的沉落式空間，在與天窗、龍骨梯相互搭配的同時，完全合為一體。

利用舞台式設計提高生活的戲劇性

POINT 1

相對於可以從露台鳥瞰的客廳，利用三段階梯，把餐廳廚房設置成一座沉落式舞台。

POINT 2

餐廳廚房和客廳彼此相連，藉由高低差做為區隔。兩個空間既擁有各自的舒適性，也能結合為一體。

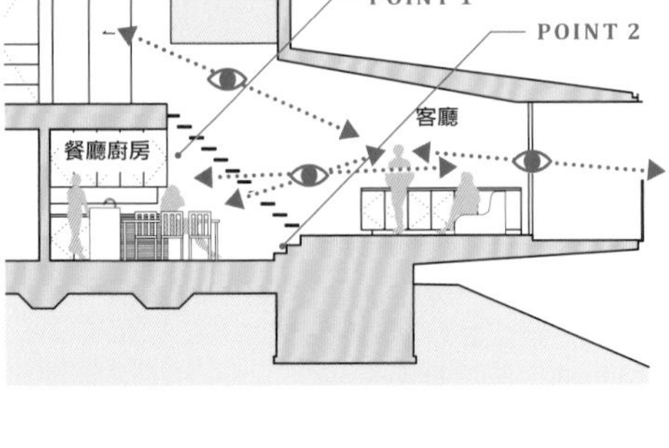

斷面圖 S=1:200

利用舞台式設計看遍整個樓層

藉由舞台式設計，營造出清楚分隔的空間印象，讓正在廚房做家事的人和在客廳休息的人視線相交，立刻縮短了原本的距離感。如何維繫或改變家人的關係和距離感，正是大套房式設計的一大重點。

POINT 1

透過舞台式設計，將客廳變成一座舞台，從低矮的沙發可以望見整個餐廳廚房和天井，營造出主要空間的調性。除了地板，挑高也經過刻意安排，讓客廳和餐廳廚房一覽無遺，創造出兩個空間相互「看」與「被看」的互動關係，無形中為兩者搭起了「不解之緣」。

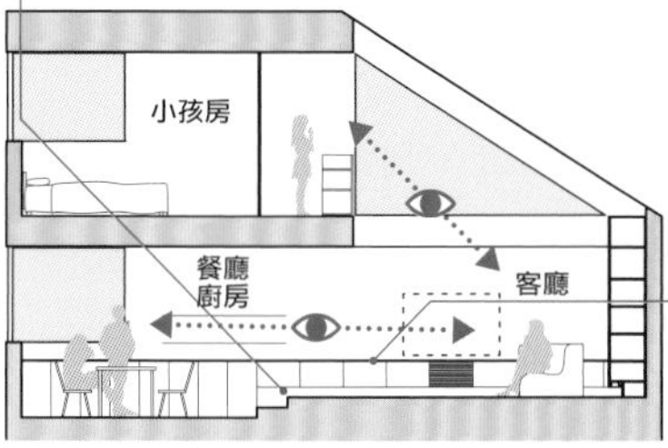

斷面圖 S=1:200

POINT 2

相對於利用舞台式設計所創造出來的兩個空間，藉由一座長條狀的訂製家具，再度把兩個空間串連在一起，又大大提升了大套房式設計的親密性。

舞台式設計是日本傳統設計風

POINT 1

地板貼付磁磚的餐廳廚房緊鄰稍微高起的和室客廳，正是日本傳統民宅中廚房和主廳的配置。刻意拉平傳統席地而坐的地板座椅和西式椅子的視線，藉此加深家人溝通的機會。

POINT 2

藉由室外露台和室內客廳的一致高度，製造內外合一的一體感。坐在露台的感覺就像坐在傳統日式建築的緣側（日式房舍外緣多出來的木質走廊）一般。

左：利用高低差的設計，改變居住者的視線。隨著視線的移動和交會，空間會自然產生距離感和連續性。

右：黃昏時坐在木作露台上，欣賞到內部照明所產生的特殊風景。

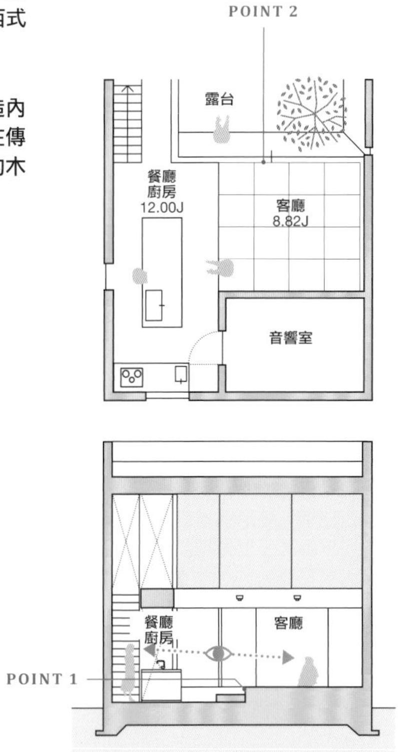

平面圖・斷面圖 S=1:200

夢想中的樹屋生活

都市裡的閣樓

Urban-loft as longing over-tree life

或許因為深受馬克吐溫《湯姆歷險記》的影響，所有男人心中都嚮往著樹屋的生活。樹屋，彷彿一處與世隔絕的聖地，正好證明了男人嚮往一方獨處空間的本性。

在住宅空間裡，女主人要求的多半是一間視野良好的廚房；男主人則大多傾向擁有一個屬於他個人的小天地。每一個男人心目中的小天地也許都差不多：天花板可以低矮到彎腰駝背才鑽得進去，但至少必須是個「人跡罕至」的閣樓。那裡可以當成書房或收藏室。空間雖小，卻符合男人的本性，就好比隨手披上一件外衣般的粗獷與自在。因此，這個空間與其豪華，更需要的是讓人心靜；空間越小，反而越能夠面對自我。在這個逐漸失去隱私、彷若時時受人監視的現代社會或城市環境裡，一處無人干擾、完全隱密、可以獨處的空間，正是每一個家最需要的配備。

為了避免過度封閉，維持適度的開放性，反而讓閣樓的空間更適合久待。

**在閣樓裡
享受個人嗜好**

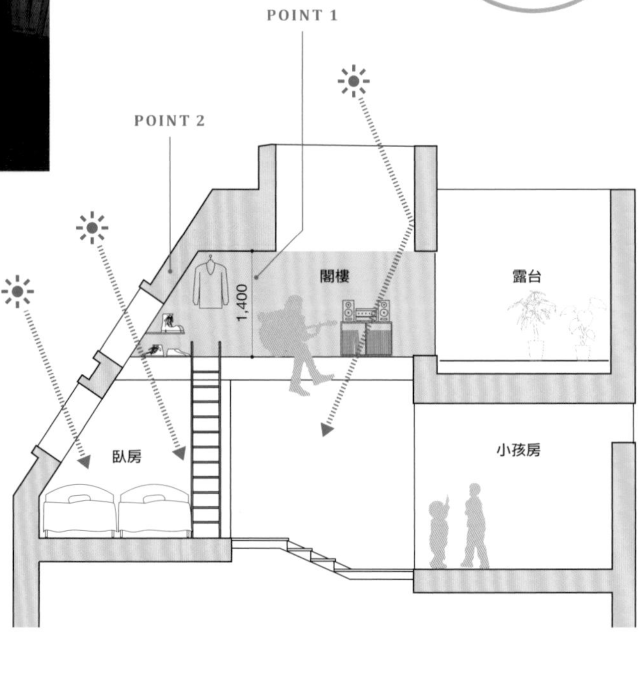

斷面圖 S=1:100

POINT 1

標準的閣樓高度是1.4公尺，這樣的高度一來可以讓空間顯得更為舒適和穩重，二來可以讓使用者更容易沉浸在自己的嗜好當中。席地而坐則更是多數人所嚮往的閣樓，因為需要的物品隨處都能伸手取得。

POINT 2

根據法定高度限制所做成的傾斜天花板，也讓閣樓更具有閣樓的氛圍。

多功能的雙層閣樓

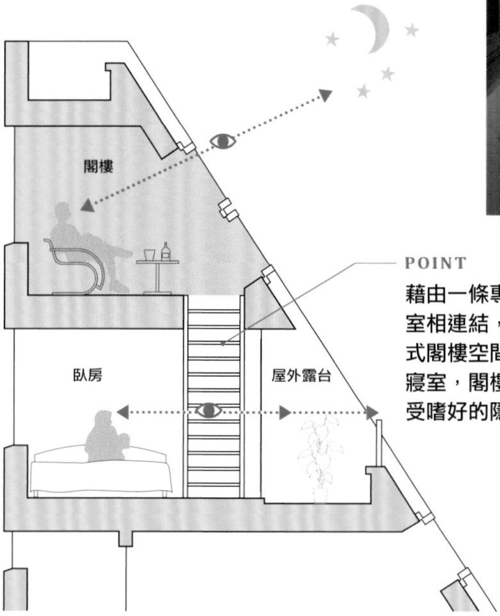

斷面圖 S=1:100

POINT

藉由一條專用樓梯和樓下的寢室相連結，所設計而成的公寓式閣樓空間。相對於睡覺用的寢室，閣樓變成睡前讀書和享受嗜好的隱密空間。

上：地板、牆壁、天花板全面採用相同的花柏原木板，為雙層空間創造出一體感。空間雖小，卻因為兩個樓層緊緊相連，加上對外的視野，讓整個空間顯得更加開放且舒適。

下：設置在一樓臥房外的小露台和臥房內的木製樓梯，充分實現了樹屋生活的印象。

從閣樓眺望室內空間

左：刻意將閣樓設計成瞭望台，可以一體綜觀整個細長形的LDK空間。

右：將閣樓設在最內側，減少了室內空間的封閉性，也讓空間感覺更為寬敞。

POINT 1

由閣樓居高臨下的視野，別具一番風味。瞭望、俯瞰，隨著視線高度的改變，體驗更為豐富的空間感受。

POINT 2

配合閣樓，LDK採用高挑式設計，搭配整片的冷杉天花板。狹長的空間比例，更突顯出閣樓的存在感，也讓閣樓變成LDK延伸出去的第二起居室。

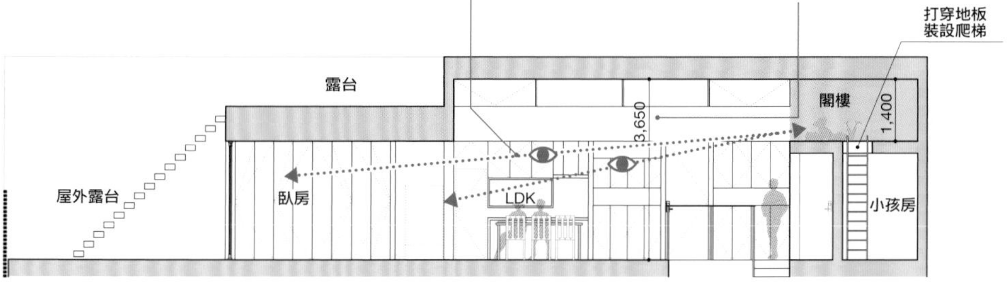

斷面圖 S=1:150

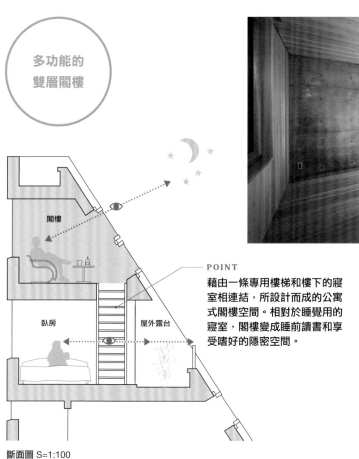

打造極致的奢華空間

都市平面

A luxurious urban-flat on the life-style

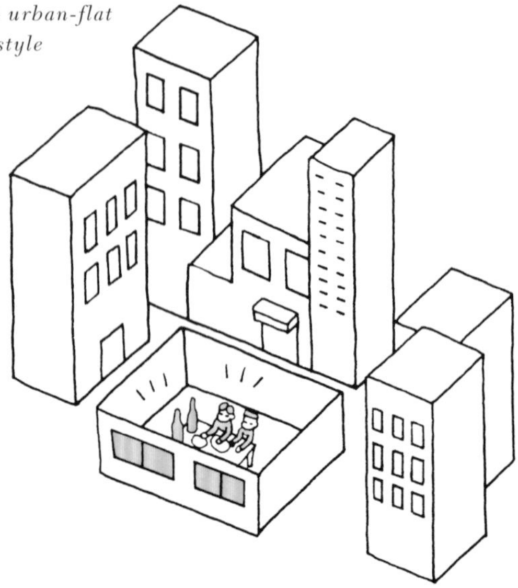

「平房」是都市人心中最深處的嚮往。能夠在大自然的土地上落地生根，毋寧是身處在都市叢林、不得不過著立體生活的人們內心永恆的夢。事實上，日本自古以來，從雨遮到緣側，許多空間的要素幾乎都源自傳統的平房設計。無怪乎兩層以上的建築，即便外觀多麼美輪美奐、豪華氣派，從來都不敵平房的引人入勝。

透過和都市保持某種程度的距離，越來越多的都市人逐漸在狹小的市區住宅裡，實現他們心中嚮往的「都市平面」計畫。尤其在一些因為法定建蔽率的限制，非得讓庭園面積大於建物面積的地區，他們開始思考，究竟該如何打造這塊占據大半基地面積的庭園。總之，所謂的都市平面，就是在改造住宅室內和戶外庭園之間的關聯性，也可說是重視內外環境生活形態的設計概念。

坐擁私人天空

左：試圖把大自然的天空和綠意納入室內，正是都市平面的精髓所在。

右：用來擷取天空的水泥裸牆，若非經過精密的角度計算，絕不可能營造出這片磅礡氣勢。

POINT 1
透過庭園或中庭這類沒有屋頂的空間，讓住宅享有一片四周風景絲毫不受阻攔的「私人天空」。

POINT 2
天花板全面改裝成天窗，不但為玄關增添了室內採光的效果，也因為擷取出一片「私人天空」，拉近了居住者和大自然的距離。

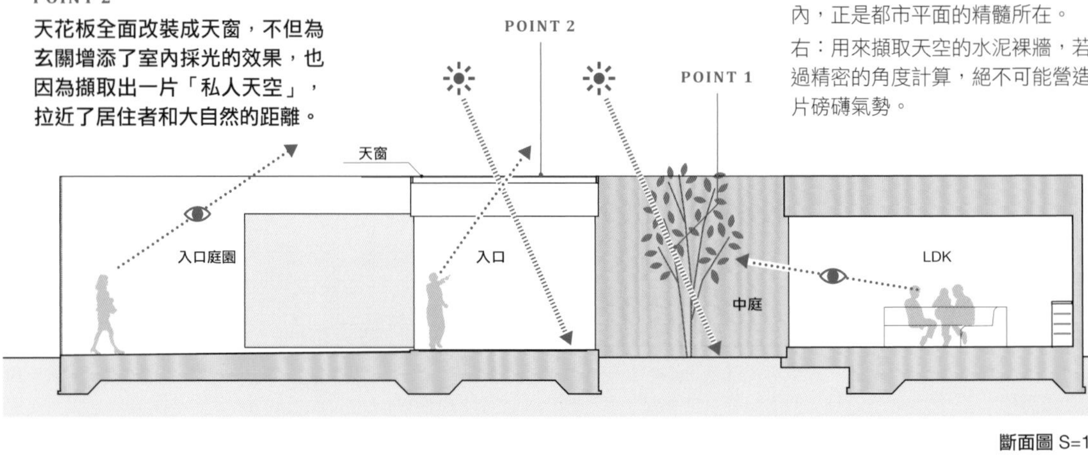

斷面圖 S=1:150

坐享私人露台

左：刻意不在外圍設置窗口，反而更突顯出建築本身內外的關聯性。

右：面對私人露台的對外開口，利用全開式的手法，將內外合為一體，營造出「都市裡的平面」極限魅力。

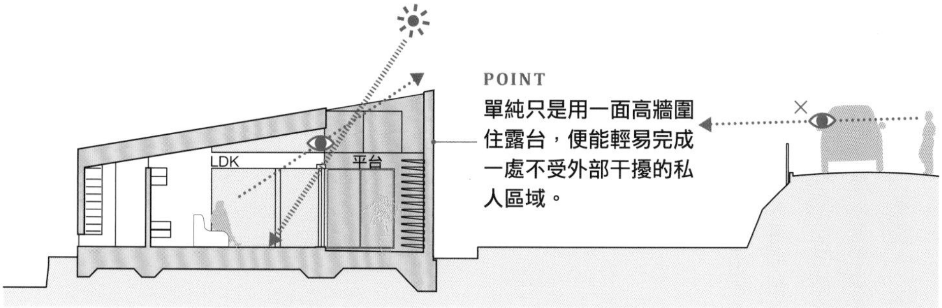

POINT

單純只是用一面高牆圍住露台，便能輕易完成一處不受外部干擾的私人區域。

斷面圖 S=1:200

擷取海岸景觀

左：入口的外牆也設置了一方水平連續窗，藉以維持視野的橫向延伸，也讓居住者在走進家門之前，預先感受到後頭水平延伸的遼闊風光。

右：狹長的外形描繪出和海洋水平線共同的線條，使風景和建築融合為一體。

POINT

面海的空間設計成整片的水平連續落地窗，讓居住者隨處享受海岸線的全像景致。

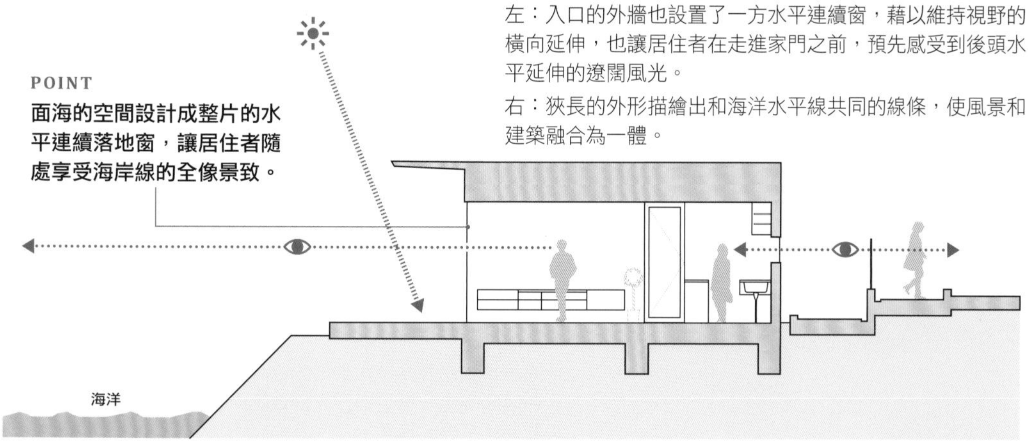

斷面圖 S=1:150

享受光影變化
狹縫採光

A Slit-light which can be enjoyed with a light and shadow

在擠滿中層建築（三至五層樓高）的都會住宅區中，設計師通常會利用天窗進行採光。理由是，與其在牆面上開窗，不如直接透過天窗，更能夠控制和確保採光的效果。因此，如何利用天窗將天空納入室內，正是都市住宅設計的樂趣和精髓所在。

若天窗設在北面，可以順勢把柔和的擴散光線納入室內。天窗的面積可大可小，不過倘若能夠把開口處切割成許多狹縫，光線會變得更為鮮明，兼而強化光影對比，讓整個空間更具戲劇效果。光線照射在牆面和地板上，陰影自然天成，若是經由樓梯或扶手等附屬裝飾的遮掩，又會呈現出許多獨特的表情。光線所營造的氣勢具有安定心神的作用，因此設計師必須小心翼翼將整體空間設計成一面適合光影投射、揮灑的畫布。

上：在掌握光線反射、折射的同時，透過建築物北面的窗戶、狹縫狀的天窗，以及高窗的設置，成功營造出漂亮的光影變化。

下：從天窗納入室內的柔和光線，也加深了樓梯線條的印象。

利用自然光線營造空間情趣

POINT 1

利用客廳上方的天窗，製造出光影的對比效果。把天窗設在北面，既可導入上午東面的直射光線，又能納入下午柔和的擴散光，營造出明暗的變化。

POINT 2

充分掌握自然光線所形成的線條和明暗變化，即可為空間營造出簡單卻生動的景致。

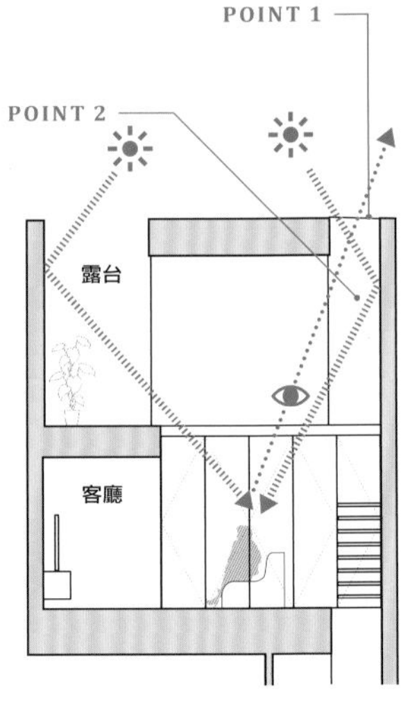

斷面圖 S=1:150

利用大面積的對外開口和天窗，從不同的窗面納入光線，讓室內的陰影產生更多變化。

為空間營造細膩的陰影表情

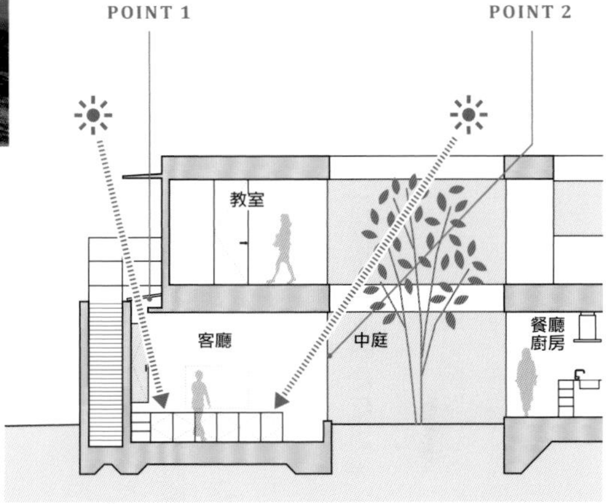

斷面圖 S=1:200

POINT 1

柔和的擴散光從狹縫狀的天窗，照射在運用杉木板紋理施工做成的水泥裸牆上，透過反射作用產生極為細緻的陰影，營造出精緻唯美的空間。

POINT 2

利用面對中庭的大型對外開口，讓直射的陽光穿越主樹，直接導入室內，再搭配來自天窗的柔和光線，形塑室內空間的深度和寬敞的視野。

利用光影加深建材印象

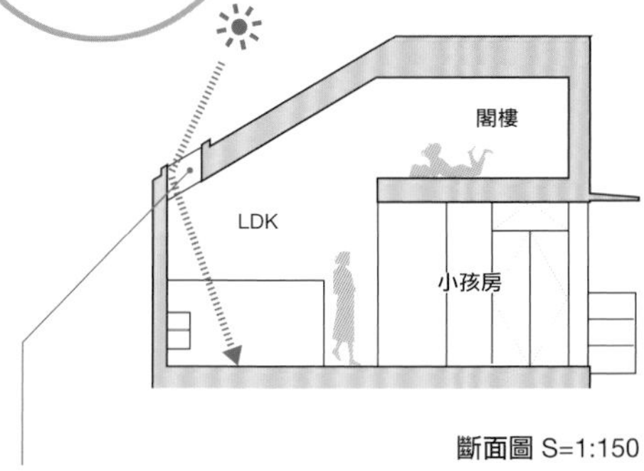

斷面圖 S=1:150

POINT

連續排列的小屋樑所產生的鮮明光線條紋，讓牆面磁磚的表情更為突顯。

左：從天窗照射下來的光影，會隨著時間產生角度和明暗變化，突顯出靜態空間裡的動態時間。

右：透過刻意外露的小屋樑，在牆面上描繪出光和影的自然藝術之美。

傳承日本親近大地的精神

床座式設計

The Tatami to inherit Japanese' mentality

儘管使用西式座椅的生活已經行之有年，日本人至今仍對傳統席地而坐的舒適感覺念念不忘。對日本人而言，直接席地而坐有一種難以言喻的踏實感；躺在榻榻米上，撲鼻而來的藺草香又是另一種不同的享受。如今身材較高、不習慣跪坐或盤腿的日本年輕人也至少會要求在家裡設置一個中空式的被爐（こたつ）（註）。總之，日本人始終不改千年以來的傳統，就是愛與大地為伍。

正因為西洋人的座椅文化始終不合日本人的胃口，生活中即便有了沙發，他們照樣習慣坐在沙發前的地板上，沙發成了席地而坐的靠背；即便坐在西式座椅上，日本人也難改舊習，會不由自主地盤起雙腿。

於是，現代的日式住宅便逐漸衍生出一種不完全跪坐或盤腿，而是混和著西式座椅的「床座式設計」。這種設計表現出大和民族特有的「親近大地」的空間感。不論時代如何演進，席地而坐的文化恐怕仍會持續下去。

床座和餐桌的組合

廚房和客廳之間設置了三段階梯。餐廳餐桌的桌面和廚房吧檯的桌面彼此相連，而且高度一樣，用餐時毋須盤腿。餐桌在廚房這邊是個吧檯，在客廳這邊則變成矮桌（床座吧檯），又可以席地而坐。

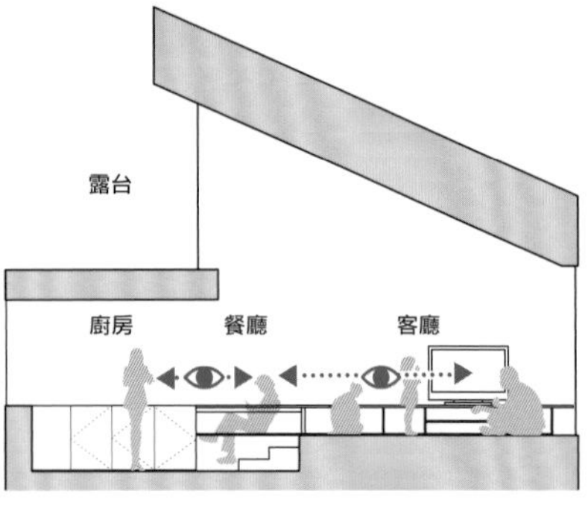

展開圖 S=1:150

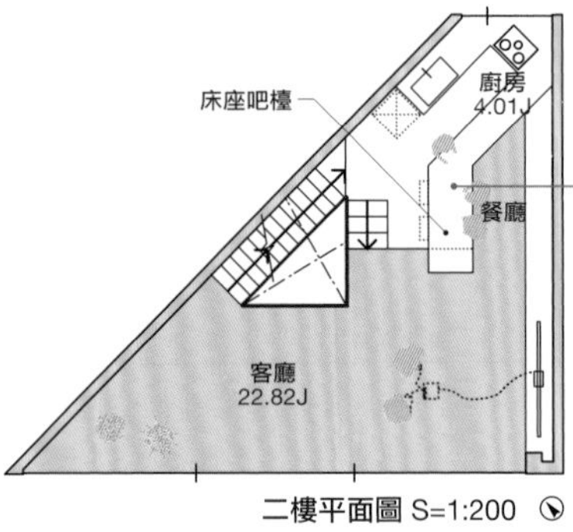

二樓平面圖 S=1:200

POINT

利用廚房和客廳的高低差，以及設置在兩者之間的連續餐桌，巧妙將不同高度的空間結合成席地而坐及座椅的設計。藉由這樣的結合，拉近了餐廳和客廳的距離，同時維持了廚房工作的舒適性。

註：被爐（こたつ）——日本的傳統取暖用具，現在的形式改良為一張矮桌，上面覆蓋著棉被，桌子下方則嵌有電動發熱器。

左：利用高低差的設計，把居住者的視線導向較高處的客廳，並清楚感受到露台和天窗的自然光線，進而讓整個空間感覺比實際更加寬敞。

右：藉由高低差的效果，營造出簡潔而又舒適的廚房。

利用床座吧檯創造簡潔的生活

POINT 1

島型設計的廚房吧檯，在客廳這邊做成中空式被爐狀，形成床座吧檯，並兼具餐桌的功能。由於床座式設計不需要配置座椅，因而也有效節省了不少空間。

POINT 2

儘管空間不大，藉由地板高度的變化，製造出空間中多變又多樣的視野，讓屋主體驗到更為豐富的生活空間。

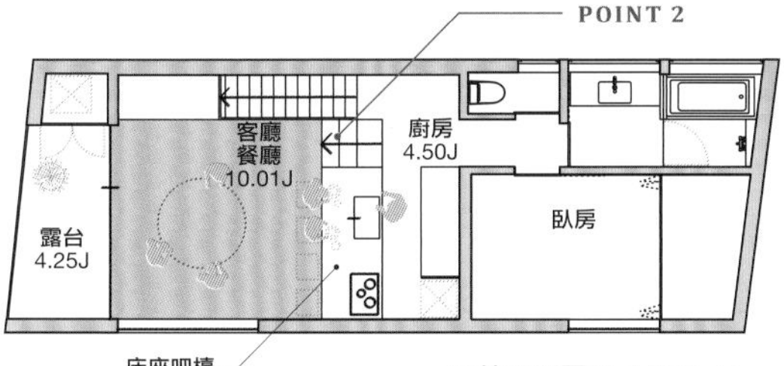

三樓平面圖 S=1:200

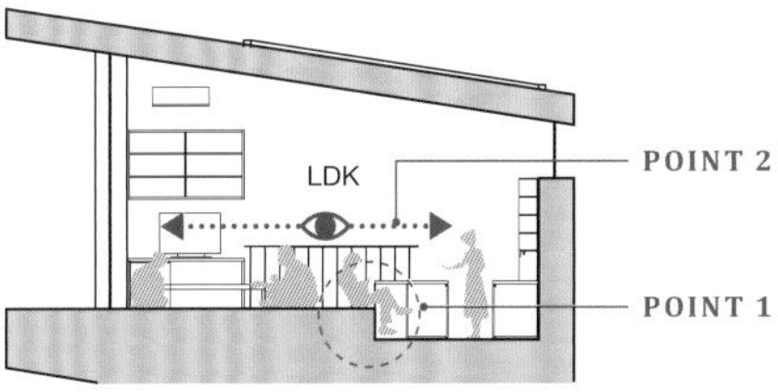

斷面圖 S=1:200

床座和露台連成一氣

POINT

刻意把客廳的空間設計成稍微隆起的床座客廳，並將高度和室外的木作露台高度切齊。利用相同高度的地板，營造出內外的一體感，效果遠勝於單靠牆面所製造的連貫性。

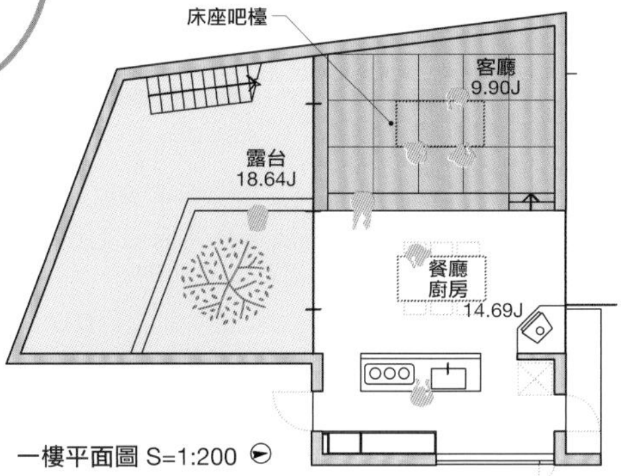

一樓平面圖 S=1:200

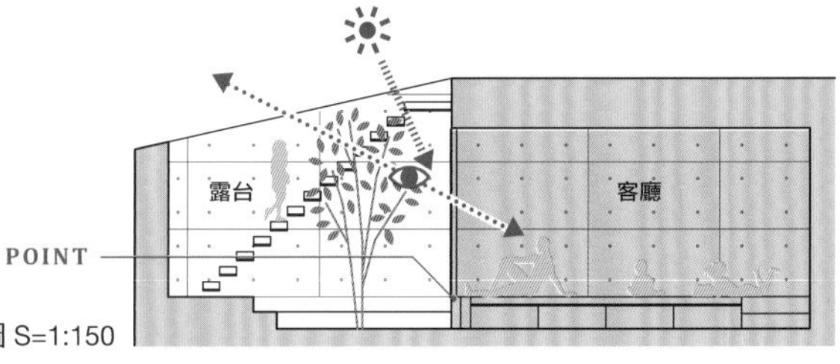

斷面圖 S=1:150

上：將榻榻米客房和碎石採光庭園設成相同的高度，形成與自然對照的空間感，也營造出相當氣派的日式氛圍。

下：刻意把原本不屬於室內地板的露台和客廳串連在一起，讓空間感覺變得寬敞許多。

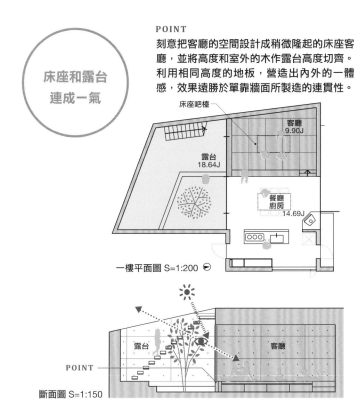

06

居住空間的核心

溝通式廚房

Communication-kitchen
to be a center of living space

在現代住宅裡，「廚房」豐富的內涵其實早已非「廚房」兩字所能形容。好比說駕駛座艙式廚房，已經不再是男賓、小孩止步的地方，而是家中任何成員都能自由進出的公共空間。除了料理，所有的家事乃至於讀書、上網，都可以在這裡進行。

倘若再加入可供家人坐下的餐桌、茶几等功能，廚房儼然就是個溝通要地。因此，「溝通式廚房」已然象徵著家庭的核心，是家人之間交流、交心的場所。此外，由於近來廚房的功能還不僅止於做菜和交流，甚至演變成孩子們讀書、寫功課的地方，也因此，新式的廚房設計又多了可以縮小小孩房面積的神奇功能。於是，這種一般較常見於分租公寓裡的溝通式廚房，如今已進化成一種新形態的現代客廳，或者不妨說是一種生活原點的回歸，返回了傳統廚房的定義。

迴游動線中的大型餐桌

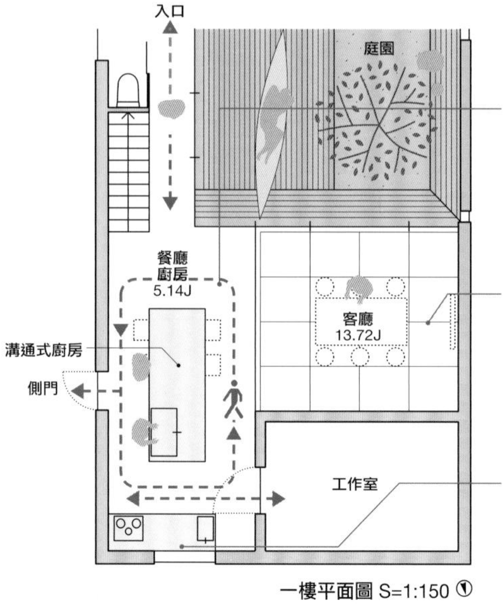

一樓平面圖 S=1:150

上：從廚房可以清楚看見大門入口和外頭的露台。讓廚房不但成為室內的核心，也提供給家人溝通的起點。

下：加入足以應付家庭聚餐的大型吧台的島型廚房。透過迴游動線的設計，大型吧台同時具備用餐和收納的功能。

POINT 1
採用具有迴游功能的大面積島型廚房，讓廚房的家事可以多項同時並進，甚至坐著做料理。

POINT 2
和式客廳的地面稍微隆起，目的是為了讓在客廳休息的家人和在廚房做事的家人視線平行，便於溝通。

POINT 3
冰箱、爐台、小流理槽和櫥櫃配置成一直線，藉以確保最短距離的廚房動線。

感受四季變化的廣角廚房

POINT 1

從廚房可以穿過大型落地窗看見中庭的景觀，藉由中庭的落葉樹感受四季的變化。

POINT 2

從廚房可以同時看見中庭和後院，隨時享受到大片的風景和光線的變化。

POINT 3

站在廚房可以將入口、用水位置、客廳、樓梯盡收眼底，如同駕駛座艙般可以掌握全局。

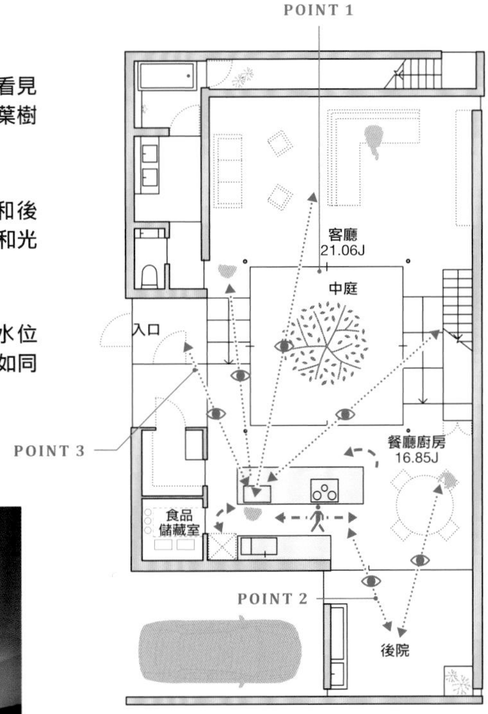

平面圖 S=1:200

相對於象徵意味濃厚的中庭，和家人用餐的餐廳空間旁邊的後院，則屬於家人共處的公共空間。

位在兩個庭園中間的廣角廚房，讓人在生活中既可隨時留意到家人的動態，也能夠清楚感受到大自然變化。

邀集三五好友的聚會廚房

兼具客廳功能的廚房面積雖小，透過挑高的設計，讓居住者不致感覺擁擠和狹隘。

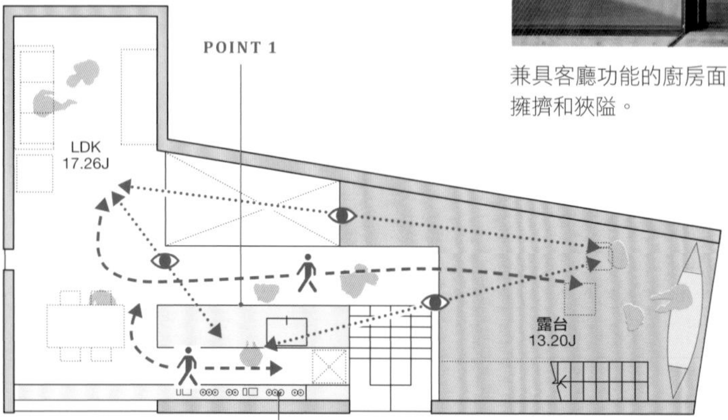

二樓平面圖 S=1:150

POINT 1

和每天必使用的客廳連成一直線的功能性廚房，由於距離木作露台不遠，不論居家活動或朋友聚會，都非常方便。

POINT 2

長長的流理檯還有空間能放置酒瓶，彷彿就是一座真正的吧檯；朋友聚會時，具有連結室內和露台的功能。

廚房由透明玻璃落地窗包圍。即便聚會人數多時，也能和露台並用，輕鬆度過美好的相聚時光。

設在空間核心的中央廚房

POINT 1

設在空間核心位置的中央廚房，讓使用者在料理的同時還能和在餐廳、客廳的家人聊天。由於距離小露台和用水位置都近，讓家事做起來更得心應手。

POINT 2

島型廚房的動線兼具迴游性，所以能一邊做事一邊和家人對話。

POINT 3

由於島型設計完美的配置，確保了牆面的收納空間，連冰箱也一併納入。廚房的牆面收納食材、廚具和垃圾桶；餐廳的牆面則收納餐具、火鍋用具等。

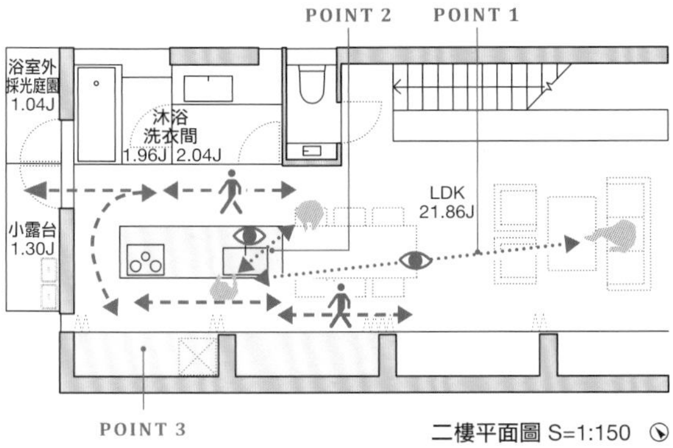

二樓平面圖 S=1:150

透過迴游動線、島型廚房、牆面收納的組合，讓中央廚房兼具美觀和功能性。橫跨LDK的天窗所納入的柔和光線，將空間合為一體。

當餐桌和流理檯必須結合的時候，設計師重視的不只是功能，更希望能營造出唯美和安心的感覺。

兼具餐廳用途的小型廚房

POINT 1

藉由流理檯和餐桌合為一體的小型廚房，確保了一處簡潔的餐廳空間。餐桌採用煙燻乾燥木板，為室內營造出幾分暖意，也避免廚房功能過於突顯。

POINT 2

為了搭配餐桌和流理檯的高度，特別訂製了高度適中的座椅。座椅靠背美觀的設計也突顯出空間設計的重點。

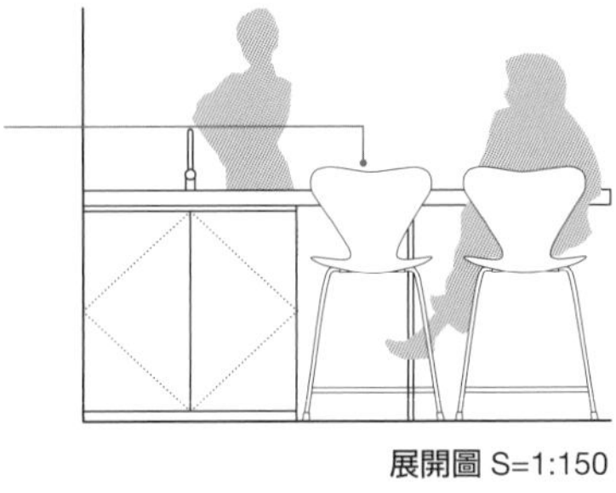

展開圖 S=1:150

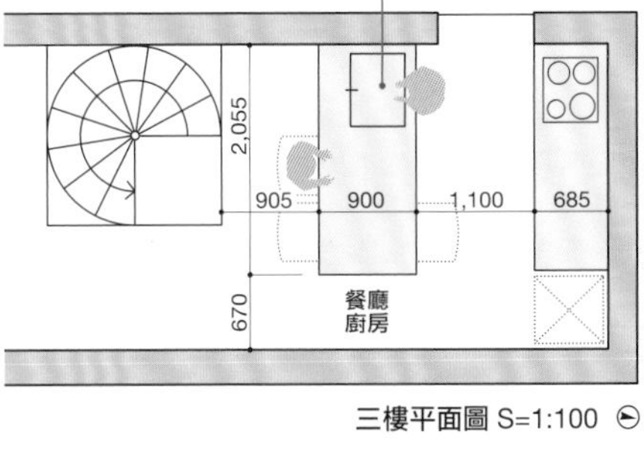

三樓平面圖 S=1:100

珍貴的美好夜晚
夜間休息空間

A night-lounge to spend precious time at night

那些同樣忙於工作的夫妻，平日早出晚歸，兩人相處的時間極為有限。可想而知，他們最珍惜的就是睡覺前和起床後的溝通。於是，便出現了所謂「夜間休息空間」的概念，負責成全溝通、臥房的功能。

臥房最主要的目標，就是提供休養生息的舒適環境，讓人睡得舒服、醒得愉快；不過，倘若能加入一點有助睡覺前和起床後的溝通或樂趣的創意，或許可以提升臥房設計的可能性。譬如增設一張沙發椅，讓人能坐下聊天，或者設置一張小書桌，可以繼續白天未完成的工作。甚至在假日的早晨，就像在飯店一樣，在這兒吃一頓早午餐。跳脫單純睡覺的基本功能，為臥房增添幾分趣味，夜間休息空間的設計概念想必大有可為。

創造放鬆時刻

藉由天窗製造戲劇性的自然光線，隔著細框窗可以欣賞中庭的綠蔭。

POINT 1

配合家具而設計的床鋪，床頭上方裝設了間接照明，透過牆面上淡淡的光線，營造出能放鬆身心的空間。

POINT 2

利用收納櫃分隔出偌大的臥室，製造出一處夜間休息空間。臥房裡書架、電視一應俱全，足以讓屋主充分享受睡前和假日的寶貴時光。

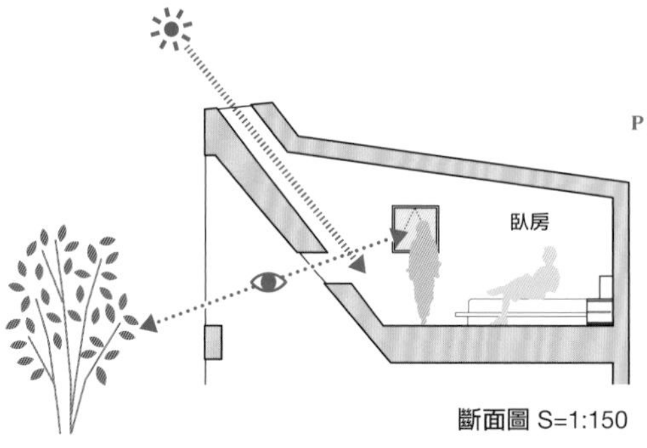

斷面圖 S=1:150

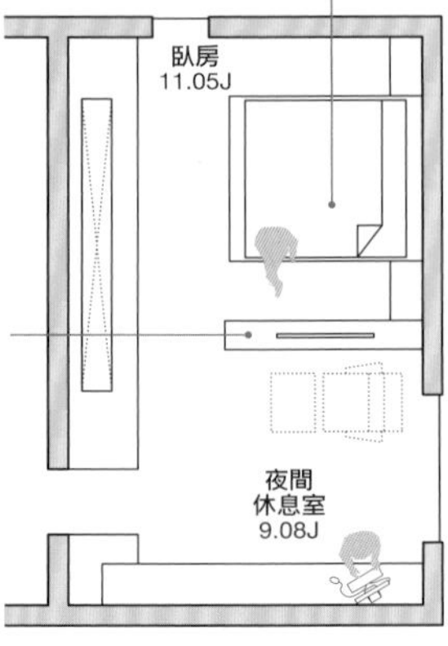

二樓平面圖 S=1:150

營造飯店式生活

POINT 1

用透明玻璃隔開浴室和臥房，形成緊緊相連的私密空間。透過視覺的穿透，營造出飯店般的夜間休憩和沐浴享受。

POINT 2

刻意安排的落地窗，讓人在臥房裡也能看見室外的綠葉扶疏，營造更深層的身心釋放，也帶來彷若置身森林小屋般的休憩氛圍。

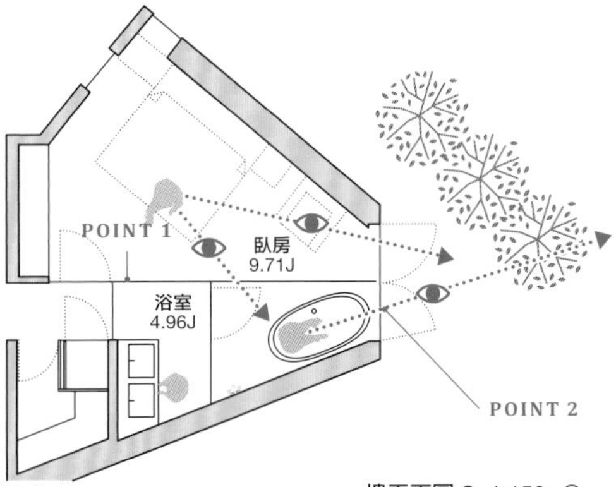

一樓平面圖 S=1:150

左：利用透明玻璃擴大視野，將浴室和臥房合而為一，製造極度舒適的夜晚空間。

右：早晨的自然光線和夜晚的燈光照明，讓窗外的綠意成為空間中不可或缺的重點景觀。

和星空對話

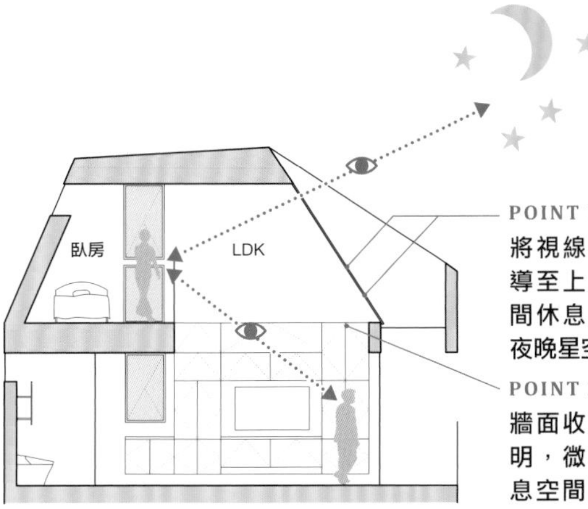

斷面圖 S=1:150

POINT 1

將視線從客廳的天井引導至上方的天窗，讓夜間休息空間更能享受到夜晚星空之美。

POINT 2

牆面收納櫃中的間接照明，微微照亮了夜間休息空間，營造出與白天全然不同的景致。

左：利用部分露台的牆壁裁切出天窗的視野，從此可安心享受星空美景，不必再擔心視線會受到任何干擾。

右：隔著裝設在傾斜天花板上的天窗，把室內特別安排的照明帶往戶外。

療癒身心的祕室
美體休憩空間

A body-lounge to enjoy a body care

不論男女，無關老少，越來越多人留意到保養身體的重要。若把家中的臥房和浴室設計成一處可供按摩、健身的美體空間，相信一定能讓生活變得更為充實。就像廚房、臥房的設計，「美體休憩空間」也可以打造成一處具有溝通意義的空間。

一般來說，沐浴除了清潔保養，更具有放鬆身心之效。對於重視身體保健的人而言，沐浴還有為身體增溫、加速新陳代謝的作用。有些人習慣半身浴，目的也是為了美容或塑身。此外，對一些重視睡眠品質的屋主而言，他們像吃飯一樣每天做體操、練瑜伽。而對夫妻、親子來說，浴室也是交換生活心得的重要場所，坦誠相見代表身心的開放，自然可以說出更多的真心話來。好的沐浴空間可以提供的，絕不僅止於身體的保養，更是生活中精神食糧的來源。

在美體休憩空間裡享受美景

POINT 1
把浴室的窗戶設為大型觀景窗，沐浴的同時居高臨下、享受戶外的美景、療癒身心。

POINT 2
使用相同造型的高格調磁磚統一化妝間和浴室的牆面，營造飯店般的奢華空間。

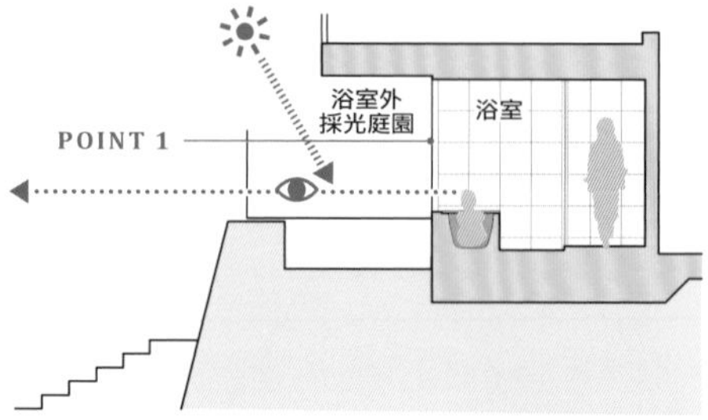

斷面圖 S=1:150

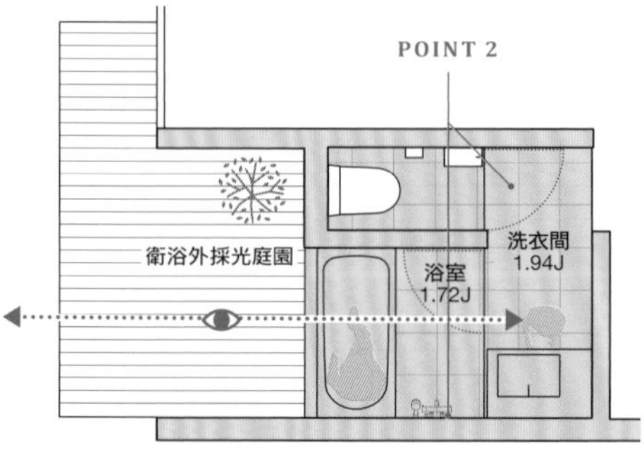

一樓平面圖 S=1:100

左：改變一般美體休憩空間給人的印象，讓居住者享受到非比尋常的特殊氣氛。

右：把美體休憩空間打造成極盡奢華的視覺空間，泡在浴缸的同時可以欣賞戶外美景。觀景窗搭配盆栽和天窗，更提高了整體空間悠閒的氛圍。

利用露台創造開放式美體休憩空間

POINT 1

美體休憩空間緊鄰著大露台，突顯室內的開放感，沐浴後還可坐在露台的木椅上休息。

POINT 2

透過設置一面可以清楚望見戶外露台的透明落地玻璃門，強化內外空間的一體性。

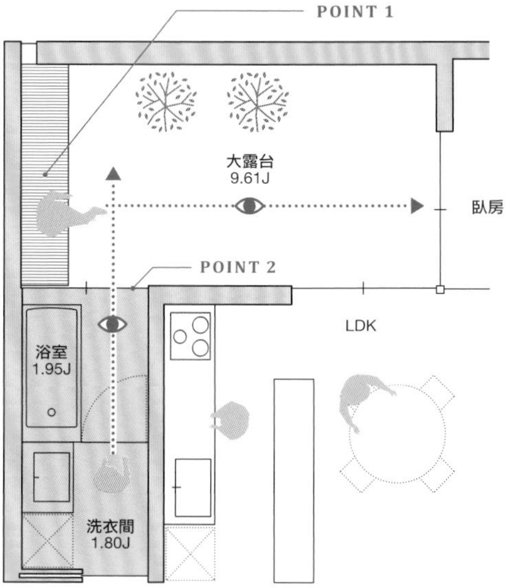

一樓平面圖 S=1:100

從美體休憩空間直通露台的設計，讓居住者產生舒適和放鬆的時間流動。

串連美體休憩空間和廚房

POINT 1

使用全高式（full height）透明玻璃分隔美體休憩空間和廚房，形成一處一體空間。緊鄰廚房可以縮短家事動線，更便於家人互動。

POINT 2

整合了洗衣機、洗衣籃的洗手檯，降低了生活的壓力感，也讓零散的家事轉變成單一的工作。

透過透明玻璃，從廚房望向整個美體休憩空間，藉由空間的設計激發做家事的意願。

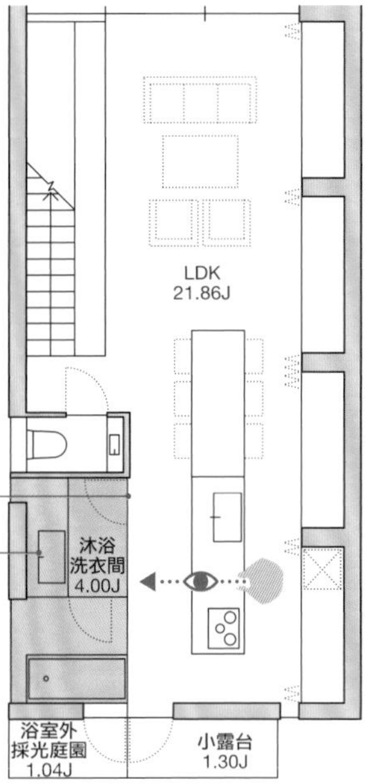

二樓平面圖 S=1:150

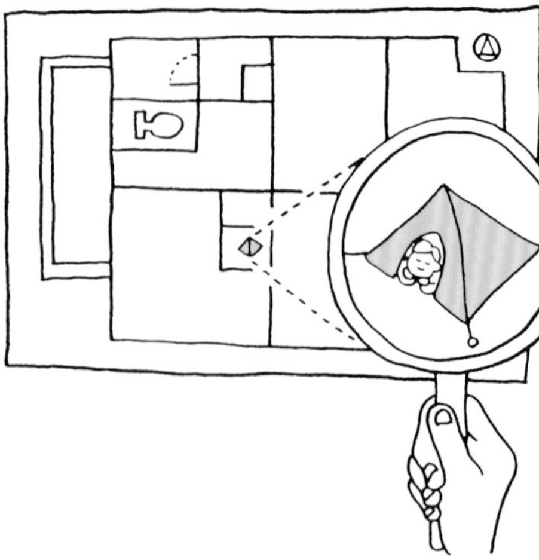

舒適隱密的個人小天地

超小空間

A micro room as a comfortable space with privacy

在現代住宅裡，人們優先考量的往往是孩子的空間，大人的空間則淪為其次。於是，在這個偌大的生活空間裡，屬於大人個人的私密空間正日益淪陷。

許多屋主其實所求不多，只求能夠擁有一間小小的書房。然而即便是兩坪大小，談何容易。好在，大多時候一坪不到的「超小空間」仍舊不難找到。由於提出這類需求的多半是男主人，因此設計師通常會在車庫或客廳的一角，安排一處足夠放置電腦和藏書的地方，再搭配一張舒適的座椅，創造出完全屬於男主人個人的彈丸之地。儘管空間狹小，在確保隱私和心靈休憩的功能上卻是綽綽有餘。這方超小空間和面積遠大於它的公共空間，正好為生活取得平衡，兩者缺一不可。

看得見愛車的車庫小書房

POINT 1
在車庫內側利用透明玻璃隔出小書房，人在小書房可以隨時欣賞愛車。兼顧開放性和舒適感，乃是設計的重點。

POINT 2
特別打造的一處完全不受干擾，舒適、極致的超小獨處空間。透明的對外開口既具採光效果，又能降低空間的狹隘感。

POINT 3
利用書架讓小書房兼具工作室的功能。

上：利用車庫創造出屋主獨處時的最佳空間，也是屋主嗜好和工作的祕密基地。

下：利用窗戶採光，增加狹小空間的亮度。空間越小反而越舒適。

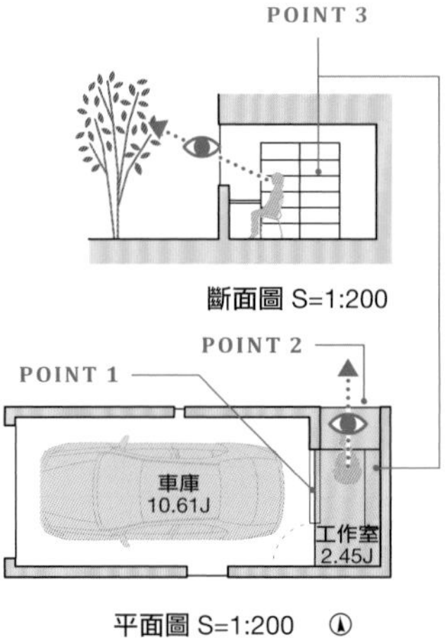

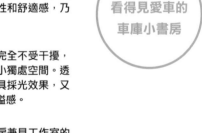

為閣樓房間的舒適性加分

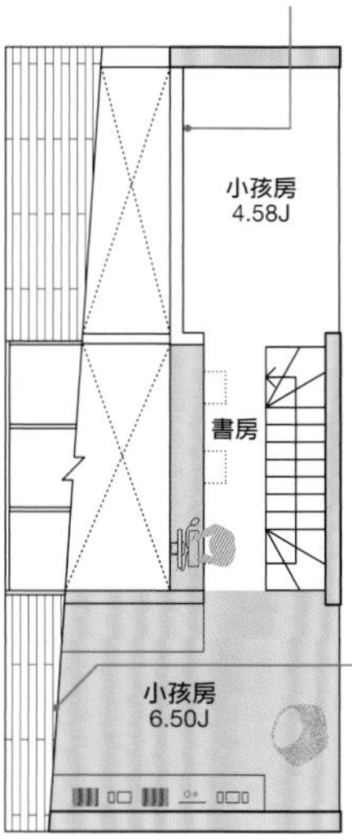

三樓平面圖 S=1:150

傾斜的天花板營造出閣樓的氛圍，也讓居住者升起停留此地的衝動。

POINT 1

可供陳列個人收藏，彷若畫廊展場般的超小空間。藉由傾斜的天花板營造出閣樓的氛圍，讓狹小的空間倍感舒適。

POINT 2

利用高度及腰的矮牆，讓閣樓和樓下的客廳保持距離，形塑出令人安心的獨立空間。

超小空間裡的超小工作站

POINT 1

設在客廳一角的功能型超小工作站，讓屋主可以在極為有限的空間裡埋首工作。

POINT 2

將個人電腦、印表機、書籍等所有必要物品集中放置，打造一處駕駛座艙式的工作環境。

屋主工作用的超小工作站。由於空間狹小，需要什麼都能唾手可得。

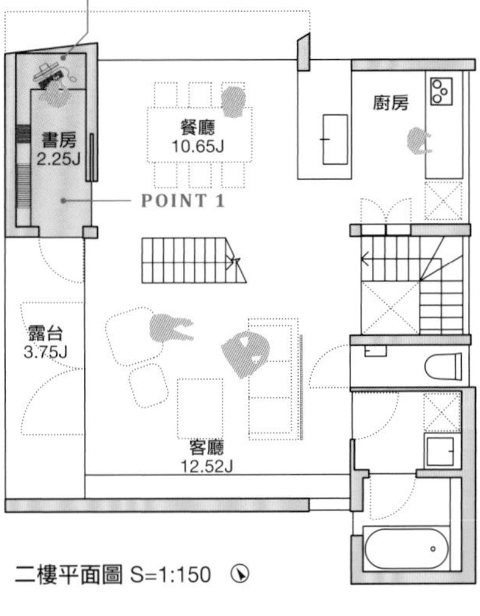

二樓平面圖 S=1:150

收納讓生活更舒適

儲存空間

Storage plus one in equipped with user-friendly storage

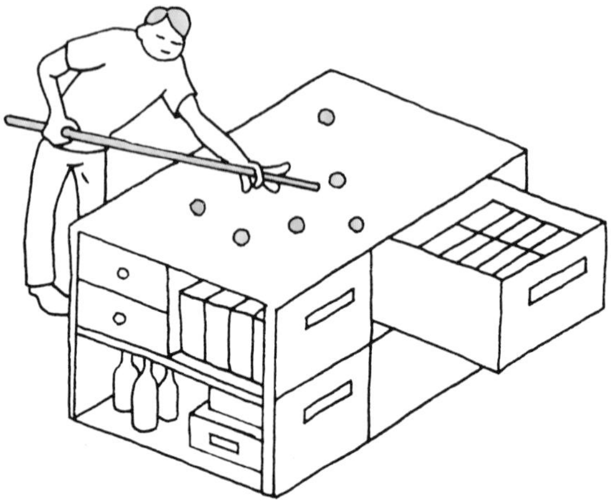

一般來說，住宅收納空間的比例約占整體空間的百分之一。不過由於都市裡能夠有效運用的空間較小，相形之下，物品的份量就會感覺既多又雜，因此都市住宅對於收納空間的需求明顯日益增加。當然，生活簡單確實是種享受，然而在生活中倘若能夠置身在自己愛好的事物當中，又是另一種不同的樂趣。

有些屋主選擇運用牆面收納，讓雜物隱而不現；有些屋主則選擇開闢專用的儲藏室，將家中所有雜物集中管理。不論哪種選擇，雜物畢竟不是廢物，若不善加管理，便等同於暴殄天物。「儲存空間」的目的，即是為了增加住宅收納的功能；透過儲存空間的安排，做好適當的管理，可想而知，一定可以為屋主帶來更為舒適的居家環境。而能夠在家中時時欣賞到自己的收藏，又是何等的幸福。讓居住者能夠隨時和所愛常相左右，正是住宅設計最難能可貴的作用。

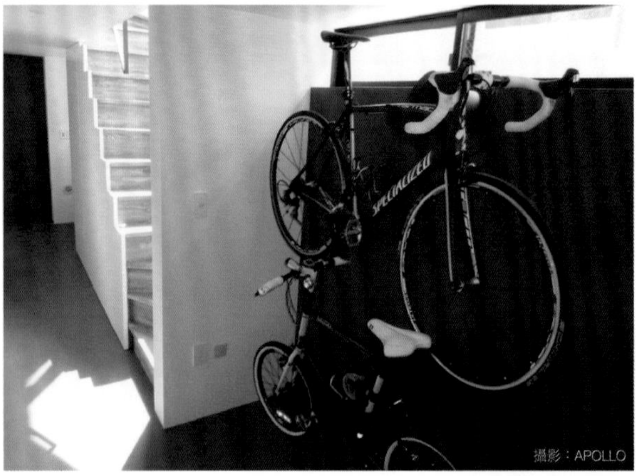

不僅止於收納，更透過展示屋主愛好的自行車，實現令人印象深刻的嗜好空間。也可說是創新的玄關設計。

收納兼展示

POINT 1

穿過玄關，經過整片連續的磁磚地板，在進入室內前即可看到屋主愛好的自行車展示牆。刻意把展示牆塗裝成黑色，除了更能夠突顯出自行車的存在感，也可防止破損或髒污過於明顯。

POINT 2

刻意拿掉收藏空間的門片，以便強調這是一個「展示場所」，避免讓人產生儲藏室的聯想。

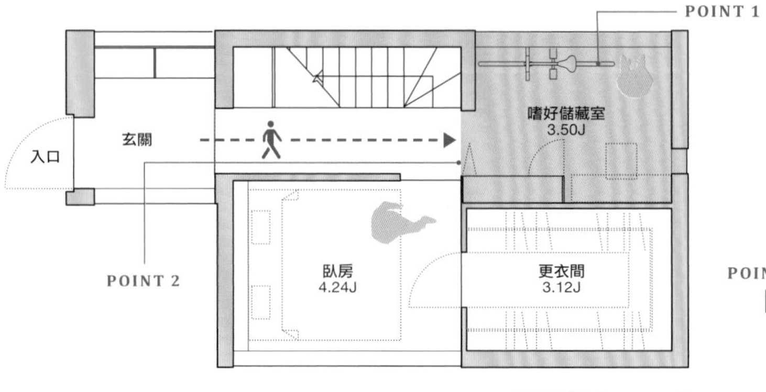

一樓平面圖 S=1:100

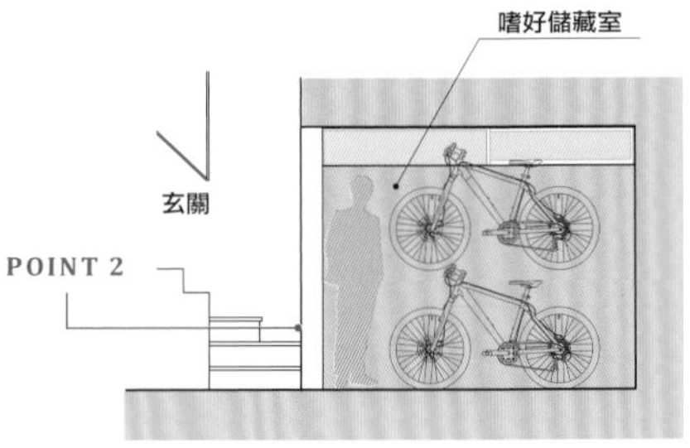

展開圖 S=1:100

小型圖書館

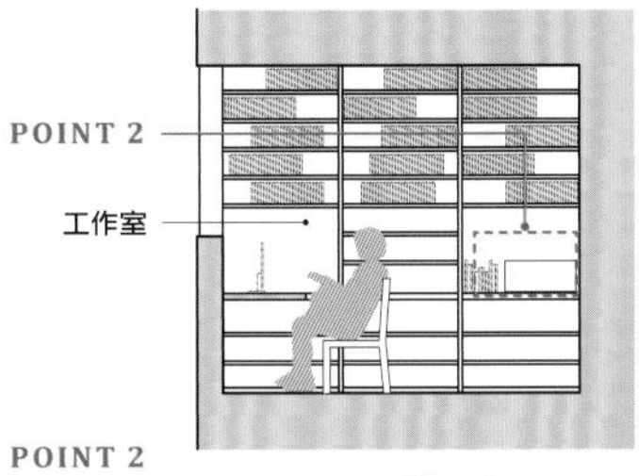

展開圖 S=1:100

一樓平面圖 S=1:150

POINT 1

把所有的藏書集中，做成小型圖書館，同時設置一個小書房。集中管理永遠有助於提升工作效率。

POINT 2

移動式的書架層板，讓屋主在書籍增加或增設印表機之類用品時，容易靈活安排、調動。

刻意不把走道做成附設書架的通道，而將動線稍微拉長，挪出一處舒適的書房空間。

把儲存空間設在玄關旁，收納家中各類雜物，以避免其他空間因為雜物的堆放而破壞了原本的功能。

多用途的收納空間

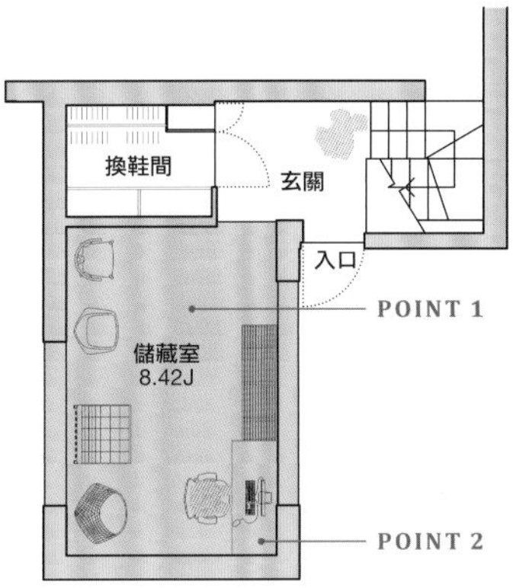

一樓平面圖 S=1:150

POINT 1

特別為屋主收藏的藝術座椅而設計的寬敞儲藏室，既可達到收納的功能，也為家人提供了閱讀和休息的空間。

POINT 2

由於預先裝設了電源插座和網路配線，讓儲存空間的功能有了更多的可能，也提高了住宅使用的自由度。

頂級的過渡空間
連結區域

A connect area as ultimate intermediate space

遇到小坪數住宅，設計師常會盡量縮短連結不同空間的走廊或通道的長度，以避免空間的浪費。然而，倘若能夠把通道拉長或加寬，同樣也能為室內的動線賦予新意。所謂「連結區域」是指同時具有空間和動線兩種含意的過渡空間，近年來這樣的設計也常用於一般的住宅空間。

譬如九十公分的走廊，由於空間的限制，永遠只能當作通道使用；但若加倍寬度，變成一百八十公分，就可以在當中放置書桌，增添閱讀和工作的用途。即便只能設計成一百三十公分寬，也可增設一張長椅或書架，變成休息和閱讀的角落。

此外，透過連結區域的設計，還可為住宅營造出一處公領域與私領域之間的緩衝地帶，減少狹隘的印象。巧妙串連不同的空間，正是連結區域真正的用意所在。

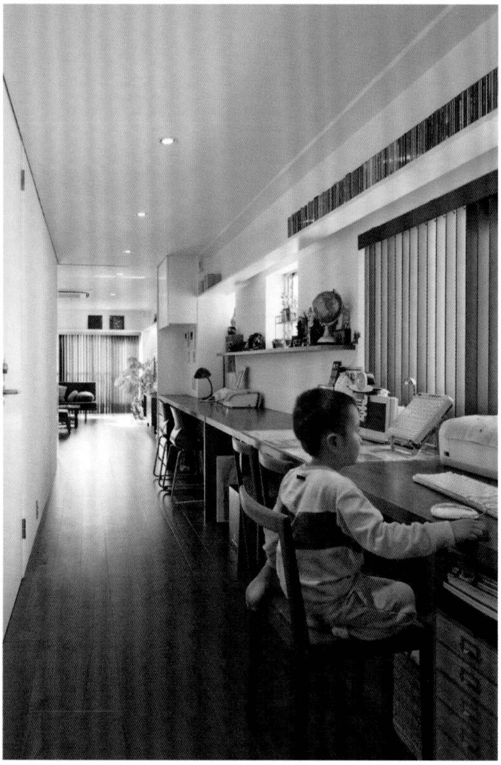

作為走廊嫌太大，當作房間則又太小，但是設計成通道兼工作空間的連結區域，卻意外打造出非常舒適的緩衝地帶。

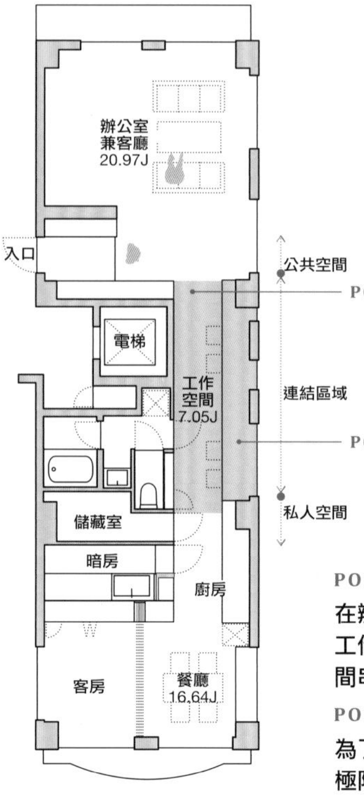

二樓平面圖 S=1:200

在公領域與私領域之間創造工作區域

POINT 1

在辦公室和私人空間之間設置工作區，把兩個不同功能的空間串連在一起。

POINT 2

為了把原本有限的空間擴大到極限，在走道邊增設一張大書桌，形成一處全家人都可自由使用的工作區域。不但連結了兩處功能完全不同的空間，也具有緩衝和過渡轉換的作用。

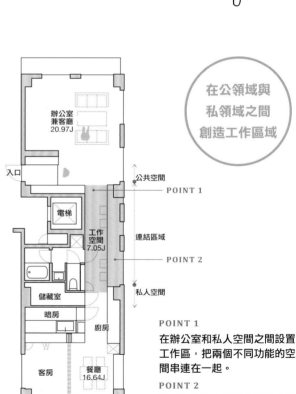

樓梯邊的藏書區域

刻意在每一個房間外的樓梯邊設置相連的書櫃，為整體空間創造出緊密連結的連續性。

POINT 1

位在建築物正中央的樓梯，成為聯絡各夾層空間的橋樑，以及貫穿整個空間的縱向通道。

POINT 2

配合樓梯的縱向動線而設計的大型書櫃，收納了家中所有的CD、LP、書籍和雜物。上下樓梯時可隨處取用，並當場享受。

POINT 3

連結區域具有成為家中核心的潛力，透過天窗的設置，更提高了居住者對此地的向心力。

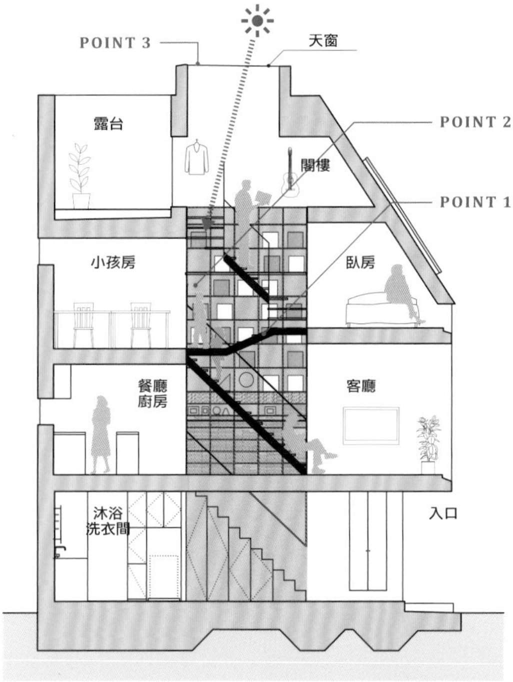

斷面圖 S=1:150

上：在直通到頂樓的縱向橋樑上，書籍可隨取隨讀，彷若一座空中圖書館。

下：從LDK望向樓梯，由於面對挑高8公尺的天井，看起來好比大樹的樹幹，賦予凝聚家人向心力的神奇功能。

享受興趣的休閒區域

嗜好空間

A favorite area as a hobby space of a gem

人生最大的樂趣就是做自己感興趣的事。於是，屋主們會特別需要一處專門用來從事休閒嗜好的空間。一般屋主的生活型態有兩種，一種是工作和興趣完全分開，另一種則是他的興趣就是工作，他的工作也就是興趣。設計時，重點不在於他們選擇了哪一種生活型態，而在於他們都希望能夠更專注於自己的興趣或嗜好，以及如何才能設計出能夠讓他們忘卻時間的舒適空間。

舉例來說，一處安排在車庫裡、可以時時看見自己愛車的小書房，基本上已經完全跳脫了車庫給人的傳統印象。類似這種提供屋主享受個人興趣的空間，我們稱之為「嗜好空間」，而且設計師必須了解，需要這類空間的屋主絕對不在少數。或許因為少子化的關係，人們不再需要像過去那樣，凡事都以孩子為優先考量。或許也正因如此，居住空間的設計潮流已經隨著社會變遷，從「一家一住宅」，逐漸演變成「一人一興趣一住宅」了。

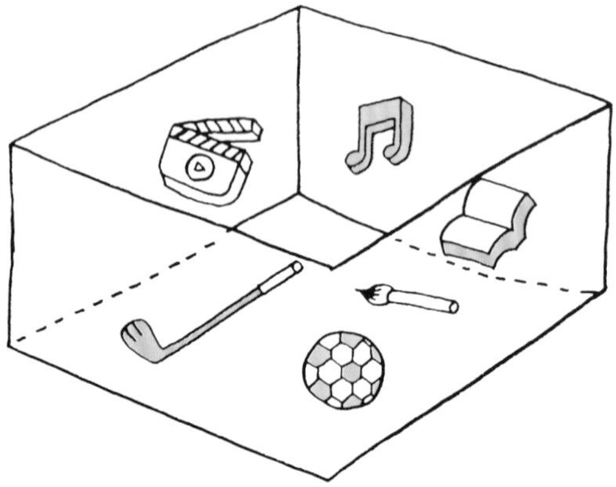

車庫變成大櫥窗

POINT 1
使用透明玻璃隔出的車庫，變成一處大型櫥窗，更突顯出空間的存在感。

POINT 2
把客廳設在車庫的旁邊，讓生活中歡樂美好的時光，總有愛車的陪伴。

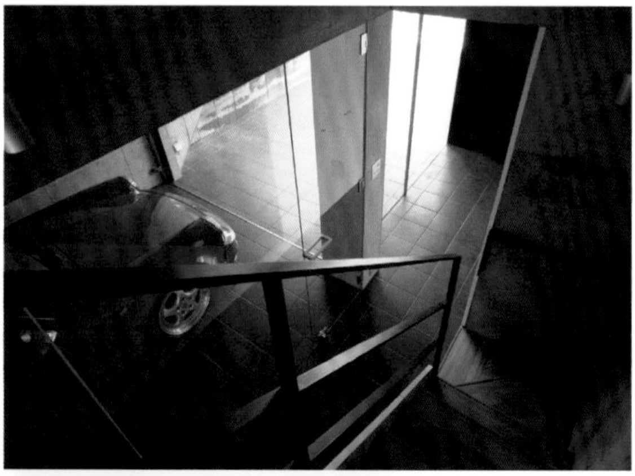

上：隔著一面玻璃牆，從門口和樓梯都能清楚望見車庫，讓屋主可以從各種角度欣賞他心中的最愛。

下：加入特殊的燈光效果，所形成的一幅奢華光景，彷彿一處用玻璃帷幕圍成的展示櫥窗，更突顯出這部保時捷的氣派和價值。

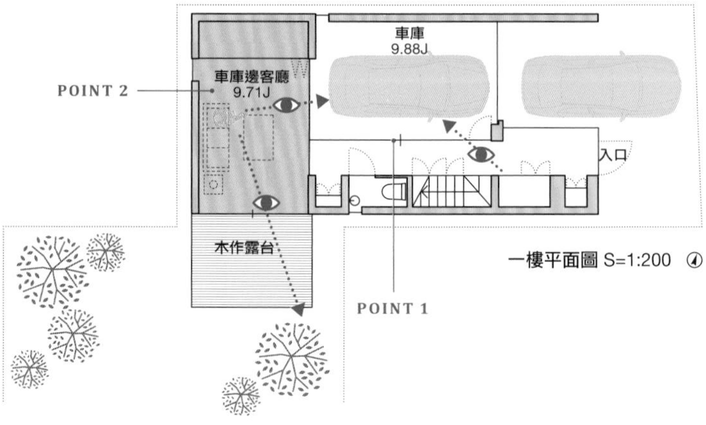

左：從水泥裸牆的正面，窺探到愛車的車頭。
右：從車庫內的工作室也可以清楚望見法拉利的尾燈。

樂在埋首車庫內

POINT 1

一樓室內車庫後方的小房間，是屋主專用的汽車保養工作室。室內的層架不僅可以收納愛車的用品和零件，也可以當作書架使用，形成一處可供屋主埋首嗜好的工作空間。

POINT 2

工作室內除了對外的採光和通風，完全被牆壁所包圍，讓屋主更能夠樂在嗜好，樂不思蜀。

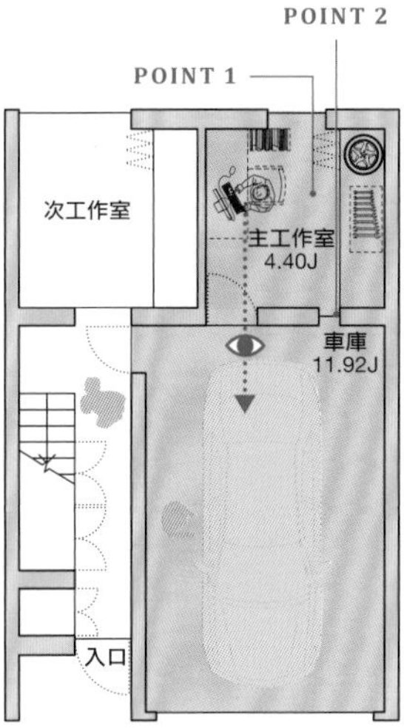

一樓平面圖 S=1:150

享受四季變化的藝術工作室

POINT 1

面朝北邊露台的工作室，既可以享受柔和的擴散光，又能在親近自然的同時樂在工作。

POINT 2

和客房之間的隔間採用拉門設計，讓工作室隨時可以加大空間，甚至可以作為大班教學或展示之用。

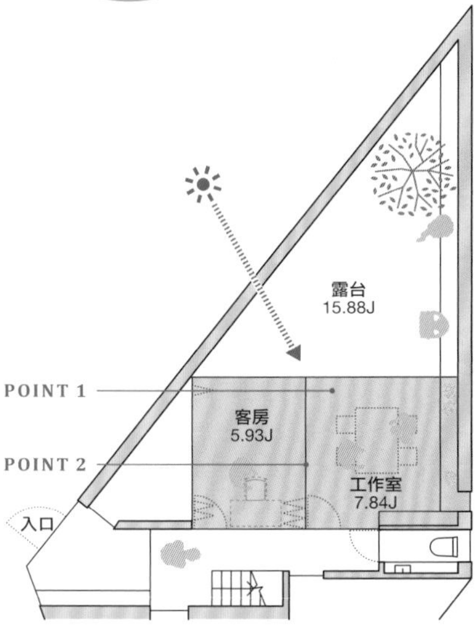

一樓斷面圖 S=1:200

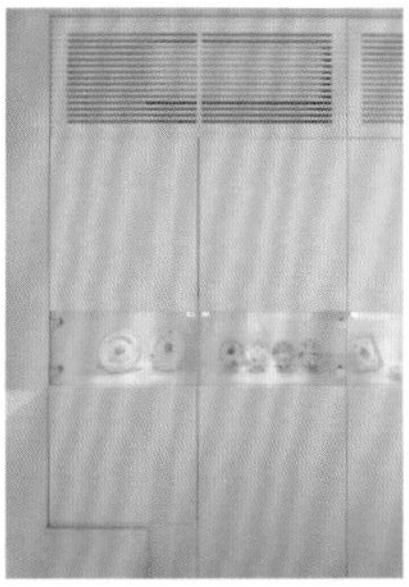

左：空調和通風扇使用格柵覆蓋，讓空間整齊劃一，前方則設置了展示作品用的平台。
右：工作室內處處飄盪著寧靜和沉穩的氣氛，搭配自然綠意的前院，形塑出可供屋主專注於完成精緻畫作的舒適環境。

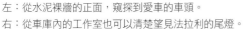

生活即工作

複合式空間

Work-life mix, living with a work

要明確區分工作和生活，確實不是一件容易的事。因為工作本來就屬於生活的一部分，而生活又不可能完全不工作。因此，與其透過各種技巧，設法去切割、區隔，倒不如試著找出兩全其美的方法，即便是住宅空間，出現二選一的狀況時，也應該根據同樣的思維進行設計。

越來越多都市人過著靠買賣、收租、收取學費維持生計的生活。考量到購買土地的成本，工作和生活並存的生活方式，在都市中是再自然不過的事了。在寸土寸金的地區，不敢輕易選擇純住宅的人們更占據了絕大多數，這時，的確可以透過設計解決這個問題；然而，解鈴還需繫鈴人，終究還是必須交由屋主自行決定。但總的來說，不論屋主偏重的是工作抑或是生活，問題難免還是會發生。因此，設計師只需要掌握一個大原則，那就是屋主所要求的，只是盡可能讓生活和工作兼容並蓄。

上：相對於密閉的音樂工作室，二樓是設有天井的開放式LDK。透過兩個完全不同調性的空間，有效切換屋主工作和生活時的心情。

下：藉由天窗的設置，讓室內洋溢柔和的光線。設計時必須特別留意音樂工作室的隔音效果。

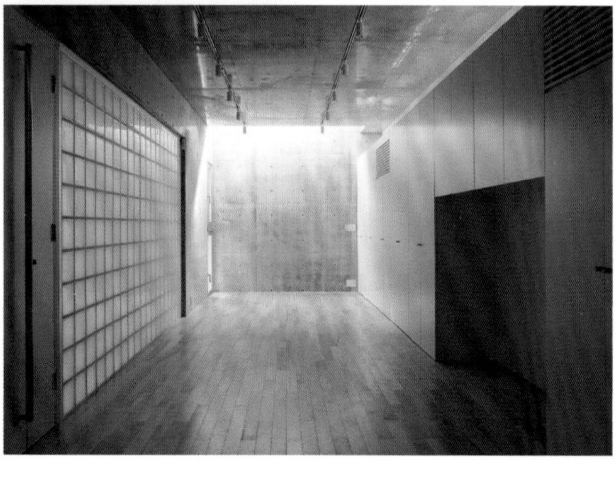

POINT 1

利用入口玄關、樓梯及中庭等過渡空間，把工作用的音樂工作室和生活空間的LDK區隔開來。過渡空間同時具有切換工作和生活的功能。

POINT 2

採用乳白色玻璃磚，把音樂工作室和入口玄關間隔開來。玻璃磚既可納入中庭裡的自然光線，又具有隔音的效果和阻斷外頭的風景，藉以營造更容易專注的工作環境。

利用過渡空間區隔工作和生活

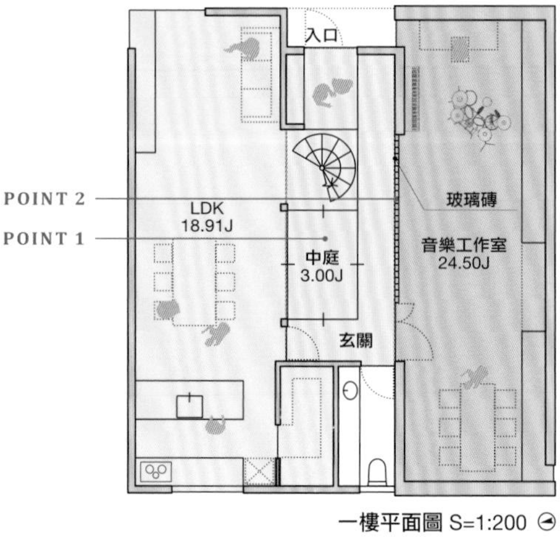

一樓平面圖 S=1:200

共享中庭的SOHO空間

上：從面對中庭的迴廊，隨處皆可望見中庭上方的正方形私人天空。

下：特別為瑜伽教室設置專用入口，維護家人的生活隱私。

POINT

在一棟擁有中庭的居住空間，刻意把瑜伽教室設在二樓。從瑜伽教室可以看見中庭，中庭的隔間則採用可移動式設計，以便營造私人空間與公共空間的界線。

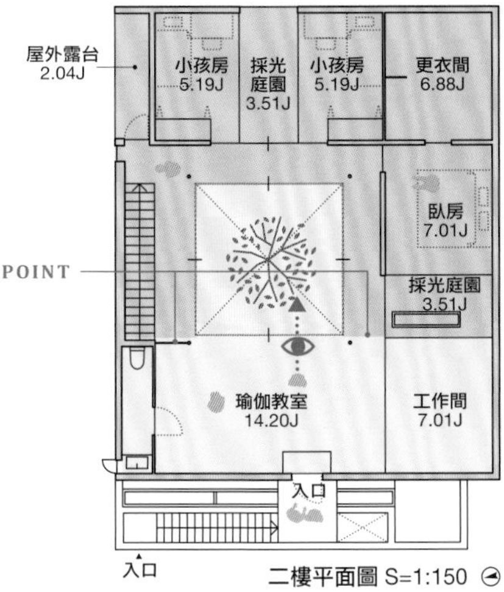

二樓平面圖 S=1:150

在同一個屋簷下工作和生活

POINT 1

一樓是店面，二樓是住家的複合式住宅。一樓店面使用水泥和玻璃設計成開放式展示空間，二樓則以三夾板和天花板作為隔間，創造出極為清晰的私人空間，並且和店面的設計形成明顯的對比。

POINT 2

在店面和住宅之間的樓梯上方，刻意設計了大型天窗，藉以營造開放的感覺。

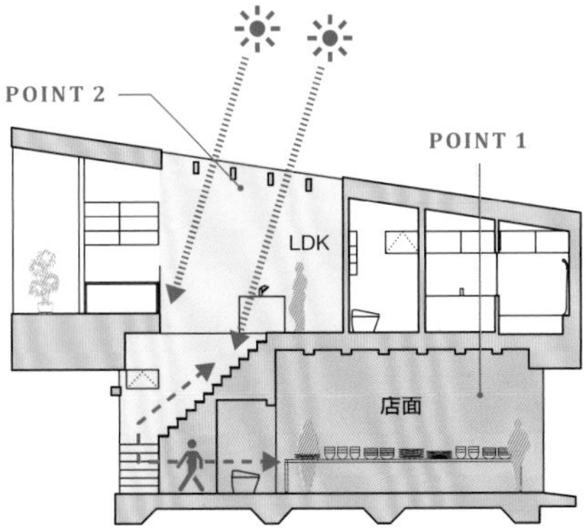

斷面圖 S=1:250

左：一樓內部的牆壁採用水泥裸牆設計，是一間寵物用品專賣店。

右：店內的咖啡茶水間是店面和二樓共用的空間，表面上看似公私不分，實際上這樣的設計可以讓老闆兼主人在工作之餘，還能隨手做點家事。

把未來設想進來

多功能空間

An alternative space for the future

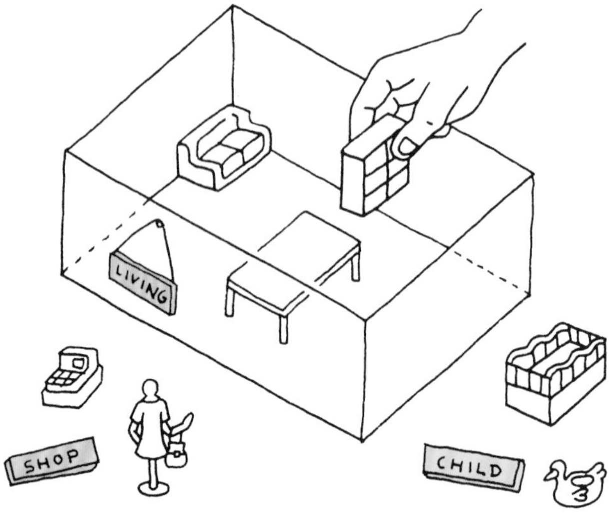

想在瞬息萬變的時代洪流當中，用更長遠的角度設計人們生活的舞台，確實不是一件容易的事。在設想未來的過程中，設計師往往也很難具體描繪出心中的想像。然而，正因為我們連明天的日子都無法預料，倒不如實事求是，提供眼下所能想到的一切，這就是所謂「多功能空間」的設計概念；換個說法，就是一種非固定功能的空間設計手法。

好比說，一個房間既可以當作小孩房，又可以隨時改換成父母長輩的臥房，甚至還能搖身一變成為出租套房，為自己增加一點收入，說不定也可能直接拿來當作自家的辦公室或工作室。現代人所需要的，正是這種能夠發揮多種可能性的空間，也可以說是在這瞬息萬變的時代裡的一種生存之道。

設計多功能空間的重點在於，透過為屋主尋找各種可能的堅持，避免生活中出現停滯的感覺，防患未然，而不是接受現實，任憑時間擺布。

從客廳望向三樓的開放式多功能空間，是未來的小孩房。

設想可能的隔間

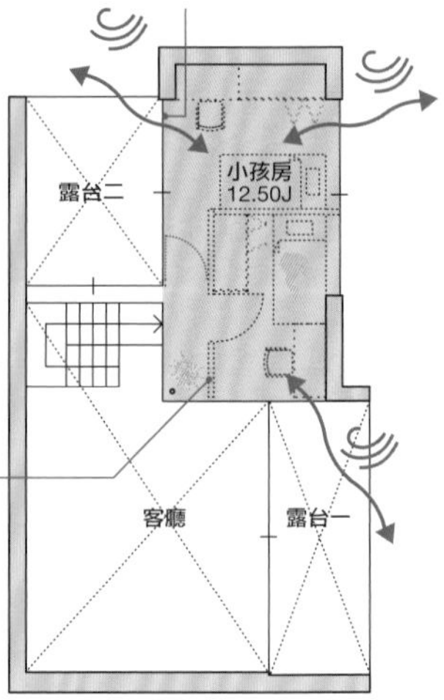

二樓平面圖 S=1:200

POINT 1

目前先將這個空間設定成小孩房，為了隔成兩個小房間，已經預設好隔間的方式和家具，還有房間的大小和對外開口。

POINT 2

初期可供屋主自由使用，待孩子出生、稍長以後，再改成小孩房，之後還可以改成起居室，是個名副其實的多功能空間。

將一樓作為出租店面

POINT 1

處理塔型住宅時，可把一樓設為店面出租，未來可再改成小孩房或獨立套房。倘若住宅的地段不錯，未來租金可能上漲，也有助於家庭經濟的開源。

POINT 2

刻意把重點放在外觀設計，而不在狹小的住宅裡大做文章。

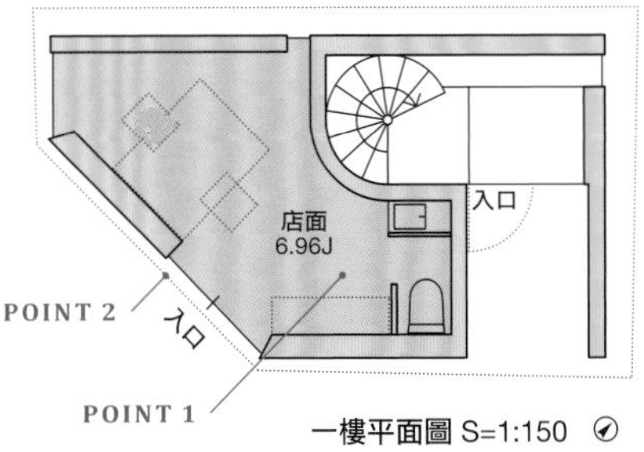

一樓平面圖 S=1:150

左：住宅正好位居街角，規則的開口設計，營造出店面和建築主體的一致性。
右：即便空間再小也不輕言放棄，利用良好的地理位置，將一樓設成店面，強化住宅未來的可能性。

利用玻璃隔間創造可能性

左：由於地點位在人潮較多的商店街，一樓的用途遠大於純住宅區。
右：除了鋼筋混凝土結構的部分，全面採用可拆式建材，以方便未來改建或整修。

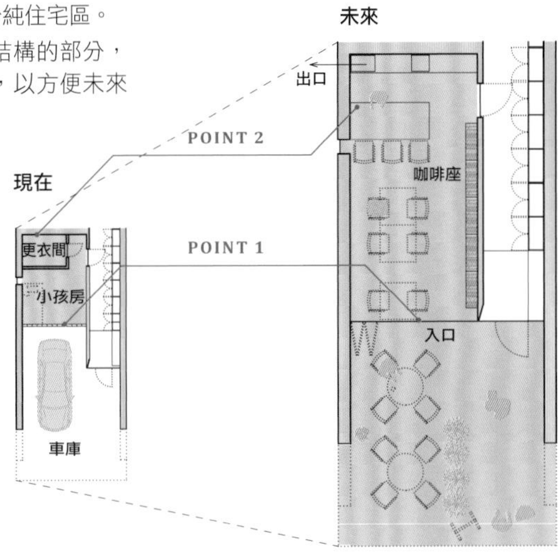

一樓平面圖 S=1:200

POINT 1

一樓車庫和小孩臥房之間，使用可拆卸、再利用的玻璃隔間，未來可以打通，開設車庫咖啡廳。

POINT 2

小孩房裡的更衣間採用容易拆卸的木作板材。為了方便未來改裝成咖啡廳，在更衣間內的水泥牆上預留了通風口。

瞬間切換到休閒模式

室外空間

An outdoor lounge as a leading role of non-every day

越來越多人期望能夠在家裡，就能輕鬆享受到戶外的休閒。因此，設計師在設置緊鄰客廳或餐廳的屋外空間時，就必須格外留意，務必把內外空間合理地串連起來。所謂設計「室外空間」，既是一種把室內生活向外動態延伸的方法，也是一種配合四季和天候營造生活多樣性的技巧。

譬如串連起內外兩個空間時，一旦敞開中間的開口部位，就會形成一處過渡空間；或是統一內外地板的高度，並在室外擺設戶外家具，也可以讓內外產生自然的連續性。類似的創意，不僅可以帶領居住者把生活從室內延伸到室外，更可能為他們創造出生活戶外休閒的樂趣。室外空間已然是現代住宅的必需品，也是擴大生活廣度的必要設施。

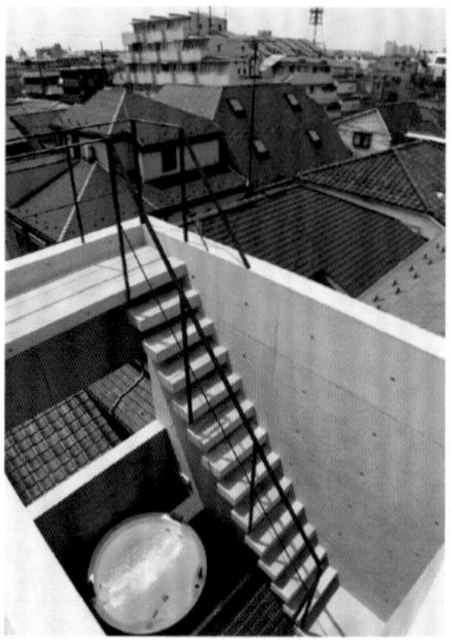

左：設計的重點同時兼顧平日的生活和假日的休閒。刻意把露台視為室外休閒區，藉以提高露台的功能。

右：一旦進入這塊私人空間，居住者會立刻忘卻自己仍身處都市之中，瞬間切換到休閒模式。

在家享受
露天澡堂的樂趣

POINT 1

在客廳旁的露台內設置一座大浴缸，在室外空間享用室外露天澡堂的樂趣。滿水時浴缸內的青綠色，也成了客廳裝修的一部分。

POINT 2

適度的外牆包圍和上方的完全開放，形成高度隱密的室外休憩空間。

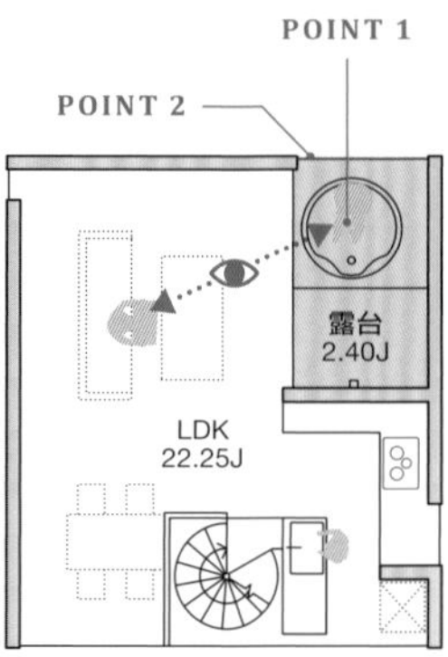

二樓平面圖 S=1:200

在中庭享受休閒生活

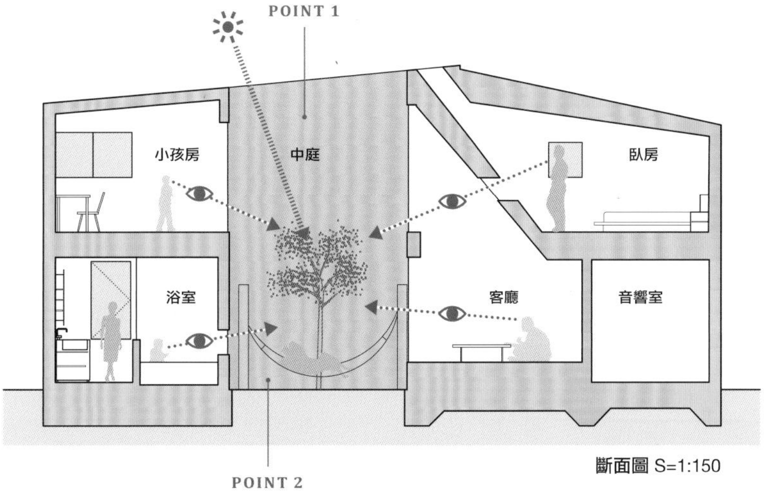

斷面圖 S=1:150

POINT 1

環繞在眾多房間中央的中庭，是自然天成的室外空間。人在浴室時，是個浴室庭園；人在客廳時，又變成室內的延伸。處處皆可享受到休閒綠意。

POINT 2

鋪設木作地板的中庭，可隨時赤腳出入其中。內外間隔曖昧不明的獨特空間，既可用來欣賞美景，又可作為各種休閒的活動場所。

左：設置在住宅中心的室外空間一景，成為製造各種不同景致的觸媒，也為居家生活提供了特殊的節奏和想像空間。

右：坐在木板上聊天，躺在吊床上閱讀，擺個火爐烤魚飲酒，再放個塑膠小泳池和孩子們嬉戲。室內辦不到的，在這裡可以全數實現，這也正是室外空間設計的精髓所在！

不著痕跡地串連內外空間

全開式落地窗

The full open window which gently connects inside and outside space

住宅的對外開口除了拓展視野，還具有導入自然光線和新鮮空氣的功用。開口的種類繁多，其中一種可以串連內外、減少內外區隔的方法，就是所謂的「全開式落地窗」。開口出入採用推拉門，全部推開時，室內和室外的分隔線當下消失，整個空間再也沒有內外之分。就像日本傳統建築裡的拉門一樣，可以彈性控制空間的分隔，藉由這種彈性的安排，空間變得更容易運用，隨時可以隨心所欲地改變室內的面積和視線的範圍。

全開式的設計既具有「緣側」的效果，讓室內向室外延伸，也具有日本傳統「土間」（玄關）的功能，將室外空間導入至室內。只要設計得當，開口處即可讓居住者時時感受到室內和室外的一體感；加上四季景觀的變化，不再只是享受室內或室外的舒適，而是在串連內外空間所形成的過渡空間中，感受更為全面和多樣化的居住空間。

上：透過全開式設計，把內部空間和室外的露台合為一體。落地窗上方採用無框透明玻璃窗，也為室內的天花板創造出自然的光影變化。

下：和天花板相連的透明玻璃窗，除了正面，側邊也採用嵌入式窗口，為天花板營造出輕盈、放鬆的印象。

利用全開式設計和露台合為一體

POINT 1

把客廳對外的門窗設計成全開式的落地推拉門，大大降低了內外的區隔，讓人感受到空間的無限寬廣。

POINT 2

落地推拉門上方是無框的嵌入式窗口，利用透明可見的室外風景，提高室內的開放感。

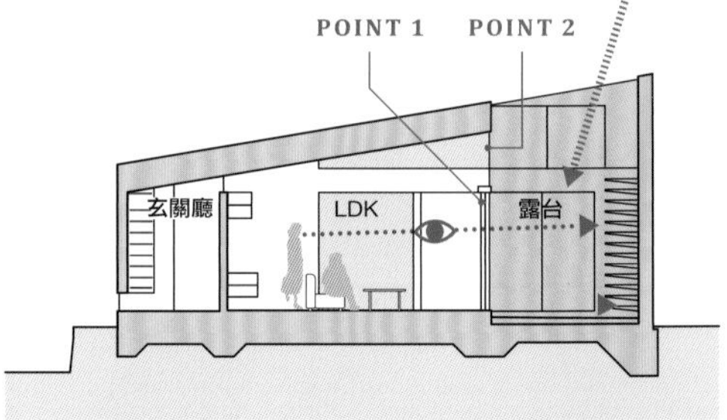

斷面圖 S=1:200

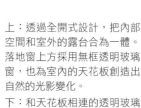

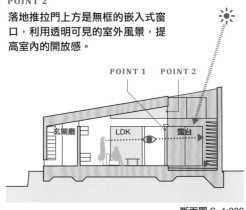

透過全景落地窗眺望海洋

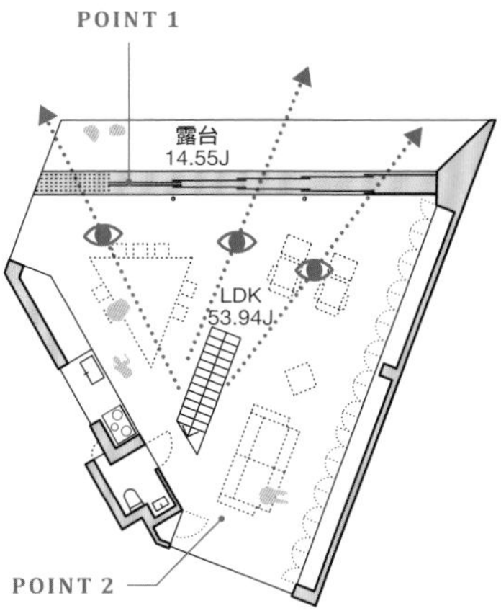

二樓平面圖 S=1:300

刻意限縮天花板高度的大片開口，讓居住者感受到形成水平方向的橫式風景。天花板的隔板式橫樑設計和室外的老松相呼應，營造出日式建築特有的氛圍。

POINT 1

藉由可整面完全敞開的全景落地窗，營造出一幅絕佳的風景畫。

POINT 2

盡可能減少樑柱遮蔽，戶外的景致在客廳便能一覽無遺。

全開式與密閉式的組合設計

在密集住宅區裡，想要擁有一大片向外開啟的窗戶何其困難。因此，設計師利用圍牆打造出全開的視野，讓原本的不可能成為可能。

POINT 1

利用包圍露台三面的圍牆，確保了室內的隱私，也讓原本不可能的全開式落地窗變成可能。

POINT 2

為了延長室內的地板，露台的地面是用格柵鋪設而成，一來阻斷了來自一樓的視線，同時也可導入自然光線和空氣，確保室內的舒適性。

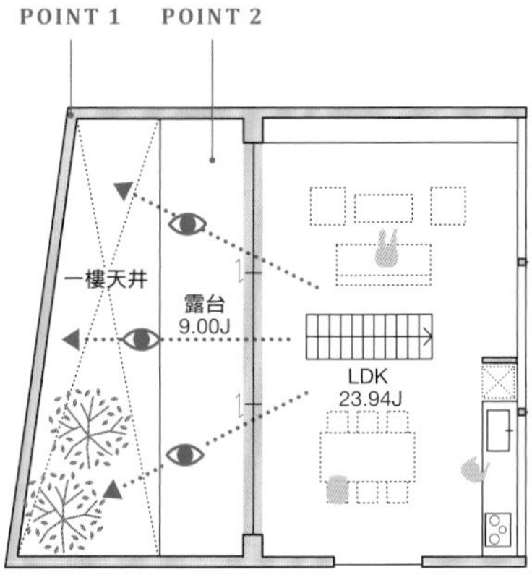

二樓平面圖 S=1:200

製造輕盈的景觀

超級懸臂樑設計

A super cantilever to make a scene

外觀，是決定建築物給人的印象至為重要的關鍵，住宅也不例外。上大下小的形態，也就是「懸臂樑結構」，可以說是直接對抗地心引力，整體上會給人一種輕盈、漂浮的印象。透過這種單向支撐的結構所建造的「超級懸臂樑設計」，在創造特殊造型的同時，由於建築體本身也會形成區域景觀，因此設計時還必須考量到四周的環境。

一般來說，設計師之所以採用單向支撐的理由，是為了有效利用建築物下方的室外空間。譬如想在有限的土地上停放幾輛汽車，透過這種設計，即可減少樑柱，增加停車面積。倘若把懸臂樑建築正面的牆壁設計成傾斜狀，建築內的燈光可以照亮前方的停車場，同時因為具有遮雨的效果，停車場在不停車時，就變成孩子玩樂的空間。倘若把建築正面設計成一面全開式的對外開口，戶外的風景即可導入室內，美化室內的視野。總言之，超級懸臂樑設計的特色就是能讓建築內外皆美，一舉兩得。

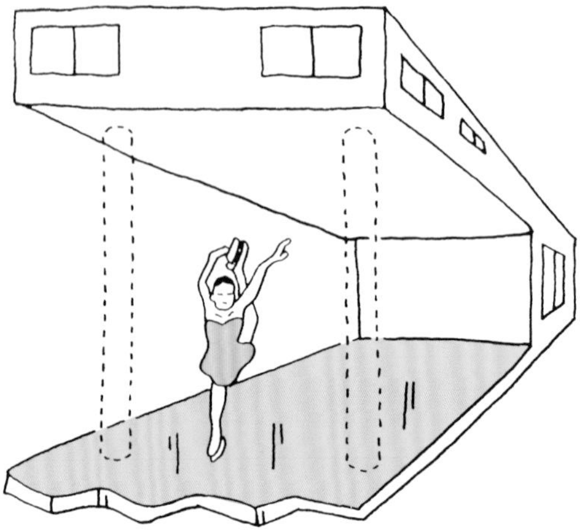

格柵式懸臂樑設計，讓主體更顯輕盈

仿彿失去重力的懸臂樑露台，給人輕巧卻穩重的印象。黑色的塗裝搭配木作格柵式設計，極為細膩，增添了正面的漸層變化及獨特的表情。

POINT 1

為了確保車庫出口擁有最寬敞的空間，樑柱便成了設計時的阻礙。把二樓的露台全面外推，做成超級懸臂樑設計，乃是最佳的解決方案。

POINT 2

既可阻斷來自下方的視線，又能夠為室內保留住高度開放性的格柵式設計，徹底實現了超級懸臂樑予人輕盈印象的優點。

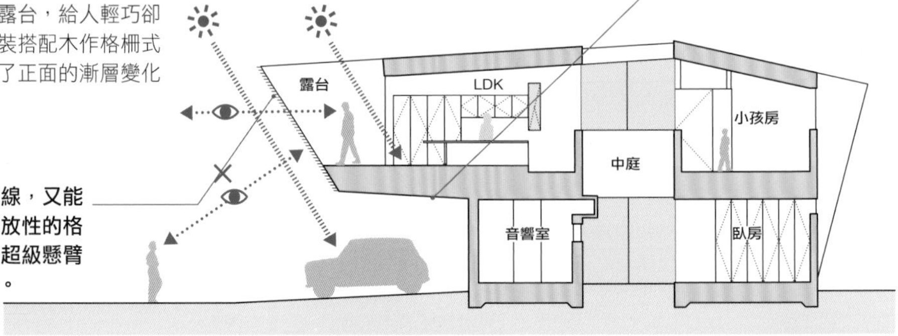

斷面圖 S=1:200

休閒式懸臂樑設計，突顯建築本身的存在感

POINT 1

為避免造成車庫陰暗，把正面設計成斜角，斜角內是一座室內露台。斜角的設計形塑出氣勢十足的建築門面。

POINT 2

透過美西檜木（Western Red Cedar）的長木板和水泥裸牆的強烈對比，強化了建築體本身具有的張力。

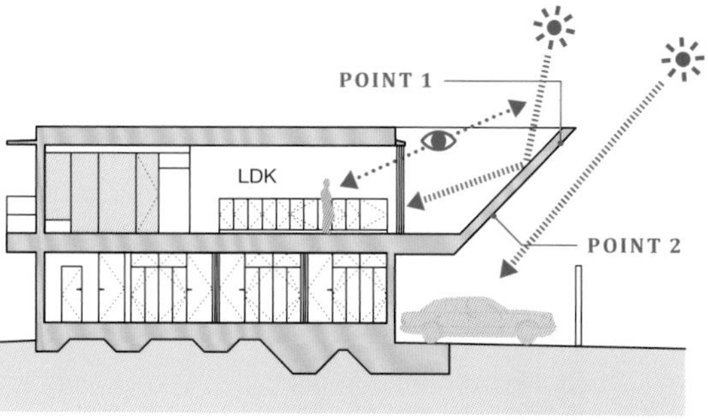

斷面圖 S=1:300

左：入口上方採用木作格柵做貼壁，刻意營造正面的雄偉力道。
右：斜角設計色彩分明的美西檜木板，也突顯了建築本身的存在感。

左：經過詳盡的結構計算，地板、牆壁、天花板的前端全面採用薄型化設計，讓開口處的造型顯得更為鮮明銳利。

右：夜晚白色的屋簷受到室內燈光的照射，成功營造美觀又溫暖的住宅正面設計。

利用不同的建材突顯懸臂樑設計

POINT 1

一樓地基採用地基建造，二樓以上改採鋼骨結構。向外推出的正面，彷彿擴音喇叭，外加居高臨下，令人印象深刻。

POINT 2

為了突顯外觀，設計師把巧思放在屋簷和欄杆的設計，兩者形成特殊的對比。

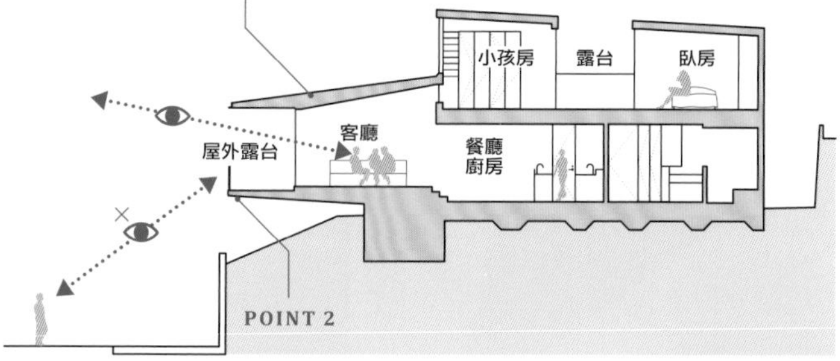

斷面圖 S=1:300

18

賦予街區新節奏

非對稱門面

A random facade to give a rhythm to a town

建築物的門面就好比人的臉孔，是整個家的象徵。因此，整體設計的成敗，門面可說是至為重要的關鍵。好的正面設計必定品味出眾，給人的印象往往歷久不衰。設計的重點除了必須考量到地段和選材，也應該盡量避免過於整齊劃一，造成生硬或單調的印象。

也因此，相對於左右對稱的傳統式設計，「非對稱門面」是設計師賦予獨到的設計理念所完成的藝術品。譬如對外開口處的節奏感，以及外牆之間的平衡感、各個細節的創意巧思。尤其在一陳不變的街區，最適合這類非對稱門面設計，可藉此為四周環境創造新的景觀，營造出全然不同的視覺韻律。更重要的是，它能夠為住宅創造出一張百看不厭的「臉孔」。

利用非對稱門面
發揮地段優勢

POINT 1

由窗面和牆面組合而成的棋盤格式門面，為原本雜亂的街區賦予了輕快的韻律。同時利用三個切面上的窗戶配置，給人一種全方位的視野印象。

POINT 2

刻意設計的窗戶和牆壁組合，以及銳利的水泥折角，突顯出建築物本身的厚重感和鮮明的印象。

使用不同的素材
表現非對稱門面

POINT

透過不同的選材營造出遠近感和非對稱性，讓門面的設計更具立體感。利用木作格柵的露台欄杆、鍍鋁鋅鋼板的外牆、突出式的嵌入式透明玻璃，使用不同的素材形塑了極具平衡感的門面魅力。

左：設有天井空間的非對稱開口，讓室內在不同時間導入不同的自然採光。
右：利用非對稱設計，充分考量選材、外觀設計和各部細節，創造而成的完美外觀。

POINT

簡潔的設計，反而突顯了正面的可看性。

利用細長窗口
創造門面的律動

左：讓人印象深刻的水泥裸牆搭配節奏感十足的窗戶排列，形成一面輕快且具親和力的正面設計。
右：在舒適的客廳前設置一面橫向的窗口，又在刻意強調高度差的天井前，安排了一面縱向的窗口。不同形式的窗口設計，導入了相異的光線品質變化。

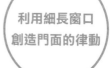

療癒身心的空中花園

觀景台

*An outer stage
as the best balcony-seats*

在自家住宅裡安排一處可媲美電影院裡「VIP包廂」的「觀景台」，是許多人夢寐以求的夢想。住宅的觀景台可以眺望遠方的美景，欣賞夏日的煙火，具有放鬆身心的正面效果。

觀景台還能增添居住者的生活樂趣，提高生活的品質。觀景台可以設成木作的地板，也可以藉由草坪賦予地面生動的表情，突顯觀景台的特性。特別是較難取得前院空間的小型都市住宅，緊鄰室內的觀景台其實就是一處休閒庭園。

海邊的觀景台

左：從客廳穿過木作露台眺望海景，給人一種住宅本身就是個觀景台的印象。

右：先讓木作露台看起來比實際更為舒適、寬敞，再搭配上裝飾和功能兼備的雨遮和照明，營造出一處絕佳的VIP包廂。

POINT

面朝太平洋的木作露台，本身就是享受海風的私人包廂。

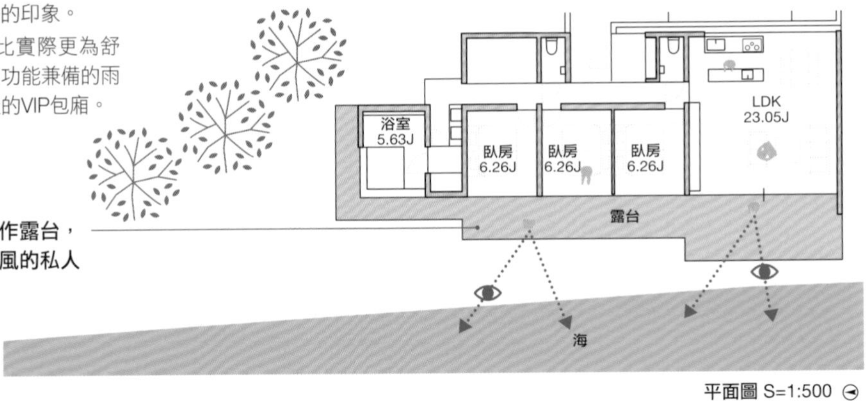

平面圖 S=1:500

山坡的觀景台

POINT
利用居高臨下的地理位置，為每一個樓層都安排了可供觀景的室外露台。從不同的樓層可以看到不同的風光景致。

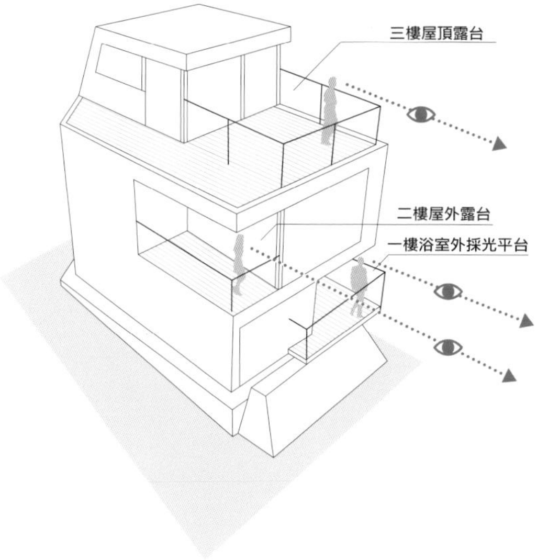

上：三樓的觀景台由於居高臨下，可毫無阻礙地眺望遠方風景，連市區也成了三樓取景的一部分。居高臨下的住宅優點不言可喻。
下：住宅正面朝北，是為了取得日照。採用大型的透明玻璃窗，屋主絲毫不必擔心日照不足，還能享受到更為寬廣的風景視野。

都會中的觀景台

POINT
利用高低差所設計的二樓沉落式露台，刻意突顯觀景台的舞台效果。

能夠眺望都市風景的觀景台，等同一處療癒身心的私人空中花園。

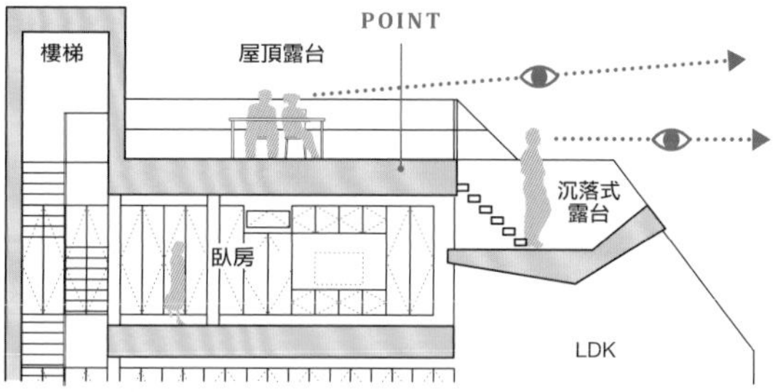

斷面圖 S=1:150

在都會裡品味悠閒
屋頂空間

A roof lounge as an urban hiding place

接手都市住宅的設計案時，設計師常會被問到，該如何有效運用屋頂的空間。其實，只須放棄傳統的傾斜式屋頂，改採可步行其上的露台式屋頂，一處「屋頂空間」便於焉成形。倘若再把屋頂和室內串連起來，就是非常舒適的室外休閒空間。串連屋頂空間和室內空間乃是設計關鍵，因為屋頂空間一旦和室內空間分隔兩地，屋頂往往會淪為堆放雜物的倉庫，形同棄置。

設計屋頂空間和設計觀景台一樣，在庭園空間可遇不可求的都市住宅裡，往往最能發揮效果；既可以居高臨下，又能夠避開鄰居的視線，確保個人隱私。客人多時，倘若室內擁擠，也可以利用屋頂作為招待賓客之用。換言之，屋頂空間最根本的要求，只是為居住者創造既安全、隱密又舒適的休閒場所。

連結屋頂空間和客廳

上：由於地面和客廳的地板緊密相連，居住者會更願意走入屋頂空間。
下：刻意採用斜切分隔，讓相連的客廳和屋頂空間不像是兩個地方，而是一個整體。從隔間上方的窗口射入的光線反射在客廳的天花板上，讓室內籠罩在柔和的自然光線裡。

POINT 1
刻意把圍牆和原木地板設計成室內的形式，讓屋頂空間變成客廳的延伸。

POINT 2
利用圍牆確保屋頂空間的隱密性，並運用大型透明落地窗，讓客廳更具開放性。

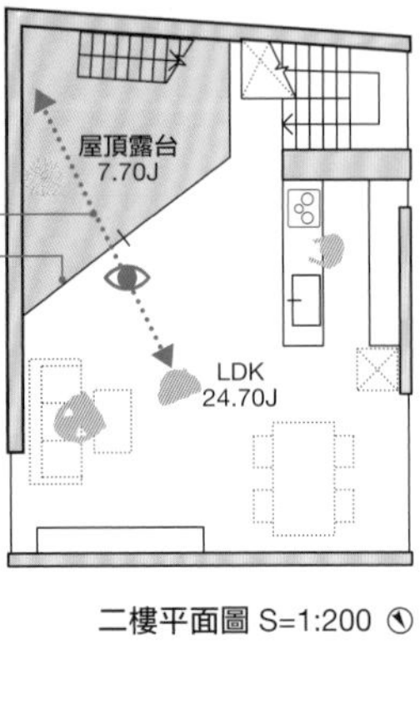

二樓平面圖 S=1:200

在屋頂空間搖曳出生活的悠閒

POINT 1

為了創造空間的隱密性，刻意用高牆把屋頂空間給包圍起來。

POINT 2

為了營造視覺上的連續性，屋頂空間和室內之間不採用水泥牆隔間，而改以L形的透明落地窗作為分隔；支撐屋頂的樑柱則隱藏在落地窗的外框裡，避免造成連續性中斷。

POINT 3

為了不讓隔著廚房和客廳串連的屋頂空間干擾到日常生活（譬如客人來訪時），特別把曬衣場設在樓上的小露台上。通往露台的樓梯如同裝置藝術，和屋頂空間的景致融為一體。

上：偶爾呼朋引伴來家裡聚會，或者當作平日閱讀的休息區。屋頂空間好比全能運動員，用途多多。

下：利用透明玻璃圍成的通道，把客廳、廚房和屋頂空間連成一線。

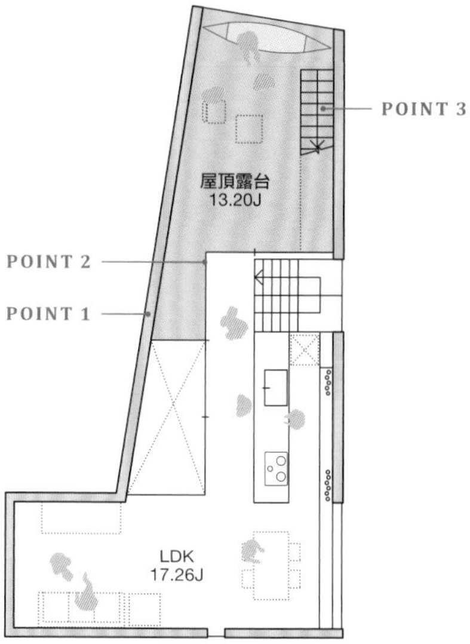

二樓平面圖 S=1:150

利用高牆讓居住者倍感安心，品嚐搖曳吊床、仰望天空的生活美學。

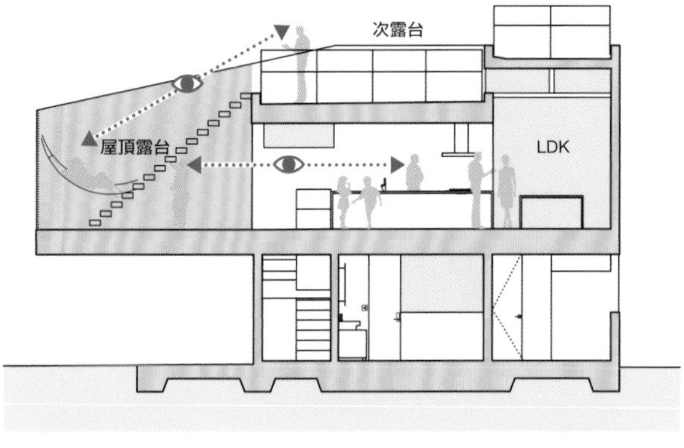

斷面圖 S=1:200

3

ELEMENT

元素—— 空間的構成要素

打造屬於自己的空間
訂製家具

Order-made furniture to harmonize with space

住宅設計中，除了使用現成的家具擺設，另有一種配合不同空間量身訂做的訂製家具。訂製家具主要是讓不同大小、用途的空間產生更完美的協調性和實用性。家具本身就能突顯空間的用途，訂製家具更能夠為空間營造出獨具一格的印象，因此和住宅一樣，居住者自然會要求訂製家具的功能、安全及外型的美觀。要言之，訂製家具就好比在住宅內另行設計一棟小型住宅。

近年來，許多訂製家具還加入了間接照明，藉以強調家具本身的存在感。此外，以公釐計算的細節設計，也增添了家具和空間的整合性，產生渾然一體的效果。作為收納影音器材和書籍的訂製家具，由於可以自由控制大小和容量，也是選擇訂製家具的另一個理由。總之，可以完全配合個人生活方式的訂製家具，不僅可以緊密結合生活和空間，更有助於提高空間的實用性。

利用可移動式榻榻米創造個人生活風格

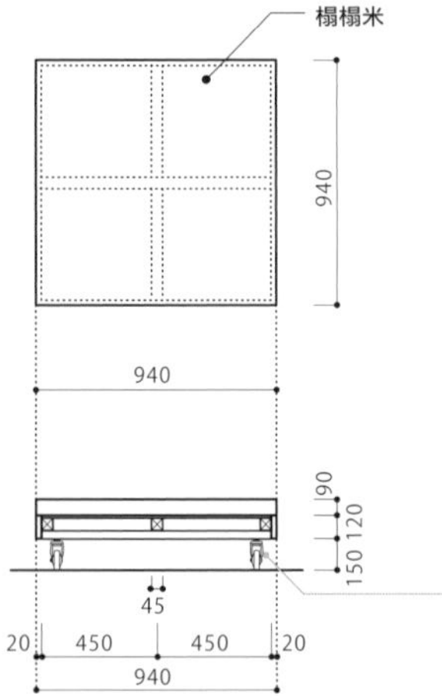

移動式榻榻米平面圖・斷面圖 S=1:50

POINT
為了便於移動榻榻米，特別在下方安裝了承重滾輪。

倘若屋主對於客廳地面採用木作地板或榻榻米之間猶疑不定，可移動式榻榻米會是最好的選擇。除了平日休憩，客人來訪時，榻榻米還可當作聚會用的座椅。

不採用沙發而選以四片組合的可移動式榻榻米，讓屋主坐臥皆宜，並且和整個牆面的書架相呼應，隨取隨讀，好不自在。

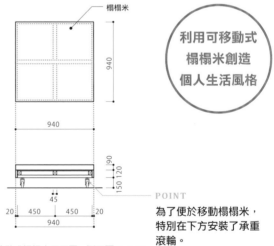

利用客廳電視櫃分隔空間

客廳電視櫃的設計重點，在於除了必須能夠收納家中的瑣碎物品，還要能收入電視、空調等家電。可配合物品尺寸量身訂做，正是訂製家具最大的優點。

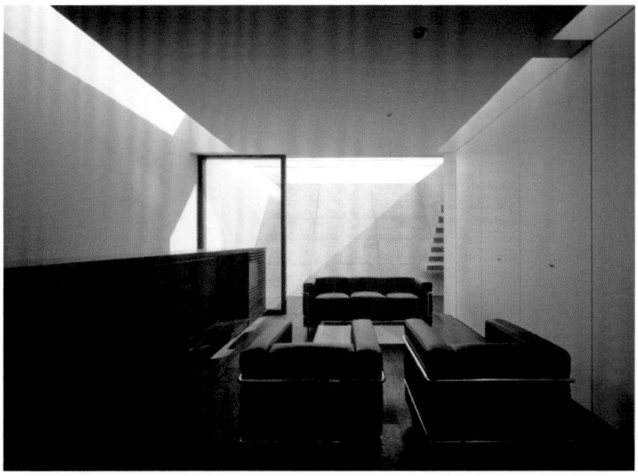

POINT

電視櫃除了用來分隔客廳和樓梯空間，也身兼欄杆的作用。由於體積較大，設計時應盡可能讓電視櫃看似輕巧，避免予人厚重的感覺。

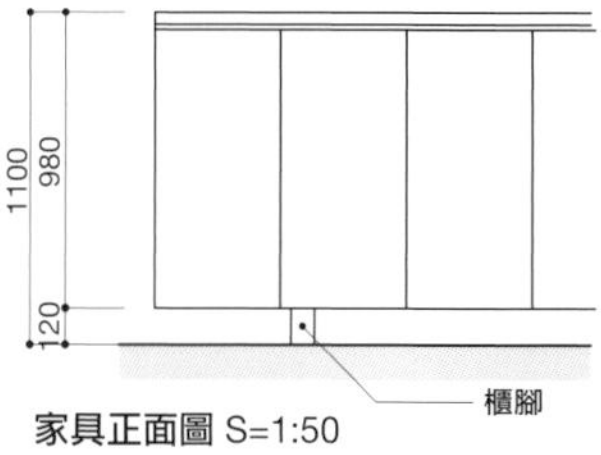

家具正面圖 S=1:50

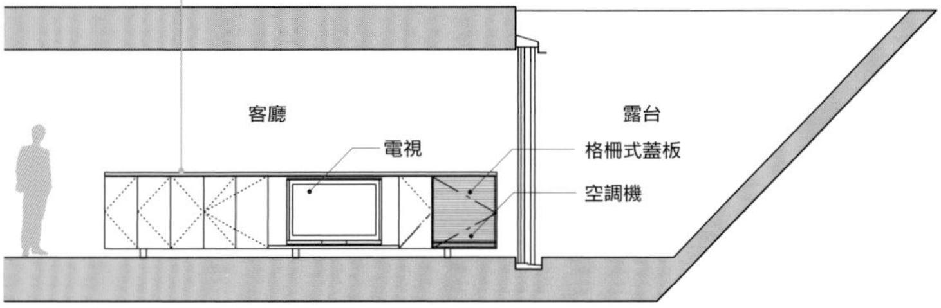

斷面圖 S=1:125

樓梯下方的大型物品收納空間

樓梯下方的收納櫃採用無把手設計，外觀宛若一面白淨的牆壁，給人非常清靜、毫無阻礙的印象。特別在搬運大型物品、經過通道時，更能暢行無阻。

POINT

樓梯下方的空間深度是八十公分，最適合用來收納一些衣櫃擺不下的大型物品，譬如旅行箱、高爾夫球袋、寵物籠，甚至佛壇也可直接設置在這裡。

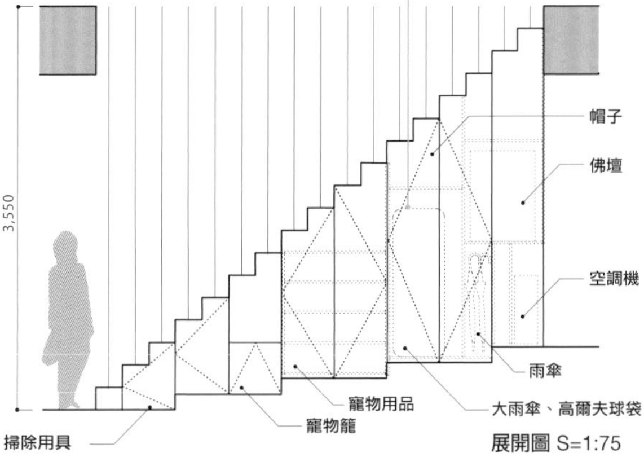

展開圖 S=1:75

提升空間的功能性
內部隔間

An internal frame
to enhance functionality

門窗、牆壁既是內部隔間的重要元素，也具有創造公領域和私領域，以及過渡空間的功能。其中折疊門和拉門等，具有高度可變性的隔間，除了能自由切換空間功能，也有助於提升居住空間的功能，為住宅創造出更多的用途。

內部隔間的選材重點在於直覺和自然。平常這些隔間或藏在牆壁裡，或者和牆壁合為一體，完全看不出來；待需要時才會拉出或拖出，既具功能性，又不失美觀。因此，細緻的做工、選擇與空間協調並存的材料和顏色，也非常重要。

此外，配件的使用方式也會突顯設計師和屋主的品味。由於功能和細節不斷日新月異，在設計和選材時，不妨多多留意新產品和新技術。透過選材和隔間的設計創意，一定可以為住宅空間開創新的可能。

使用玻璃隔間
調節室溫

POINT
天井和小孩房之間採用玻璃屏幕，而不選用牆壁隔間，既可讓視覺連續，又能阻擋暖氣外流。

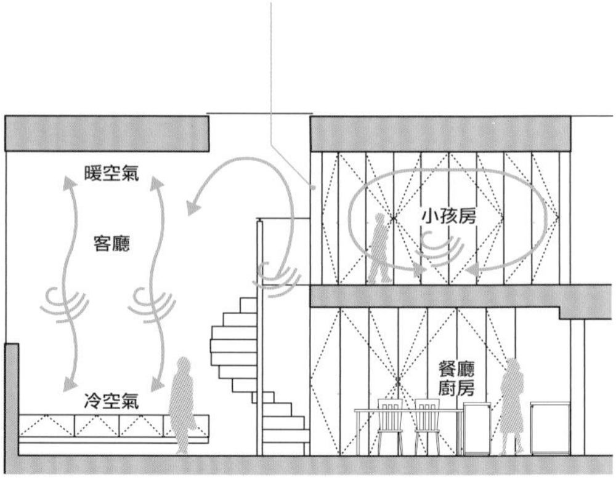

斷面圖 S=1:150

左：暖氣可以循著天井從樓下傳到樓上，而冷氣也可以從樓上傳到樓下。設計師把重點放在視覺，因而揚棄了牆壁的隔間，藉以降低空間的窒悶感，並且讓空間更具連續性和視覺上的寬敞。

右：選用玻璃屏幕的好處在於，家長可以直接從天井看到孩子的動靜，隨時掌握狀況。

使用移動式隔間展開或閉合

POINT

白天當作辦公會客室的客廳和走道之間，安裝了可移動式隔間，讓屋主視情況需要隨時展開或閉合。

減少隔間可提高空間的使用效率。採用地板上沒有滑軌的懸吊式推拉門，美觀實用又能隨心所欲切換成需要的空間用途。

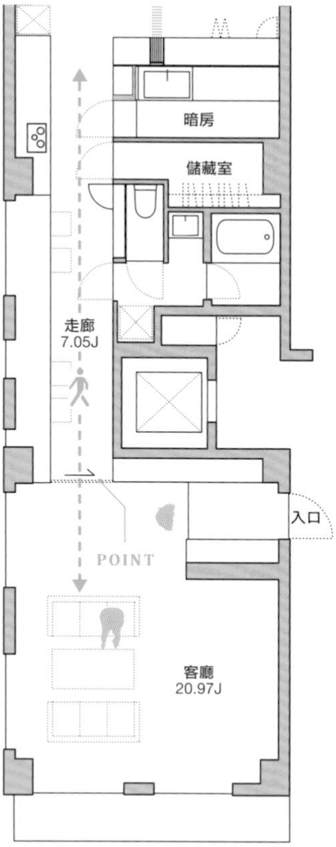

二樓平面圖 S=1:100

使用可移動式隔間配合個人的生活型態

POINT

利用移動式隔間隔出四個房間，隨時可以依照當下的需求，隨時切換。孩子小的時候，收起隔間變成一個大臥房；孩子長大後離開家，再切換成屋主的小書房，或者把兩個房間合併成父母的臥房。自由切換，絲毫不費功夫。

採用全高式隔間，高度與室內的挑高相同。顏色和材料與櫥櫃相同，完全整合。採用嵌入式的隔間滑軌，和天花板合為一體，展開時不會造成任何視覺上的阻礙。

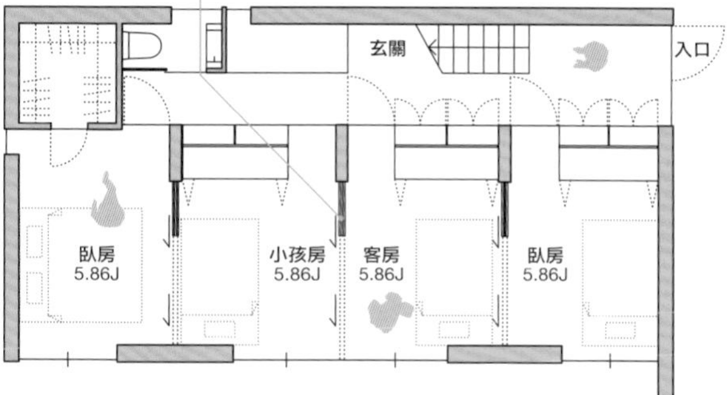

平面圖 S=1:150

創造過渡空間
外部隔間

An external frame
to make intermediate space

想要掌握室內和室外的過渡空間，外部隔間尤其重要。譬如，倘若設置了全開式的推拉門，一來省卻了窗戶，二來可以毫無阻礙地看見室外的風景。若想營造出空間的一體感，可以利用無框的嵌入式外窗，搭配上透明玻璃，形成一整面的透明玻璃牆。這個方法最常用在面對中庭的開口。天窗的設計方面，可以利用透明玻璃的效果，減少屋頂帶來的壓迫感，直接導入戶外天空的景色，製造人在室內卻彷彿置身戶外的舒適感。

居住空間基本上都是封閉的，正因為如此，對外開口的設計會直接影響室內空間的感覺。換言之，如何讓居住者能夠在室內享受到戶外的美景，正是外部隔間設計的關鍵。在設計戶外隔間的同時，設計師還必須試著讓身在戶外的居住者忍不住去想像室內的氛圍，如此才可能設計出外部隔間的極品之作。

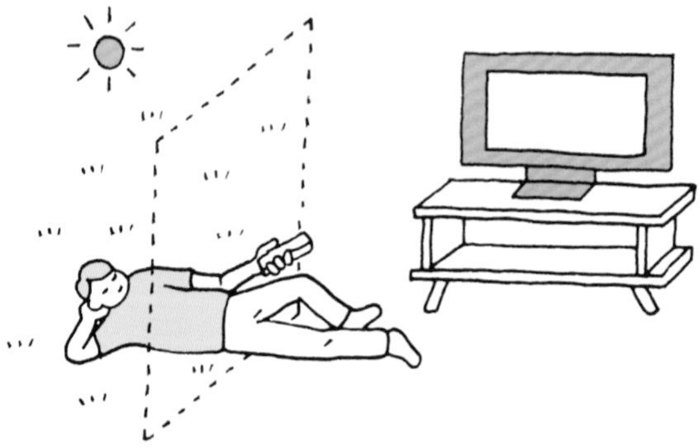

配合家具的調性，把木製的窗框染成碳黑色，藉由鋁門窗所缺乏的穩重感，不著痕跡地把室內和戶外串連在一起。

利用木作推拉門串連露台

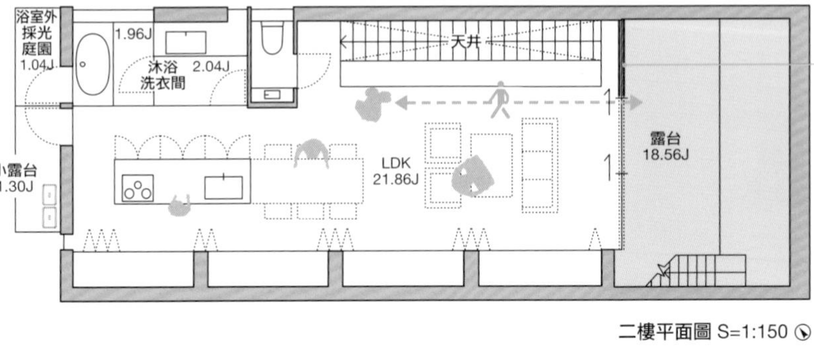

二樓平面圖 S=1:150

POINT

採用三面大面積玻璃的木作外框，利用相同的色調串連客廳和露台，形成一處貫穿內外的過渡空間。

利用玻璃和格柵控制居住者的視線

利用格柵，讓夜晚室內的照明若隱若現。格柵的間格只有5公釐，所以能確保室內的隱密性。

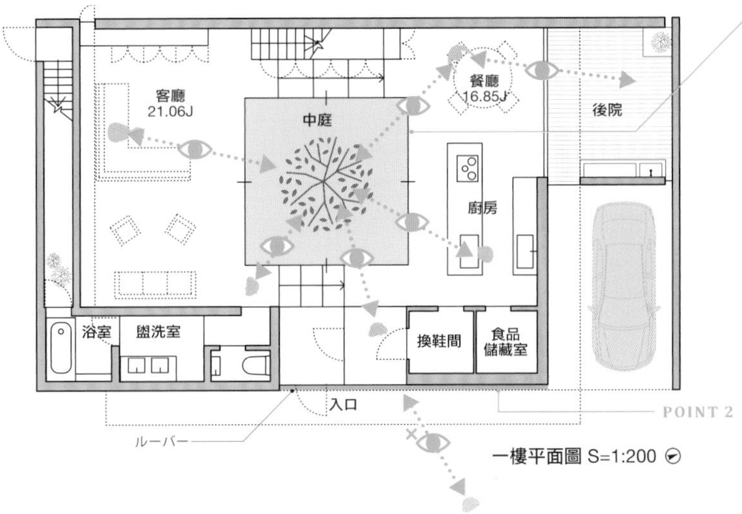

一樓平面圖 S=1:200

POINT 1

面對中庭的落地窗，採用超薄窗框的大片玻璃與推拉門組合而成，讓內外合為一體。

POINT 2

入口採用高密度格柵，刻意降低室內的封閉性。由於從外頭仍可窺見室內，對身在室外的居住者而言，這片格柵即是一面過渡空間。

透過大面積的嵌入式落地窗，可以清楚看見中庭裡的景致。落地窗除了必要的部位，盡可能減少阻礙視覺的窗框，既能讓中庭的風景得以一覽無遺，也因而大大提高了室內和室外的連續性。

04

營造室內氛圍

地板、牆壁、天花板

Materials as floor, wall, ceiling to make atmosphere

由於居住空間基本上是由地板、牆壁、天花板所組成，因此設計規畫時必須同時考量這三大元素，方能成功營造出實際的空間印象。不過，也因為實際的空間是由這三大元素所組合而成，因此，單獨設計其中一或二項要素，便絕不可能達到預期的成效。

地板方面，由於之後會擺放家具和地毯，因此還必須考量物品擺設後的平衡感。牆壁方面，因為是最容易看到的空間元素，設計時應該隨時以此作為設計的重點。天花板方面，一般都認為配置物件越少越好，然而，其實毋須刻意把照明燈具或空調設備嵌入其中，只要位置得宜，照樣可以給人簡潔有力的印象。正因為居住空間是由上述元素所集合而成，因此即便設計時難免會分別考量，但是終究仍必須時時留意整體，才不至於在最後產生突兀的狀況。

利用水泥裸牆創造黑白空間

左：黑亮堅實的水泥質感，襯托出不鏽鋼餐桌、大屏幕電視的存在感，同時也為整個空間營造出獨特的氛圍。

右：完全採用水泥裸牆的牆面和天花板，為室內空間營造出一股極為沉穩、踏實的氣氛。為了襯托地毯和沙發的顏色，地板大膽採用水泥粉光地板，加上染黑的訂製家具和碳黑色窗框，讓空間中的黑白色調更為明顯。

左：天花板由薄木板作為細樑，且直接外露。細樑僅塗上透明漆，藉以利用原木的紋路和白牆形成對比，營造兼具柔和且鮮明的景致。

右：天花板最頂端和屋樑的交會處。利用兩片厚12公釐的金屬板，把屋樑和細樑釘合，讓外觀看似木造，實為鋼骨結構。間隔排列的薄木板細樑的材質是SPF材（註），藉由細緻的紋理，為室內空間創造出更為深刻的細膩感。

利用外露的木樑製造對比

註：SPF材——美式結構材，多用於斜樑，為雲杉木（Spruce）、松木（Pine）及杉木（Fir）的集合名稱。

利用柳安材統合空間

左：樓梯下方的收納空間和開放式層架統一採用柳安材，為整棟建築營造出和諧的調性。

右：牆壁、天花板和收納櫥櫃也一律採用柳安材，再搭配上胡桃木地板。除了地板，製材全數統一，連牆壁也只塗上透明漆，藉此襯托出室內的質感，並且和深色天花板形成絕妙的對比。

多樣化的外觀呈現
外牆選材

External materials with variety expression

住宅外觀給人的印象，往往取決於屋頂和外牆。特別是外牆直接呈現了屋主對自家住宅的品味，選材時務必慎重才好。此外，也須顧及周邊環境，即便房子是蓋給自己住的，也不是選什麼都用得上。若能顧及周邊環境，通常設計出來的房子都會給人相當程度的好印象，不會產生突兀感。

倘若住宅位處特定的防火地區，設計時還必須特別選用防火材質。由於規定較都會區嚴格，建造成本相對提高，因此也必須在事前留意建築預算的分配。而在嚴寒地區（有寒害）和沿海地區（有鹽害），外牆則必須經過特殊的隔熱處理。總之，外牆的選材必須因地制宜，絕不可以一陳不變、老招亂套。此外不論選材如何，外牆總有定期整修的必要，選材前也應該把保養維護的成本納入考量。

有效組合
不同的素材

POINT 1
經過光觸媒塗裝後，原本感覺厚重的白色正面，反而給人輕盈、漂浮的感覺。

POINT 2
使用杉木模板做成的裸牆式水平水泥牆，是為了刻意強調大門的寬敞和氣派。

POINT 3
利用花旗松木板細膩的高低組合，並且染成黑亮色的格柵式正門，展現出入口處的穩重。

一樓使用杉木模板做成的水泥裸牆，二樓則經過光觸媒塗裝。透過樓上、樓下不同的外觀呈現，大膽的設計，彷彿堆疊著兩個大箱子。杉木模板裸牆和格柵式大門則刻意強調了建築體的水平線，突顯出牆面的寬廣和延伸性，營造出正面細膩的表情。

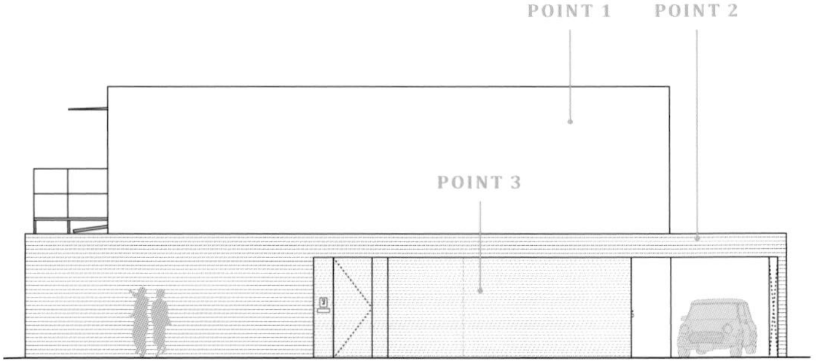

立面圖 S=1:200

可見元素 06

串連室內外的平台

露台

A balcony to diversify

光是室內空間，恐怕難以享有真正快意的居家生活。唯有把室內和室外串連起來，室內空間才可能擁有真正的舒適。而串連室內和室外時，最重要的關鍵在於陽台的設計。露台的種類主要有四種，較常見的是把樓下的屋頂當地板的「屋頂式露台」和本身完全獨立的「推出式露台」；另外還有最常用於都會區住宅和部分不受建蔽率限制的「鏤空式露台」，以及使用高牆圍起、類似中庭感覺的「內部露台」。內部露台倘若使用全開式透明玻璃當作圍牆，同樣可以把外部的景觀導入室內。

不論選擇哪一種露台，因為露台的形式會直接影響住宅正面給人的印象，因此，設計時除了必須考慮串連室內和室外，更需要留意外觀和周邊環境的搭配和協調。當然，防水與排水的處理，以及地板的選材，仍舊是最基本的要求，以此作為基本前提，搭配結構和用途，才可能設計出最適合居住者需要的優良住宅。

左：讓受到建蔽率嚴格限制的低層住宅區也能夠享受寬敞空間的鏤空式露台，由於地面可以透光通風，因而不致影響樓下的光線和空氣的流通。

右：鏤空式露台地面的柔和光線，直接照亮了浴室空間。

透光通風的鏤空式露台

POINT

不鏽鋼鏤空式露台，地面因為透光又通風，故能順利串連室內和室外。

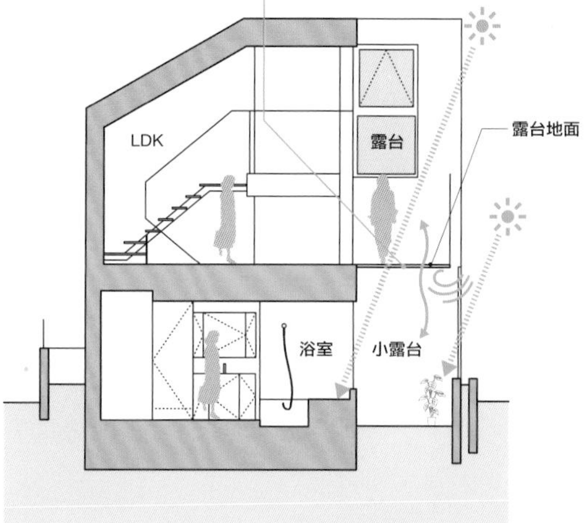

斷面圖 S=1:150

創造戶外美景
庭園

A courtyard as spatial accent

日本人和庭園的關係向來密不可分，且隨著時代不斷在改變。譬如郊區常見的坐北朝南建築中，刻意在南面設計一處中庭，或者在連棟式「長屋」中常見的中庭或小庭園，都是前人為了室內採光的匠心獨運。從室內望向庭園裡的花草樹木和山水鋪石，心中不禁泛起無限的想像，那兒彷若就是禪寺石庭般的「小宇宙」。創造對外頭世界的聯想，正是日本庭園的一大特色。

此外，可以從浴室看見外頭風景的小型內庭，讓浴室空間既不失隱密，又能夠充分享受到自然的光線。近年來種植草皮的屋頂花園也備受居住者喜愛，而泥土的隔熱效果確實不容小覷。唯一令人擔心的是防水問題，不過只要做好足夠的防水施工，屋頂花園的夢想並非遙不可及。只要配合實際狀況，選對了庭園的形式，肯定會為居住者帶來許多意想不到的樂趣。

藉由中庭串連內外

每一間面對中庭的空間，都擁有不同的視覺享受，同時能品味四季變化帶來的不同風貌。

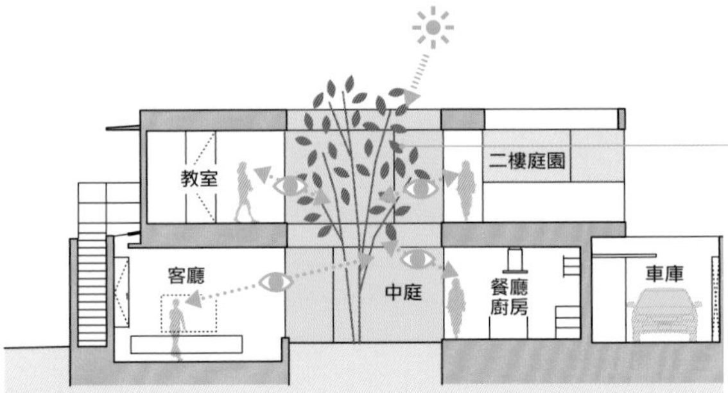

斷面圖 S=1:250

POINT

在雙層建築的中央設置中庭，並在中庭裡種植能讓居住者清楚感受到大自然的主樹。整個空間以主樹為中心，滋潤也平衡了居住者的心靈和生活。

利用採光庭園突顯空間特色

POINT
在狹長型的住宅空間裡安排一方採光庭園，讓自然光線照亮每一個空間。

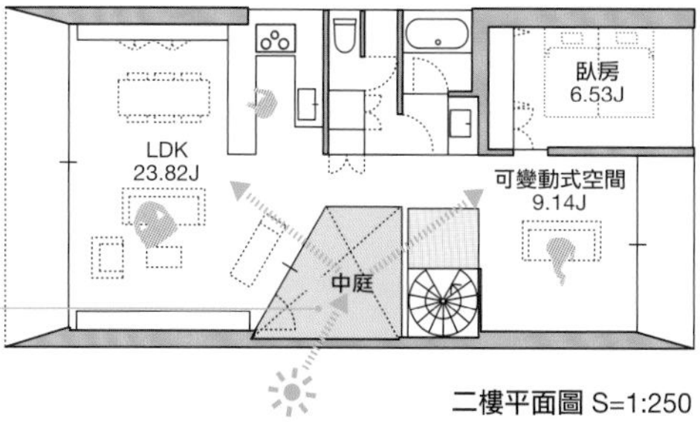

二樓平面圖 S=1:250

左：採光庭園面積雖小，照樣能夠突顯一樓停車場和二樓居住空間各自不同的特色。
右：二樓藉由設置梯形採光庭園，將自然光線全面導入室內，空間也感覺變得更為寬敞、更具深度。

使用格柵圍籬包圍庭園

POINT

平面圖 S=1:200

左：採用格柵圍籬與外部隔離，形成氣氛絕佳的室外空間。空間雖小，只要多用點心思，一樣可以為狹小的空間創造出獨特的風味。
右：從和室房間可清楚望見以格柵圍籬作為背景的綠色花園。小型植栽與小型和室相對呼應，地上的格柵步道也頗具日式建築特有的「緣側」氛圍。

POINT
由於自然風景區禁止伐木，必須將牆壁內縮，因而形成一處寬1.5公尺的空地，利用格柵圍籬，創造出設有木板步道和植栽的美麗迴廊。

空間內的裝置藝術

樓梯

Steps as an objet d'art

樓梯是營造空間造型最重要的元素之一，而且形式種類繁多，最常見的有直式、折式、螺旋式等。一般設計師會根據空間的形狀、大小和特性做不同的選擇。就結構的種類來說，從厚重到輕巧，同樣不一而足，例如可以採用鋼骨、木材或鋼筋水泥。由於不同的選擇會給人完全不同的感受，因此在考量空間的平衡之外，設計時尤其需要慎選。

此外，由於樓梯相當於空間內的裝置作品，在考量安全性和功能性之餘，還必須顧及樓梯本身的設計性。樓梯的扶手除了安全考量，平衡的感覺也極為重要，稍不留意，便可能破壞整個空間的設計。

另外，緊鄰樓梯的牆面就好比一面反光鏡，能夠為梯身營造出明暗的效果，讓空間產生各種變化。而梯身的斜度，角度越小越能為空間創造出優雅的氣氛，讓樓梯不僅具有連通上下的功能，更具有視覺之美。帶有裝置含意的樓梯可以說是空間中的主角，而非配角。

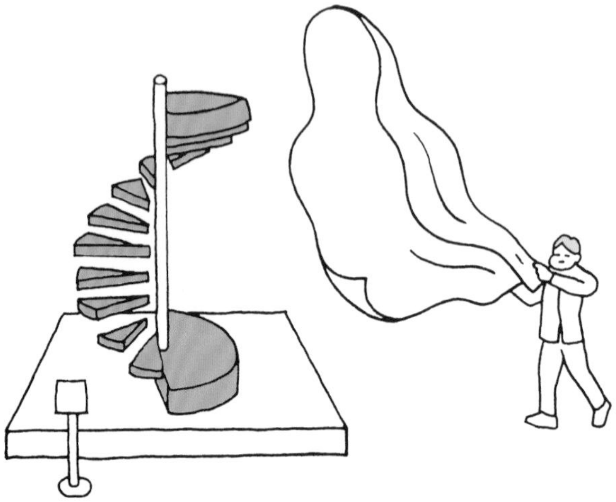

象徵式的水泥龍骨梯

POINT 1

裝在正面水泥牆面上的龍骨梯，設計師刻意採用薄型踏板，而且斜度平緩，藉以作為空間中的裝置藝術，製造空間的美感。

彷彿雕塑般的鋼筋水泥龍骨梯。自然的光影在牆面上刻畫出特殊的圖案，彷若日晷般隨著時間而改變。

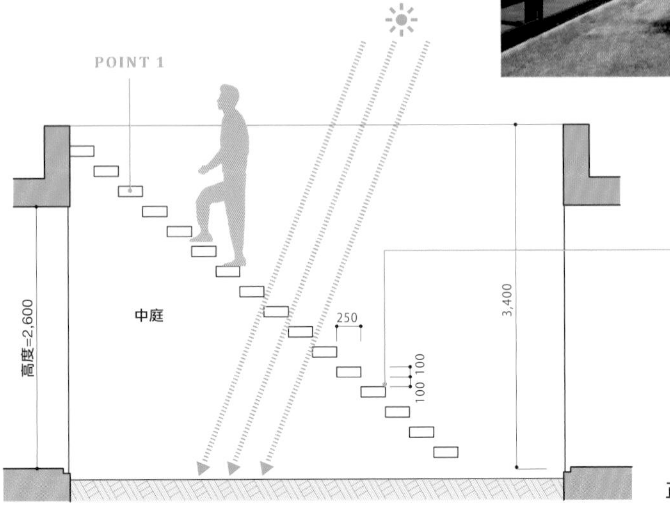

POINT 2

水泥踏板並非另行安裝，而是和牆壁一體成型的。為了讓踏板看起來更為輕薄，內部鋼筋的安排、建造時的監工和完成後的維護都極為重要。

正面圖 S=1:75

鮮明簡約的不鏽鋼樓梯

為了突顯不鏽鋼材質的特色而特別設計的簡約型龍骨梯。由於材質強度和設計之間的配合度極其重要，在設計的同時，除了必須選用具品質保證的材質，還必須參考結構設計師的意見。

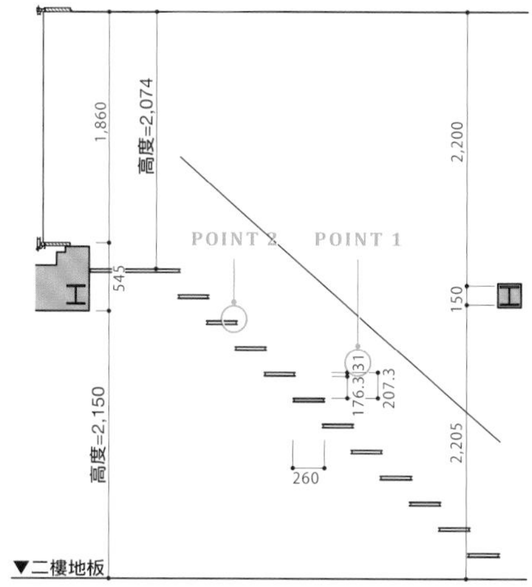

正面圖 S=1:75

POINT 1

為能夠充分發揮不鏽鋼本身小而堅固的特性，龍骨梯採用31公釐的不鏽鋼板。

POINT 2

為了突顯輕薄的設計理念，採用不鏽鋼薄板，而且不做額外塗裝，大膽以不鏽鋼原料的亮黑色外形展現金屬材質的力道。

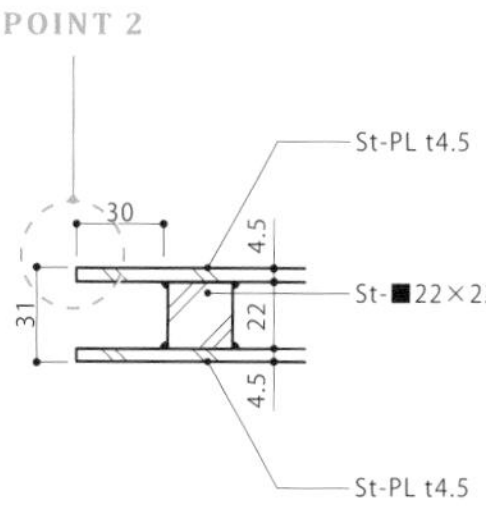

樓梯詳圖 S=1:15

美觀輕巧、盤旋而上的螺旋梯

從一樓往上看的螺旋式樓梯。透過採光所產生的陰影，更突顯了梯身雕塑般的藝術造型。

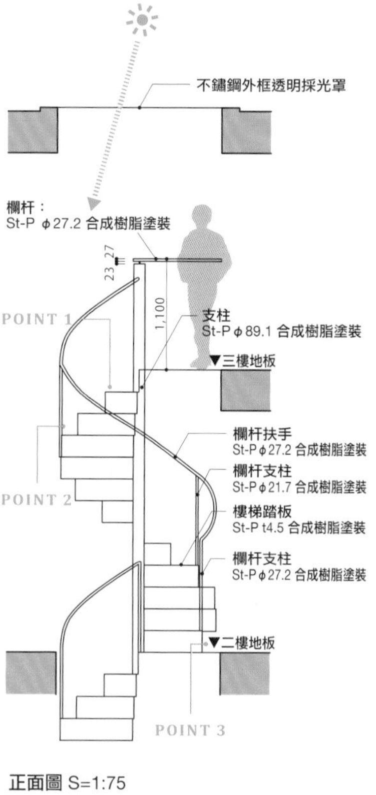

正面圖 S=1:75

POINT 1

使用4.5公釐鐵板融接成盤旋而上的螺旋梯。

POINT 2

利用比欄杆扶手更細的欄杆支柱，讓欄杆扶手更清楚地描繪出美麗的線條。

POINT 3

將第一段和最末端的欄杆支柱與扶手設為相同粗細，讓樓梯的線條更顯緩和且更具連續性。

展現屋主的品味
家具擺設

Furniture in which user's sense is asked

一般附加在建築物對外開口的窗簾或百葉窗類的附屬配件，我們稱之為窗飾（Window treatments）。這類配件大多由屋主自行挑選，不過由於必須配合空間位置和四周圍的家具、裝飾藝術品，甚至植栽，這方面的選擇其實需要極高的敏銳度。倘若未能配合空間的調性，很可能適得其反，破壞了原本的整體設計。

另外，擺設的家具和裝飾藝術品會清楚呈現出屋主的品味，除非是牆面收納櫃之類的訂製家具，通常現成家具往往會把空間搞得五顏六色，頓失焦點。因此，包括材質、顏色和家具本身的質感，設計師應該針對尺寸等細節，事先做好詳盡的評估。不僅品味，家具甚至會如實呈現屋主個人的人生閱歷和教養水平，而裝飾藝術品也是展現個人身分地位的重要素材，最好的方法就是特別為它們另行加裝投射燈之類的照明設備。

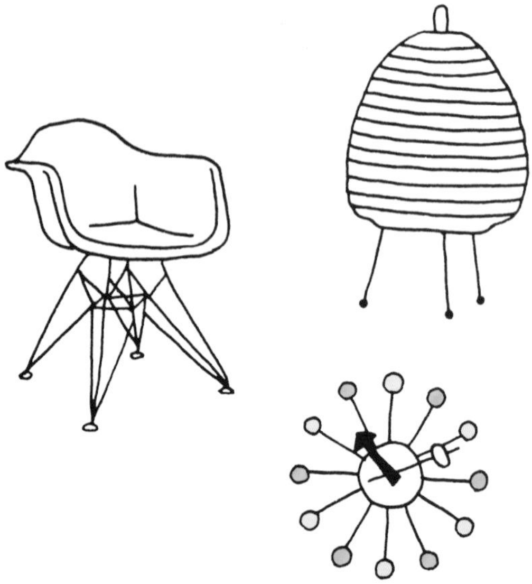

由樑板外露的天花板、白色磁磚地面和白色牆面組合而成的LDK，搭配伊姆斯的貝殼椅、休閒椅和搖椅，讓相似調性的空間和家具彼此呼應，營造整體的和諧。

上：胡桃原木地板和黑色客廳櫥櫃等暗色系裝修，搭配明亮的米色沙發。設計時已預先選定了能夠讓客廳感覺更為寬敞、更具存在感的沙發顏色，藉以襯托出最合適的裝修色調。

左上：採用白色光面木板地面，是為了突顯沙發和休閒椅。設計師刻意排除空間中可能造成居住者心理壓力的實用型設計，試圖透過簡約的裝修，讓居主者更能夠一一享用每件家具。

左下：為了搭配染成黑亮色的木作落地門窗外框，一律選用黑色組合家具和訂製家具，營造出別具整體感的風景。

右上：預先已經選定的皇家藍（Royalblue）地毯，搭配水泥地板和染成黑亮色的訂製家具，以便和堅硬質感的水泥牆、採光玻璃和柔軟的沙發相互呼應，在開放和緊張之間取得完美的平衡。

右下：設計時經過嚴格挑選的胡桃原木地板和垂直式百葉窗。木頭穩重的質感營造出客廳的主調性。原木百葉窗上方加上了燈光照明，入夜之後百葉窗的陰影會讓整個牆面顯得格外具有生命力。

可見元素

10

襯托個人風格的代表色

色彩選擇

A color to affect on mentality

色彩對居住者的身心具有莫大的影響力。紅色可以促進食欲，最適合應用在餐廳；藍色能夠讓情緒穩定，具有淨化心靈的作用，最適合運用在臥房和用水位置；黑白相間的空間，具有強烈的對比效果；使用暖色系木材包裹的空間，會自然生起陣陣的溫柔和暖意。換言之，利用色彩的力量，也能為空間營造出特殊的氛圍。

近年來越來越多的屋主在經營住宅空間時，會特別選用一些能夠襯托出個人風格的代表色。選擇個人偏好的色彩作為住宅的主色，確實更能夠讓自己感受到自家住宅的好。在選用顏色時，首先不妨盡可能避免純色系，最好選擇比較容易產生光影變化的中間色。透過真正能夠讓人感動的色彩，身心才可能獲得無形的餵養。選色時，難免需要一點勇氣，不過，正如同選擇音樂和挑選服飾，最好能夠忠於個人的感覺，大膽嘗試自己真正情有獨鍾的色調。如此一來，居住空間必定會產生令人意外的效果，讓居住者的生活更加豐富且多姿多「彩」。

左：刻意在傾斜的天花板上塗裝一層和砂石、水泥攪拌過的藍色塗料（AZULE BLUE by PORTER'S PAINT），製造視線的重點。
右：塗上暗紅色塗料的外牆，搭配銀色窗框，給人既堅固又樸實的印象。

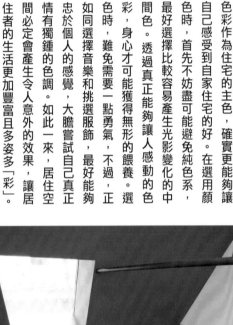

攝影：APOLLO

左上：把餐廳廚房上方的大片面積塗裝成深褐色，採用不會反光的無反光塗料，讓視線重點自動移向白色天花板和牆面上自然形成的美麗陰影。

左中：客廳電視櫃上方所採用的是和砂石、水泥攪拌過的金屬亮面褐色塗裝。電視櫃正後方加裝照明，並且把光線直接打在亮面塗裝上，利用塗裝的質地製造特殊的明暗效果。

左下：重新裝潢時，為弧形天花板塗上一層攪拌過的亮灰色塗料。中間色具有柔化自然光的效果，營造出光影的細微變化。

右上：刻意為臥房地板選擇了深紫色地毯，利用地毯鮮明的色澤，營造寧靜與安詳的夜晚氣氛。

右下：採用海藍色細長形壁磚和米色大片磁磚所組合而成的浴室。刻意將重點放在正面的牆壁，讓空間顯得更具深度和廣度。

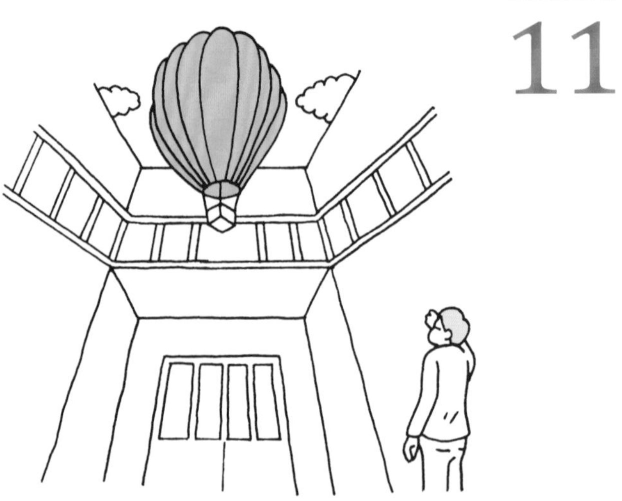

為空間注入活性
天井設計

A void space to produce dynamicity

天井（或梯井）絕不會浪費住宅的空間。很多人認為設置天井還不如設法加大地板的面積，其實這樣的想法並不正確。

天井的設計，不但可為整體空間增添留白，把所有空間串連在一起，還能夠創造上下鳥瞰的視野，形成一般住宅無法享受到的活性空間。這些優點和製造出來的寬敞印象，效果都遠遠超過加大地板面積的效果。

此外，藉由天井的設置，更能讓居住者感受到家庭的氣氛。透過樓上、樓下的串連，會形成自然的連續性，整體空間合為一體，如同一間大套房。

不過，在天井營造出整體感的同時，設計時必須特別留意空調和隔音問題，譬如可以利用吊扇提升空調效果，以及在細部上採用必要的隔音建材等。

在餐廳空間設計直通二樓的天井，彷若置身高級餐廳。挑高的天井空間設計，讓餐廳更具包容力，不僅可以藉此享受天倫之樂，更能夠讓賓主盡歡。

利用天井的動態營造舒適的用餐空間

POINT

利用天井引進大量的自然光線，寬廣的挑高視野也大大提升了天井的效果。

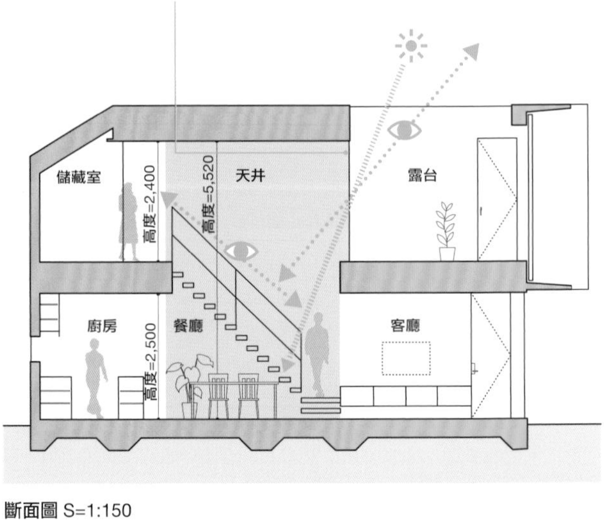

斷面圖 S=1:150

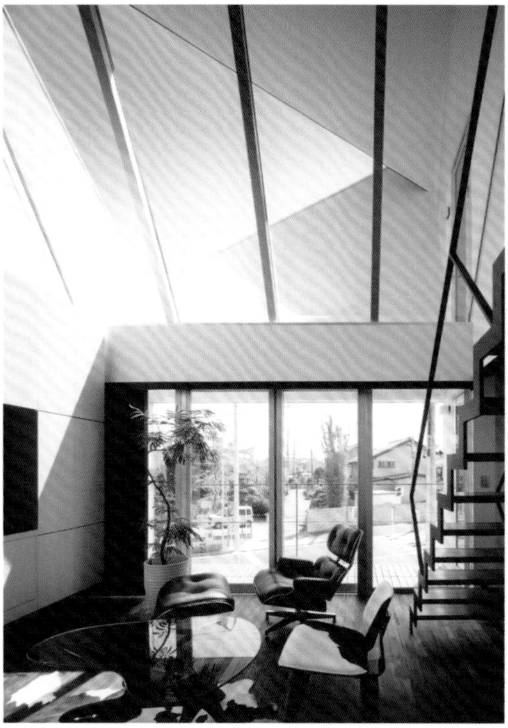

迎向天空的天井

POINT 1

利用天井上方的天窗設計，將居住者的視線帶往戶外的天空。

POINT 2

外牆和屋頂的斜面設計，有助於毫無阻攔地把戶外的風景導入室內。

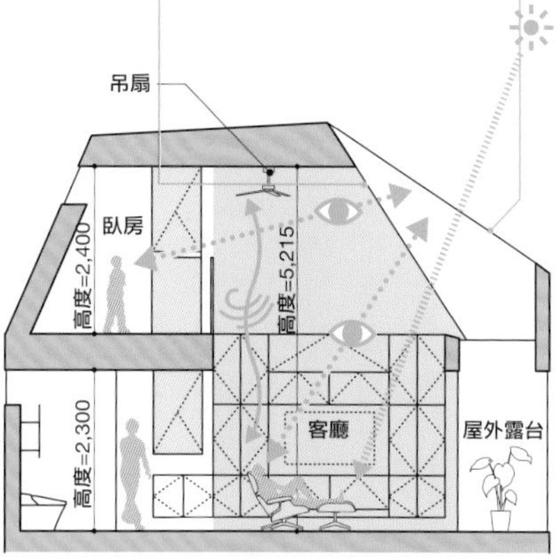

斷面圖 S=1:150

左：傾斜的天花板上裝設了一大片採光玻璃，直接把戶外的天空導入室內。

右：天井上方裝設了搭配家具和裝潢的木製吊扇，除了能提升空調的冷暖房效果，也具備裝飾作用，從樓上下望客廳，成了居住者生活中的一大樂事。

三層天井為室內營造動態的環境

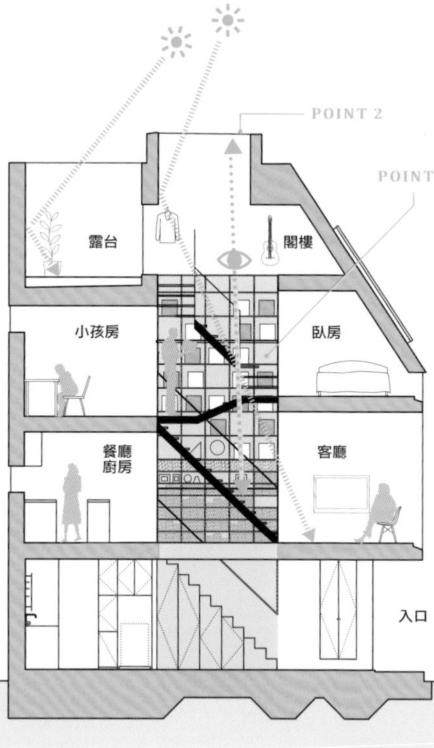

斷面圖 S=1:150

POINT 1

設在建築物正中央的三層連續天井，好比一棵大樹的樹幹，把整棟建築連為一體。

POINT 2

天井的正上方設置成整面天窗，讓自然光線射入室內之後，沿著樓梯直達下層。

在最常出現塔型結構的都市住宅裡，如何把立體的空間分隔得當，並導入自然光線，乃是設計時的主要課題。而天井的設置，不但讓空間更容易有效運用，甚至能為空間帶來更多留白。

營造空間的深度
光影設計

A design of light to produce a spatial depth

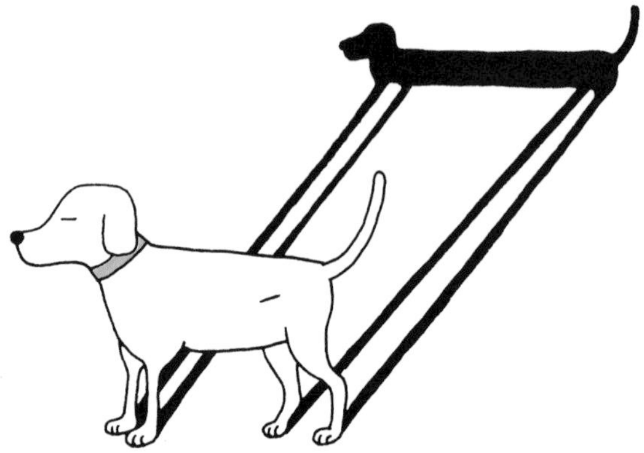

住宅空間在設計時，一定得特別留意自然光線的分布。設計師必須先行考量建築物的方位、太陽的高度、高低差，乃至於和鄰近樓房之間的距離，進而研擬出把自然光線導入室內的方法。由於自然光線會隨著季節和天候顯現細微的變化，因此設計師還必須進行對外開口的設計，以便實際掌握採光的效果。

製造自然光線表情最簡單的手法，就是設置天窗。從天窗所導入的自然光線強度，至少是從牆壁開口導入的三倍，因此也相當容易營造出光影的效果。另外，倘若採光的開口是從地板到天花板的整面採光，由於光線會在地板和天花板上直接表現出光影的變化，因此還必須注意材料的選擇，譬如必須考量某種材料是否適合使用更容易產生折射的效果。總之，能夠藉由自然光線產生明暗對比的空間，不僅具有難以言喻的氣勢，更能夠形成戲劇性的室內風景。

利用面北的天窗導入自然光線

光線打在水泥龍骨梯，形成的光影對比，讓空間呈現出一股深邃感。

大膽地把天窗的寬度設計成和樓梯同寬，藉由光線明暗和角度的變化，讓室內沐浴在自然光線的洗禮之中。

POINT 1

在樓梯的正上方設置天窗，讓自然光線先打在二樓的白牆，再折射到一樓和二樓空間。

POINT 2

在天窗下方設置間接照明，在夜間也能享有近似自然光線的明暗變化。為了便於未來維護，全面採用LED燈。

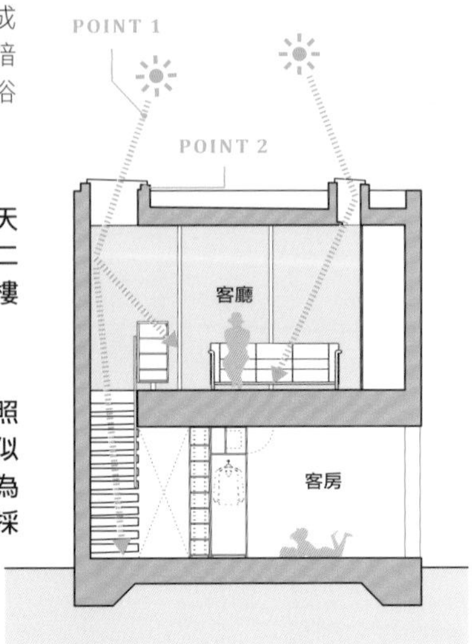

斷面圖 S=1:150

折射光形成的漂亮光影，放大了水泥裸牆的面積。為了避開多餘的陰影，設計師特別修改了窗框和天花板的比例，以便讓居住者享受到更完整的自然光線。

用高窗導入光線打造天花板的光影變化

POINT

刻意將窗戶的頂端和天花板切齊，藉以導入自然光線，製造折射的效果，營造出天花板上的光影變化。

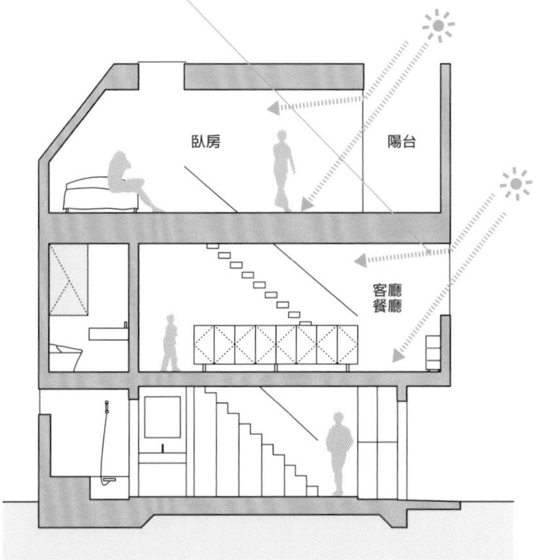

斷面圖 S=1:150

利用樑柱創造光影變化

POINT 1

利用屋頂的結構所設計成的一面帶有格柵樑柱的天窗，為室內營造出一處光影景致。

POINT 2

在光影照射的牆面上鋪上磁磚，讓居住者享受到極為獨特的生活質感。

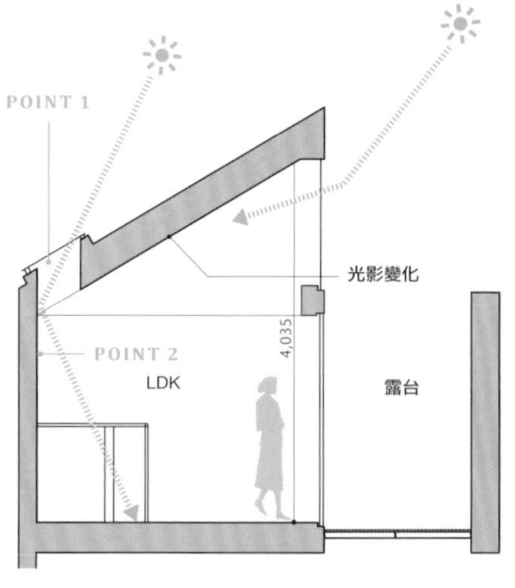

斷面圖 S=1:100

左側設有天窗，強烈的自然光線照在牆面，形成了條紋狀的陰影。右側露台設有上方高窗，光線透過折射，變得柔和許多，照在天花板上，也為室內帶來不一樣的光影變化。

營造空間的舒適性
通風設計

A design of wind to produce amenity

我們的肉眼看不到「空氣」，因此住宅內的通風狀況其實並不容易完全掌控。可是，又不能對通風掉以輕心，通風不良會造成許多狀況，最常見的就是潮濕、發霉，都有礙居住者的居家健康和生活情緒。總之，思考如何製造室內空氣的流動，就是「通風設計」的工作。

首先，設計前我們必須先了解空氣流動的基本原理。好比說，當空氣流入的對外開口小，而流出的開口較大時，即可加快氣流流動的速度，提升通風的效果。或者在對角線上設置氣窗，通風的效果可以遍及整個空間，避免空氣滯留在某一個角落。

由於暖空氣具有上升的特性，透過天窗和地窗的組合，又可以製造上升氣流。總的來說，通風設計的重點只有兩個：掌握氣流的特性，以及正確安排開口的位置。

由氣窗和大面積落地窗所組合而成的對外開口。刻意把落地窗的窗框隱藏在天花板和地板裡，既製造了輕快的感覺，也提高了空間的開放性。

落地窗和氣窗的組合

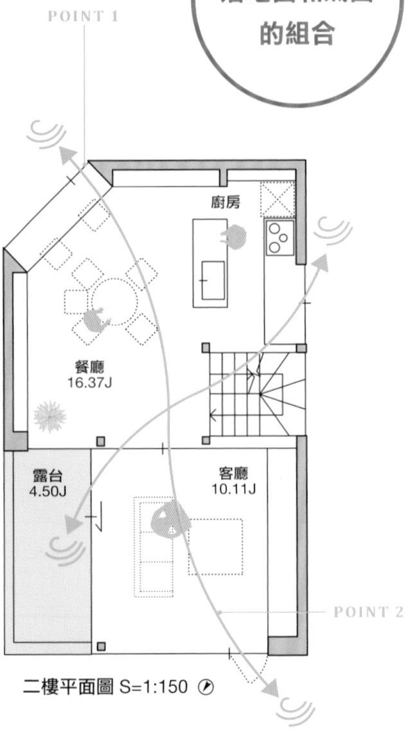

二樓平面圖 S=1:150

POINT 1
在對外取景的落地窗上安排了一扇面積較小的氣窗，既能夠維持落地窗本身的設計感，也達到了通風的效果。

POINT 2
利用設置在對角線上的氣窗，讓通風效果遍及整個空間。

阻斷視線同時通風透光

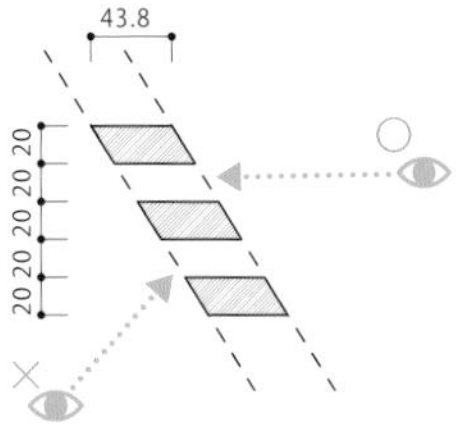

正面格柵詳圖 S=1:8

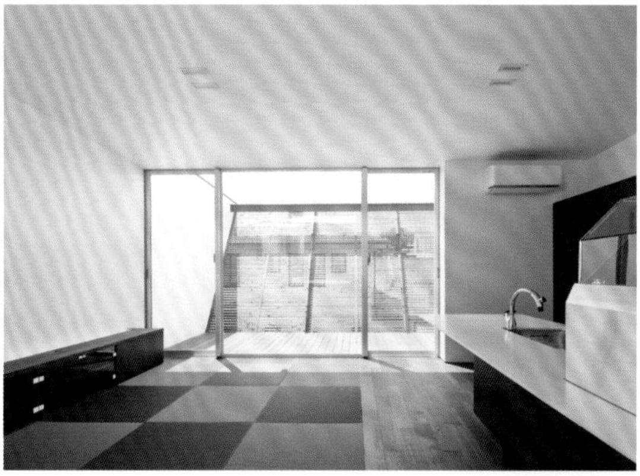

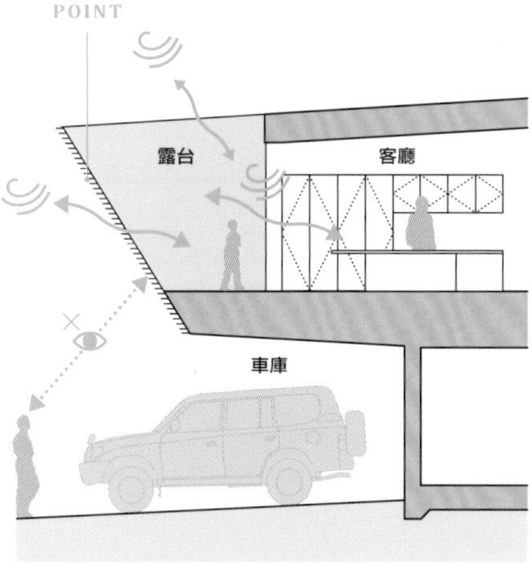

斷面圖 S=1:150

POINT

利用一面由細長木條排列而成的格柵，既阻斷了戶外路人的視線，也為室內導入了光線和空氣。格柵的設計也有助於降低正面的風阻。

上：從室內水平的角度可以清楚看見戶外的風景。對外開口的面積越大，越能發揮超乎想像的通風效果。

下：從戶外抬頭僅能看到一整片格柵板，成功確保了內部的隱私。

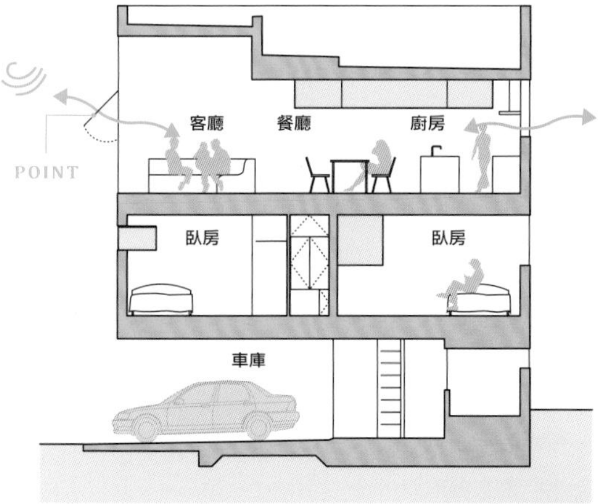

斷面圖 S=1:200

POINT

客廳大膽採用了三片外推式連續窗，和對角的廚房小窗形成對流效果，細長形的空間特別適合使用這類大小窗戶組合，通風的效果奇佳。

利用不同大小的窗戶製造通風

左：窗戶全部關上時，對外開口和嵌入式窗口完全切齊，展現線條極為鮮明的設計質感。

右：外推式窗口由於開啟的面積較大，通風的效果也比較好。

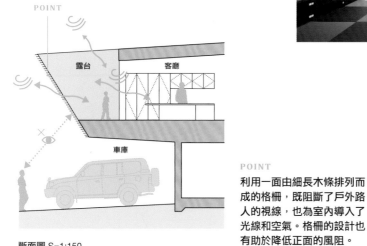

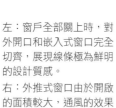

14

因應季節的溫度變化

空調管理

A management of the air

設計住宅空間時，設計師必須事先設想室內的溫度會隨著季節和時間不斷變化的種種狀況，才可能完成空調和隔熱的規畫。隔熱方面，由於百分之五十以上必須仰靠對外開口的安排，因此譬如西面或南面的大型開口，最好使用多層玻璃或隔熱玻璃。在高冷地區，則可以改用雙層窗戶或樹脂窗框。這類材質確實具有高度的氣密性和保溫效果，但是相對的，也必須額外留意室內的通風。

冷暖氣方面，倘若選用冷暖雙用的住宅壁掛式熱泵空調，規劃時必須特別留意，住宅內如果設有天井或超過三公尺的挑高空間，冷暖房的效果通常不會太好。在面積較大的空間裡，最好鋪設輻射式地板暖氣，一來導熱速度較快，且地板在一公尺左右的高度可經常保持溫暖，讓居住者待在室內時頭冷腳熱，是人體最舒適的狀態。唯一值得注意的是，要當心造成低溫燙傷。天井若採用熱泵式空調，則最好加裝吊扇，加強空氣的流動，提升空調的效果。

把太陽光的熱能儲存在水泥板裡，儘管效果會因為不同的空間設計而有所差異，但是設計師仍舊堅持採取直接利用天然資源的誘導式設計（Passive Design）。

直接受益式設計

POINT 1

將白天的太陽熱能儲存在水泥板裡，待太陽下山後，再利用水泥板中的熱能製造暖氣，也就是所謂的直接受益式（direct gain）設計。為了因應不同季節需要，開口處還加裝了雨披，避免夏季太陽直射。

POINT 2

客廳和玄關之間設有一面玻璃推拉門，作為調節室內空氣之用。夏冬兩季可以關閉，藉以提高冷暖房效果；春秋兩季則全面開啟，讓氣流遍及整棟建築。

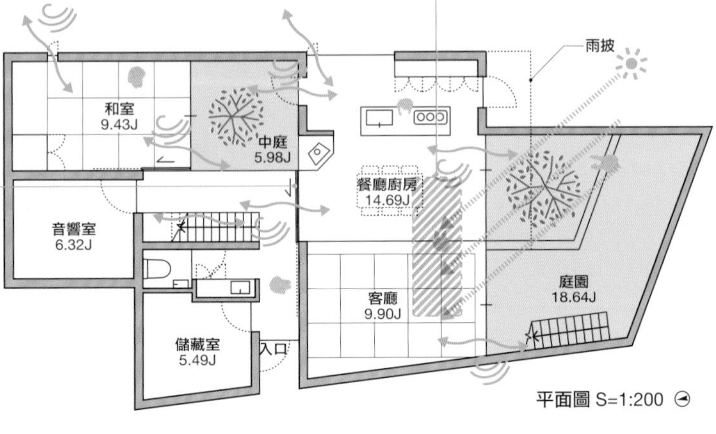

平面圖 S=1:200

多通風口設計

刻意在上下、左右設置多處大小不同的通風口，營造良好的通風環境。

POINT 1

設置兩座天井，讓空氣得以上下流動，形成通風口，加強氣流的循環。

POINT 2

臥房的入口採推拉門設計，更能確保通風口的氣流循環。

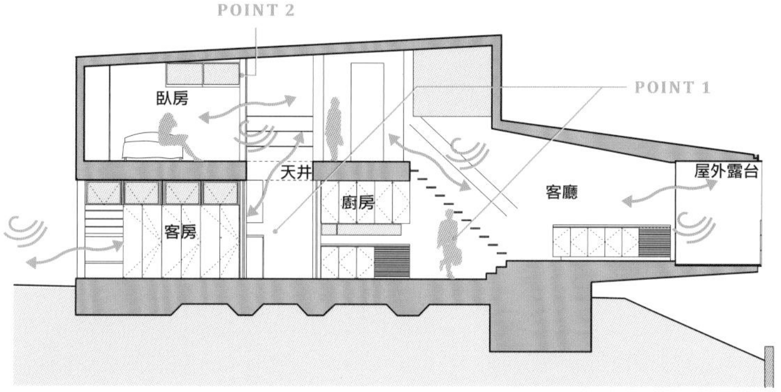

斷面圖 S=1:200

在熱氣最容易停留在頂樓的三層木造住宅裡，必須在設計開口前，事先考量到夏季的自然通風。加強從樓下流向樓上的上升氣流，乃是達成整棟建築通風最有效的解決方案。

利用上升氣流做好空調管理

POINT 1

三樓地面採用鏤空式設計，藉以製造上升氣流，讓整棟建築自然通風，入冬後二樓的暖氣可直接溫暖三樓的臥房。

POINT 2

打開頂樓的窗戶，即可調節室內的氣流。對於夏季的自然通風效果尤佳。

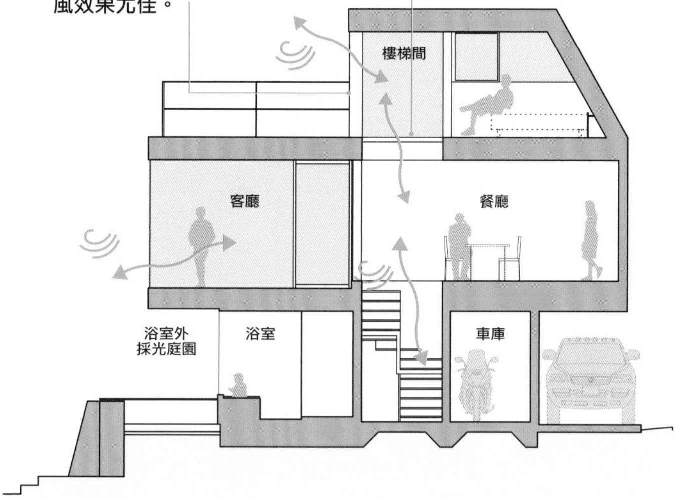

斷面圖 S=1:150

4

DETAIL

細節——講究細部的設計

01

門片門框融為一體

室內暗門

A door with an invisible frame

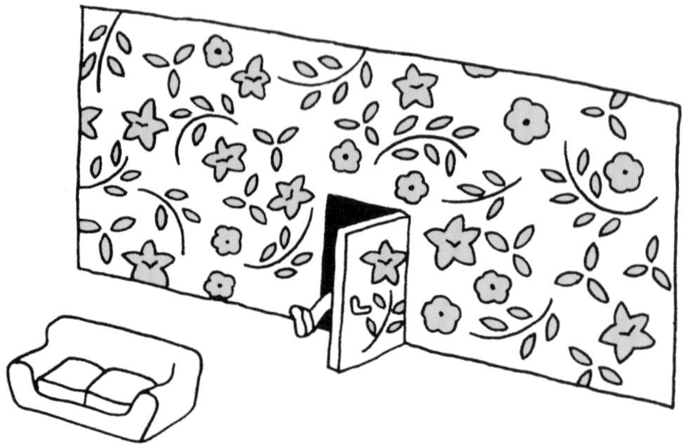

當設計師想讓設在牆面上的門看起來小一點時，首先會把門片和牆面完全切齊，再盡量讓門框的線條看起來不那麼明顯。一般的室內門從正面看，門片和門框或者與牆壁之間的距離非常明顯，正因為如此，室內門通常顯而易見，相當具有「存在感」。換句話說，只要縮小門框的線條，就可以降低這種存在感，只不過這種作法畢竟有限。

因此，設計師想出一個方法，索性省略門框不用，直接將門片安裝在牆面上，如此一來，就可以完全解決門框線條的問題，從正面看只看得到一張門片，沒有門框的線條。但是這樣的手法必須使用特殊的隱藏式鉸鏈，因此設計時必須根據鉸鏈的要求，調整尺寸和角度。一旦安裝完成，室內門會看起來好像直接從牆壁切下來一樣，倘若設在走道盡頭，會讓整個空間感覺非常簡潔有力。除了門框和鉸鏈，還必須選擇比較不顯眼或設計簡單一點的門把，藉以提高室內暗門的完成度。

隱藏門框和鉸鏈

採用隱藏式鉸鏈

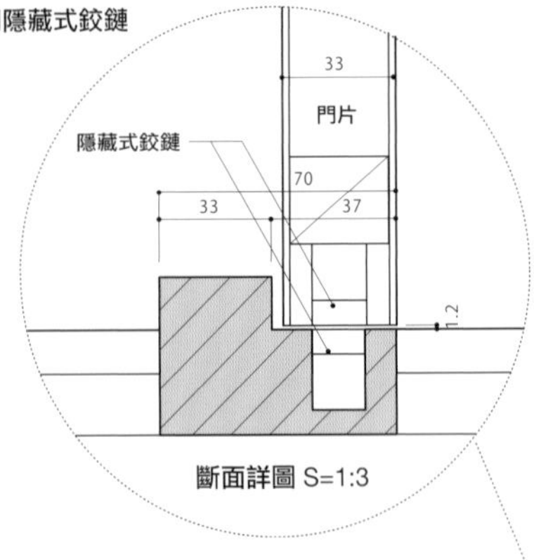

斷面詳圖 S=1:3

採用雙葉鉸鏈

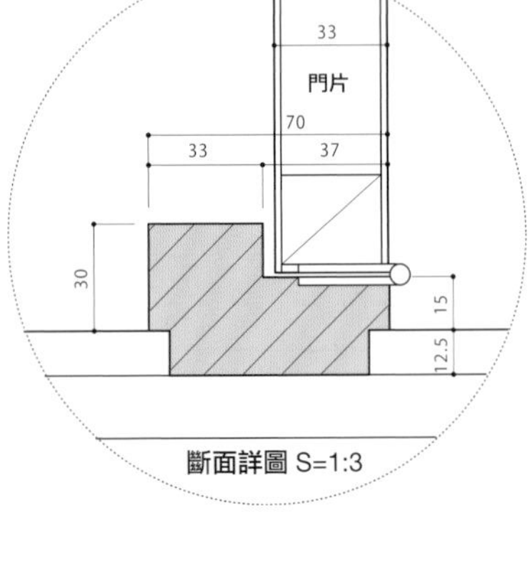

斷面詳圖 S=1:3

POINT 1

在牆壁和門片之間安裝上隱藏式鉸鏈，可以讓門框隱而不見。少了門框後，外觀上變得更為美觀。

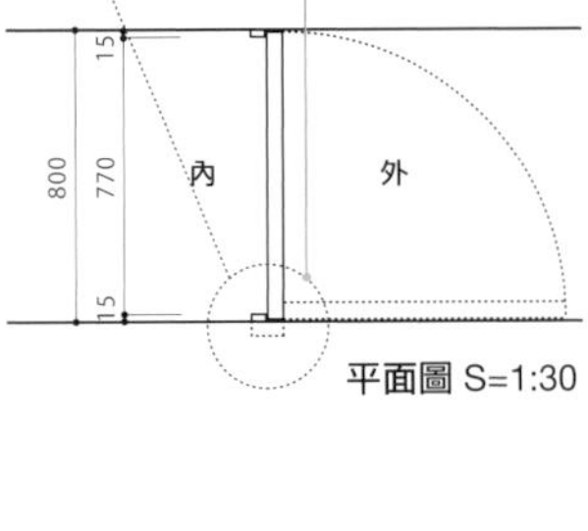

平面圖 S=1:30

一面利用隱藏式鉸鏈把門框隱而不見的室內門。由於簡化了傳統室內門的結構，單純由門片和牆壁組成，立即突顯了簡約的設計風格。

門
02

切割不同用途
活動門

A rotation door with complex uses

在生活動線重疊的空間裡，盡量不設置門片是絕對的設計準則。然而，倘若遇到非設置不可的情況，則必須以「推拉門」作為第一考量。但是如果連推拉門都無法安裝，原則上還是得在兩處分別裝設門片，不過還有另有一種合理的方法，就是讓兩個空間共用一扇門片，一邊關閉時，另一邊必定開啟，等於是利用隔間的特性，創造空間的變化。

比方說，某個開放的空間到晚上必須當成臥房使用，門必須關上，這時候最適合採用的就是這種手法。這種手法還可以避免在動線上發生意外的碰撞，減少活動中的障礙，是非常聰明的作法。總之，我們可以利用一些可變動式的設計，增添空間的變化，即便在有限的空間裡，也可藉此改變空間的用途。設計時除了必須考量到整體平衡，還得留意每一處細節。

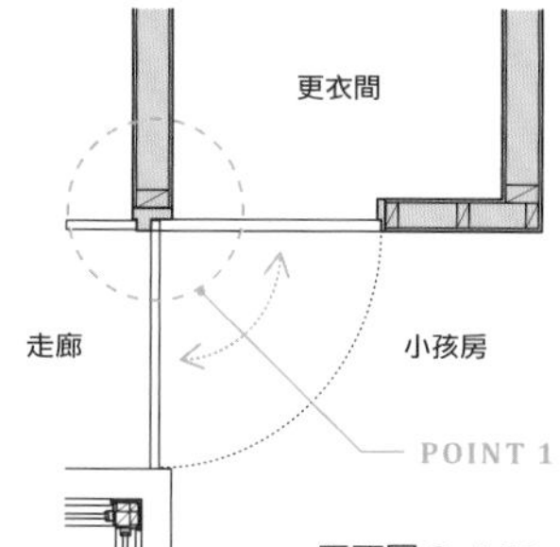

平面圖 S=1:50

POINT 1
一旦把更衣室的活動門打開，活動門便成了孩子房的房門。平時孩子房是開放的，待夜間睡覺時，才會關閉。這種設計等於讓一扇門片具有多重用途。

POINT 2
為了和黑色牆壁完全結合，刻意把門片的高度設計成與牆壁同高，並且省略上緣，形成一間形式簡約的收納空間。同時利用重力鉸鏈，讓門片看起來似乎和是牆面一體成型的。

利用活動門切割空間的不同用途

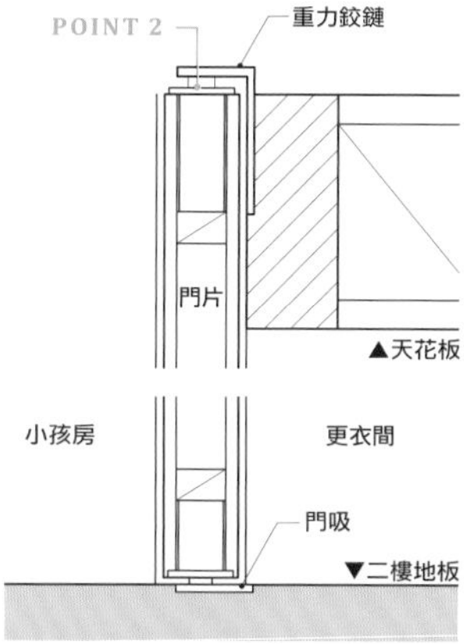

斷面詳圖 S=1:5

利用開和關所產生的隔間效果，讓空間的使用更具彈性。一般的住宅空間往往過度使用具有特殊新功能的門片，其實只需要在鉸鏈和細部多注入一點巧思，就可以創造出特殊的效果。

講究輕巧無痕
玻璃氣窗推拉門

A door with a comfortable glass transom

住宅空間的對外開口，通常是空間中最具可看性的位置。特別是在擁有挑高式天花板、寬度較大的空間裡，最適合大比例開口的設計。倘若想盡量把戶外的景觀導入室內，最常見的做法就是把整個牆面都做成開口，並盡量隱藏外框和橫框，降低門框和窗框的能見度。倘若空間本身採用挑高設計，將對外開口做成大片的推拉門，則須另行設置氣窗。譬如要在透明玻璃的嵌入式門窗上方加上氣窗，不妨用相同的手法，盡量隱藏外框，藉以強調下方的推拉門，讓天花板產生彷彿懸在半空的感覺。這樣的設計，由於縱向的外框同時具有支撐和懸吊氣窗的作用，即便開口的寬度極大，也能經久耐用、不易變形，甚至能避免難以開闔之類的狀況發生。此外，可能的話，縱向外框（懸吊材）的顏色應盡可能低調，避免突兀，並兼具氣窗外框的功能，營造鮮明的印象，提高本身的功能性和設計感。

上：間接照明的柔和光線穿過玻璃氣窗，照遍整個空間。利用透明玻璃作為隔間，而不採用牆壁隔間，讓視線暢通無阻，也讓整個空間感覺更為寬敞。

下：特別訂製的T字形軌道，輕巧細緻，同時兼具導輪軌道和玻璃氣窗下緣的功能。

利用玻璃氣窗當隔間

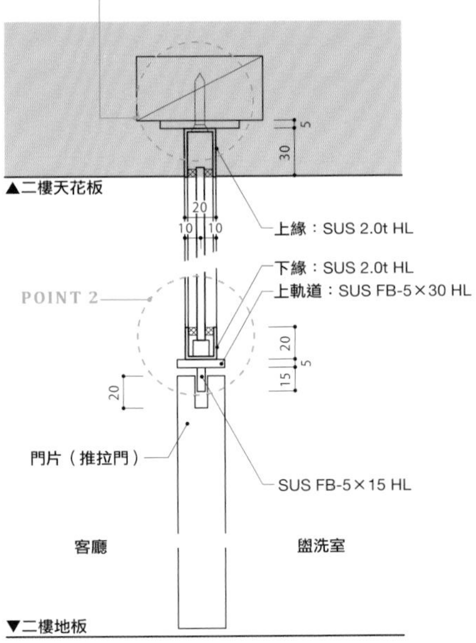

POINT 1

為了避免過度突顯氣窗的存在，刻意把嵌入式玻璃窗口的上下緣隱藏在天花板和牆壁裡。

POINT 2

在客廳和盥洗室的隔間上方設置氣窗，利用玻璃透明的效果，強調空間中的連續性，同時維持空調的效率，可謂一舉兩得。

門

04

外框隱為無形

天窗

A sky light window with an invisible frame

一般來說，要在位於密集住宅區的住宅空間裡，設置尺寸稍大的對外開口並不容易，設計師往往難以確保足夠的窗口取景和採光。其實，類似的狀況最好的解決辦法就是設置天窗（即上方採光）。設置天窗時，最重要的就是必須盡量讓居住者從室內看不到開口處的外框或窗框。簡單說就是設計師得讓天窗看來只是天花板上的一個開口，並為居住者留下可以從這個開口看到天空的景觀。

當然，設計時還必須仔細考量屋頂的防水。設計師只要把目標放在「讓居住者不只從室內，還得從戶外絲毫感受不到天窗的存在」，通常就不會有問題。同樣的，譬如玄關的推拉門也是如此，設計時應該盡可能隱藏上下軌道，讓居住者從戶外看時，感覺只是在牆壁上開了一個大洞。總之，只要能夠做好外框和軌道的隱藏，多半都能為建築物營造出鮮明且幹練的印象。

POINT 1

透過把天窗的外框完全收入開口處外牆的工法，讓居住者在室內可以集中視線焦點，只會看到天窗的玻璃，而看不到外框。

POINT 2

為了避免漏雨，設計天窗時必須考量使用兩次至三次的防水措施。

利用天窗
擷取天景

柔和的自然光線從天窗照入室內。由於採用無框式設計，讓室內得以取得更寬廣的天空視野。

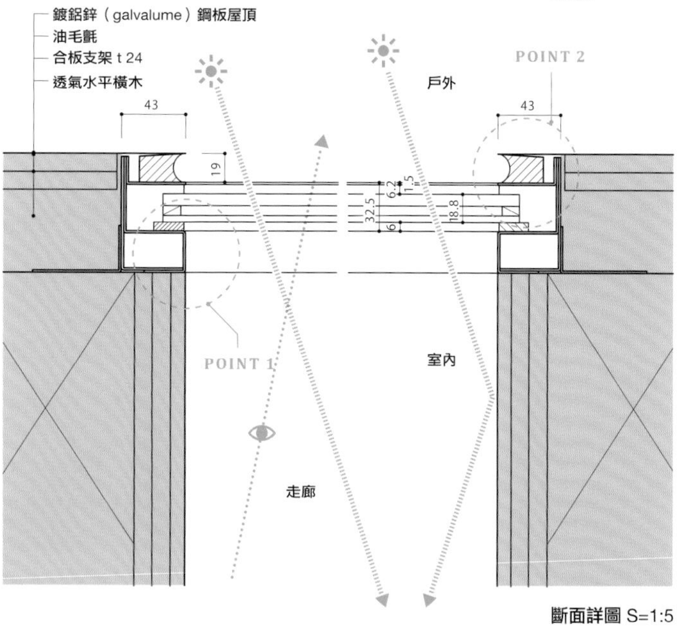

斷面詳圖 S=1:5

縮小門楣
大型推拉門

A bulky sliding door with a thin lintel

設計大型推拉門時，一般設計師都會選用耐重係數較高的門楣承載軌道。然而，為了配合空間整體的設計，在充分考量功能性的前提下，還必須盡量縮小門楣的尺寸，降低門楣的比例，以避免過度突顯門楣本身的存在。尤其當設計師決定採用大型連續窗時，也應該盡可能縮小門楣的尺寸，讓空間更顯簡潔、更具現代感。

不過，為了避免完工後因為門楣的尺寸較小，造成扭曲變形，影響推拉門的使用，設計時必須特別留意尺寸的選擇。由於門楣的存在，原本就會突顯推拉門的外框，但是倘若在門楣上方增設一面觀景窗，則可以減輕推拉門外框給人的沉重印象。此外，不妨進一步留意細節，譬如把室內的窗簾盒和燈箱，設計成兼具室外用來保護對外開口的集水槽、雨遮及紗窗外框。這種大型推拉門一旦完成，你會發現整座建築空間的質感變得更為氣派磅薄。

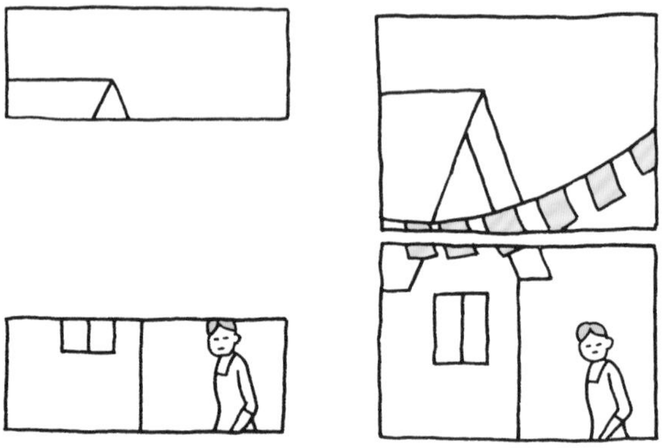

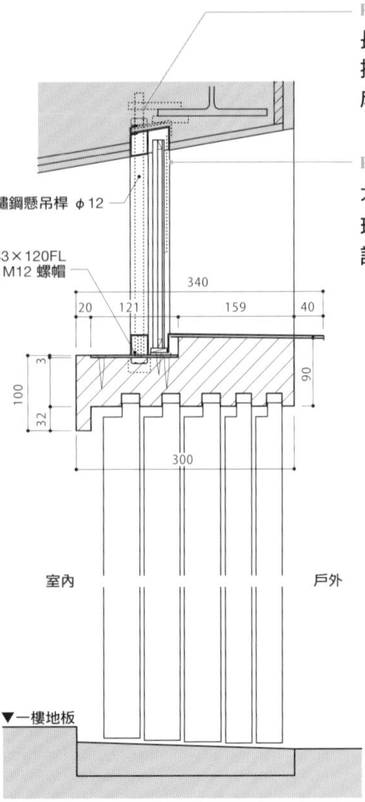

斷面詳圖 S=1:10

POINT 1

長達八公尺的門楣，完全不見支柱，而採用不鏽鋼懸吊桿，把門楣懸吊起來，成功實現了沒有支柱的大型推拉門。

POINT 2

不鏽鋼懸吊桿隱藏在僅有的幾處修飾玻璃窗的外框裡，以避免結構材料外露。設計時必須特別留意外框的支撐比例。

利用不鏽鋼懸吊吊起八公尺寬門楣

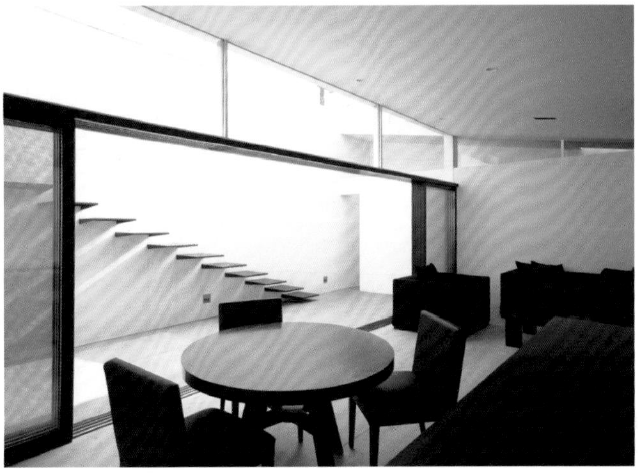

經過防漏、防震、氣密性、耐久性測試的木作推拉門，採用無樑式設計，並極力縮小門框、窗框。

門

06

隱藏門框

入口正門

An entrance gate with an invisible frame

構成住宅外觀的元素多不勝數，必須留意的細節也極為繁雜。包括對外的開口、雨披等，設計師為各個項目注入巧思，並取得彼此的平衡，最後則是給人第一印象的住宅正門。所謂「細節」，指的其實是不同材料之間的搭配。越是想營造出簡約的印象，越需要搭配得自然、合理。

好比說，一般的對外開口會先設計一個門框或窗框，但是倘若想採用嵌入式設計，把門窗直接安裝在建築物的牆壁裡，最可行的方法就是隱藏門框或窗框了。

此外，還必須留意外框五金安裝在牆壁時的狀況。譬如一般住宅門窗外框標準的安裝方式就是直接「附加安裝」，但是這種工法必定會破壞外牆原本的平整；倘若想維持外牆的平整，不妨採用類似安裝集水槽的方式，好比說採用「同面」設計，讓門窗和外牆合為一體，即可營造出大樓般一體成型的效果。若想採用鋼筋混凝土的「環抱」設計，可以把外框完全隱藏，以突顯外牆本身的厚實感。正門給人的印象完全操之於對外開口的設計手法，不同的手法會創造出全然不同的設計感。

隱藏正門，創造穩重簡約的印象

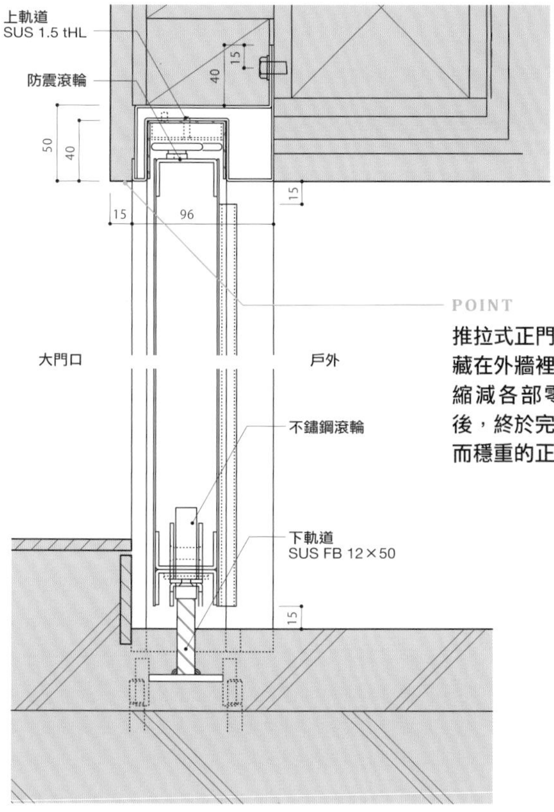

斷面詳圖 S=1:5

POINT

推拉式正門的滑軌完全隱藏在外牆裡面，經過不斷縮減各部零件的線條之後，終於完成了一面堅固而穩重的正門設計。

正門看似一個特別挖開的開孔。由於軌道全部隱藏在內側，外觀上完全看不出大門的存在。

營造優雅的外觀

格柵式設計

A dimension of louver for expressing elegance

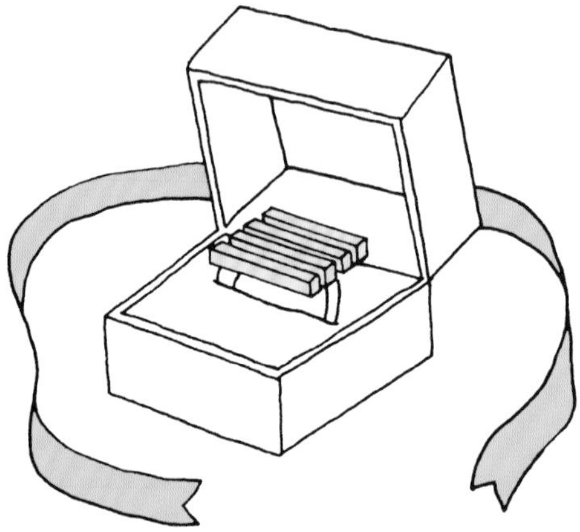

格柵式設計除了具有阻擋視線、保留隱私的優點，也是一種常見的外觀設計手法。因此，設計時在選材和選色、考量整體平衡的同時，還必須顧慮到本身的通風、透光等細節。由於材料的高度、深度，以及間距、倒角的尺寸都會直接影響到整體的美感，因此每一處細節都可能改變整體給人的印象。設計時最好能夠事先製作等比例的參考模型，經過精確評估之後再行施工。

此外，相較於材料本身的尺寸，其實材料的間距對整體的印象具有更大的影響，而且很容易就營造出細緻的外觀表情。一般來說，橫向的排列在國外較易被接受，不過近幾年來，排列較為細密的縱向設計，由於符合日式風格的關係，也逐漸為外國人士所接受。另外還有採行不規則排列的手法，利用縱橫交錯並搭配間距、尺寸的變化，刻意營造粗獷之美，同時形塑出獨到的品味——這也正是格柵式設計真正的魅力所在。

利用木作格柵式大門，營造細緻表情

利用木材的硬度和特性，營造細緻、優雅的表情。

POINT

使用高20公釐、深40公釐的花旗松木條，以5.5公釐的間距排列而成的格柵式大門。四角骨架的材質採用不鏽鋼製，以確保門片的穩固，同時避免木條因熱漲冷縮而變形或者扭曲。

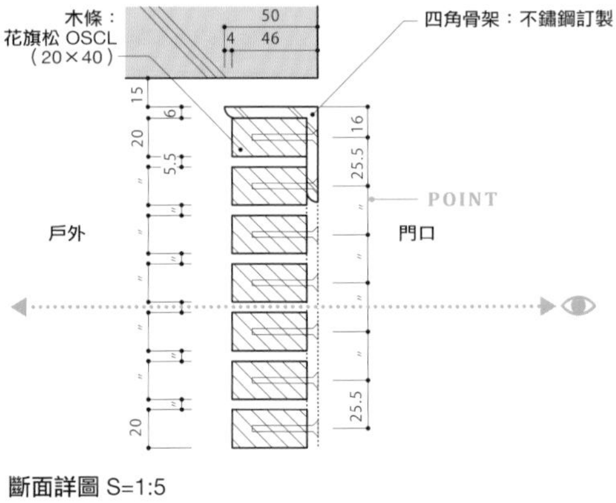

斷面詳圖 S=1:5

照明

08 營造空間的連續性

間接照明

An indirect light to produce spatial continuity

當設計師預期希望有間接照明的效果時，大多都會使用連續的螢光燈（無縫線燈管）。因為藉由照明的串連，可讓光線維持成一直線，不致產生段落的陰影。另外，由於間接照明會把燈體隱藏起來，同時在丈量時也會避免產生所謂的遮光線（Cut off line），形成明暗對比，因而能夠營造出漂亮的漸層變化。

間接照明的手法，譬如向上式照明或洗牆照明，除了能創造一般看不到的特殊效果，也能夠突顯空間的特色。此外，燈光的顏色對空間的影響極大，一般來說設計師會因地制宜，例如客廳會選用黃光，浴室和臥房則採用白光。有些空間可能需要調整光線的強弱，這時候不妨加裝專用的調節器，甚至可以連結音響等電器，製造特殊的效果。

倘若用在曲線的位置，只要把燈具重疊起來，即可避免出現光線斷層。設計時最好能夠掌握現場實際的狀況，才有可能做出合適的配置，以及細節的調整。

採用間接照明
收攝整個樓層

特殊的木樑天花板，四周圍採用間接照明，而不直接安裝照明設備，目的是為了利用間接照明的反射光，確保整體的照度（註），進而藉由立體的木樑結構所產生的明暗效果，收攝整個樓層，營造出天花板彷若懸在半空的錯覺。

POINT

天花板和牆壁之間安裝了一圈間接照明，照亮整個室內空間。開口處的上端特別設置了兼具窗簾盒功能的燈箱，將間接照明隱藏其中。

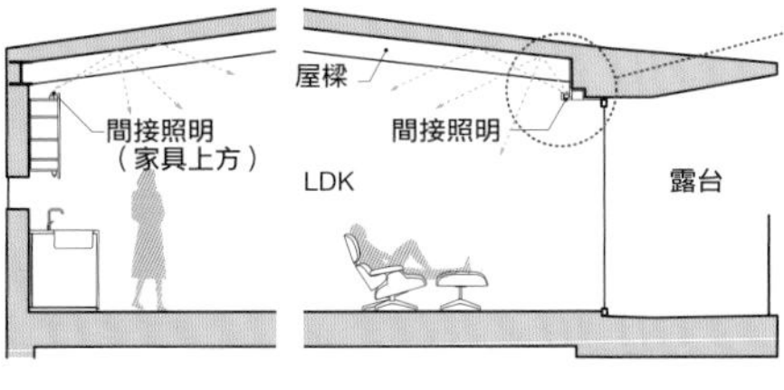

斷面圖 S=1:150

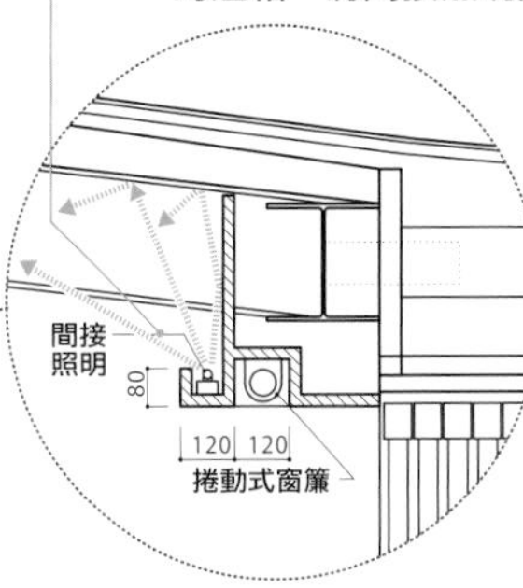

斷面詳圖 S=1:30

註：照度——人眼睛所能感受到的明暗程度。

讓家具更顯輕盈
間接照明

An indirect light to help furniture be like floating

為了降低設置在牆面或地面上的訂製家具所給人的沉重感或壓迫感，許多設計師會刻意在家具、地板和牆壁之間的空隙中安裝間接照明。透過間接照明可以讓家具顯得更為輕盈和放鬆，因為燈光間接投射出家具的輪廓，將會突顯家具本身的線條，同時強調出室內裝潢的存在感。建議間接照明所使用的燈具最好經過粉光處理，以便讓整個空間產生更為柔和的光線對比。

不過一般來說，內藏式的家具照明大多較佔用空間，因此不妨採用LED燈之類較不佔空間的設備；倘若是訂製家具，最好從設計階段就能和家具師傅充分溝通，以免忽略了細節。至於間接照明的燈光，當然應該考量避免直接照射到居住者的眼睛，因此在設計和安裝時，詳細的監工是絕對必要的。此外，必要時不妨安裝明暗調節器，以便配合季節和情境調整燈光的強弱，如此一來必定可以大幅提升空間的舒適感，以及訂製家具本身的格調和品味。

透過各種不同的間接照明效果的搭配組合，營造出具有立體感的室內空間。

利用線條照明突顯家具存在感

POINT 1

在天井的橫樑上安裝投射燈，以便在牆面和天花板上製造陰影，利用光影、明暗的對比，將居住者的視線焦點向上拉抬。

POINT 2

將客廳裡的櫥櫃和電視櫃抬高20公分，並在下方設置間接照明，藉以吸引居住者留意到遮光線的存在，營造出非常自然的明暗對比。

POINT 3

在櫥櫃的平台上設置洗牆照明，再用壓克力乳白板遮住光源，製造散亂反射，突顯牆面和櫥櫃本身的存在感。

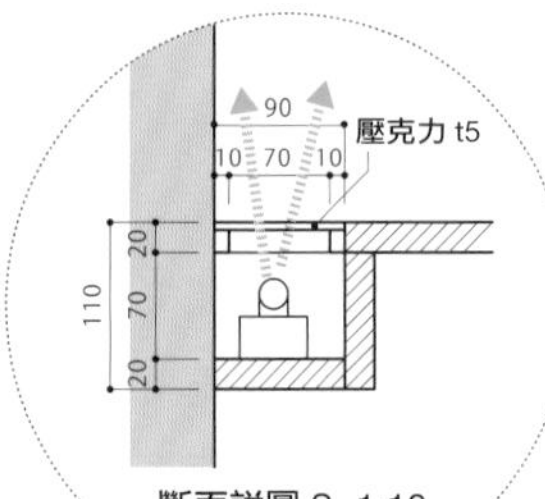

斷面詳圖 S=1:10

展開圖 S=1:100

照明 10

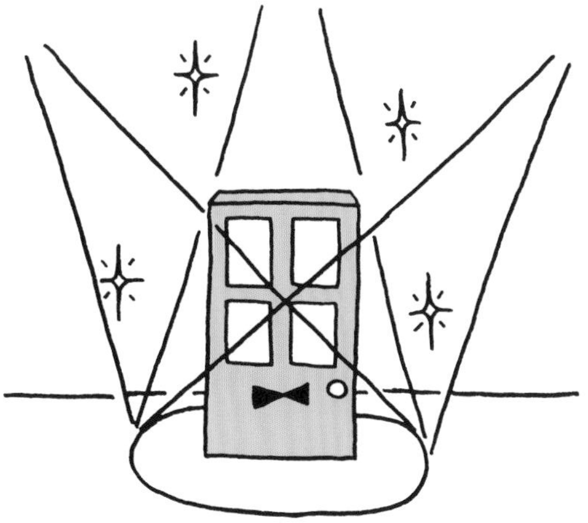

具個性的發光門牌

正門入口照明

An entrance light representing a character

對於居住者或訪客而言，住宅的正門入口都是他們面對住宅時所遇到的第一個景觀，也是創造第一印象和全新體驗的起點。由於正門入口最能夠反映出屋主個人的品味，因此在細節的設計上，絕對不可以輕忽。

其中又以門牌、對講機、信箱、宅配箱（home-delivery box）的照明設計最為醒目。譬如，想在門牌內側安裝燈具，並讓它兼具正門照明的功能，最好能夠提高燈光的照度；若是安裝燈具的位置是在牆壁或樑柱，則必須事前充分考量嵌入的尺寸，甚至做好結構計算；倘若是在沒有屋頂或雨披的位置，還必須留意防漏功能。

此外，為了避免完工後燈具更換與檢修的不便，提高照明設備維護的方便性也是設計時的一大重點。

POINT 1
門牌號碼和姓氏採用雷射刻字鋼板。整個牆面採用鋼板施工，內側則加裝照明，讓文字發光。

POINT 2
從正面看是一面鋼板，鋼板使用螺絲固定，以便在必要時可以更換燈組。

發光的門牌

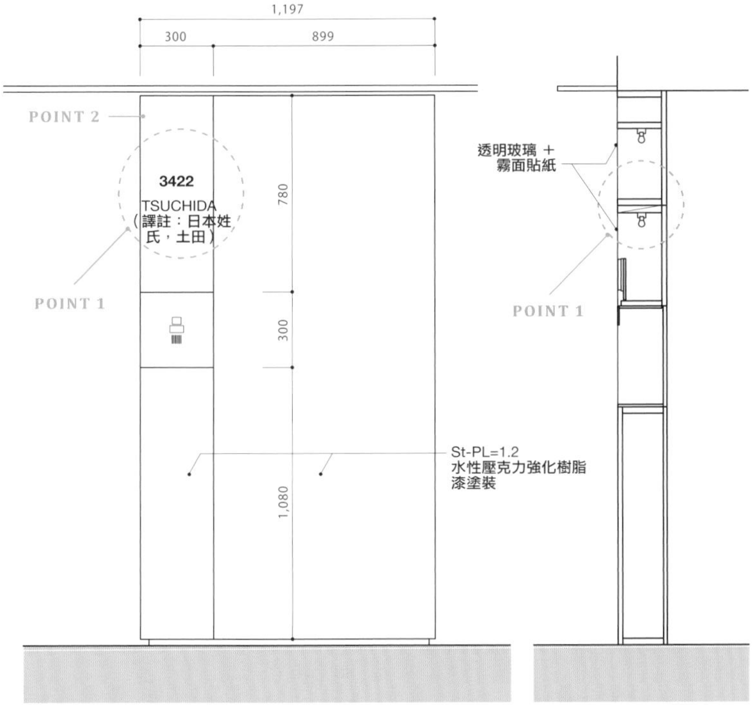

鋼板背面貼附了一層貼有霧面貼紙的透明玻璃，用以防漏。利用內側照明突顯文字，並兼具玄關燈的功能。

實用與設計感兼具 餐桌

A dining table to welcome a guest

時下越來越多人偏好配合廚房的設計訂製餐桌。經過仔細考量材質、形狀、大小和細節而製作的餐桌，由於兼具實用性和設計感，更能夠和室內空間融為一體。

倘若是為了搭配島型廚房，通常設計時多會配合流理台的高度和材質，並增設高腳椅。對一般的家庭來說，四人餐桌已經綽綽有餘，倘若考量到訪客聚餐，則不妨選擇八至十人的大型餐桌。寬度至少八十公分，若空間有限，不防選擇調整程度、必要時拉長桌面的餐桌。

倘若廚房椅和餐桌的桌腳也能配合桌體的材質和形狀，就更容易製造出空間的一致性。桌面部分，若選擇薄型設計，看起來會輕巧一些；若選擇較厚的桌板，則會為空間帶來較為沉穩的氣氛。不論選擇哪一種厚度，建議務必事先設定能夠明確表現出整體空間設計感的尺寸。由於越大的餐桌越能展現空間的穩定性，除了事先設定尺寸，留意空間的平衡感也是一大重點。

搭配空間選用三角餐桌

選用什錦燒專用的鐵板，內建烤肉爐，讓訪客得以享受屋主的拿手好菜。一面享用美食，一面欣賞風景，為每一次的聚餐留下美好回憶。

POINT 1

三角形餐桌邊長度超過3公尺，最多可同時坐9個人。選擇這樣的形狀，是為了讓餐桌更為融入室內空間的形式。

POINT 2

為了讓大餐桌看起來輕巧一些，刻意採用單邊支撐設計。桌面的3個角都經過倒角處理。桌面則採用髮絲紋不鏽鋼板，以避免刮痕。

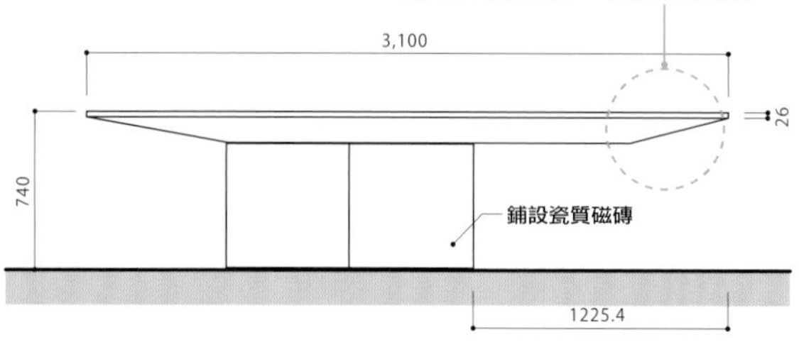

正視圖 S=1:50

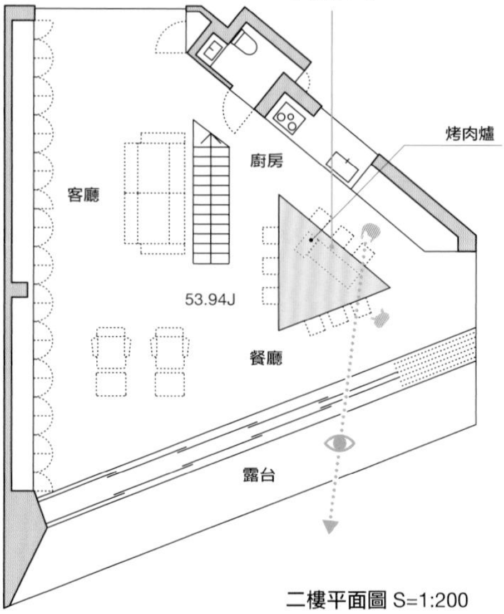

二樓平面圖 S=1:200

家具 12

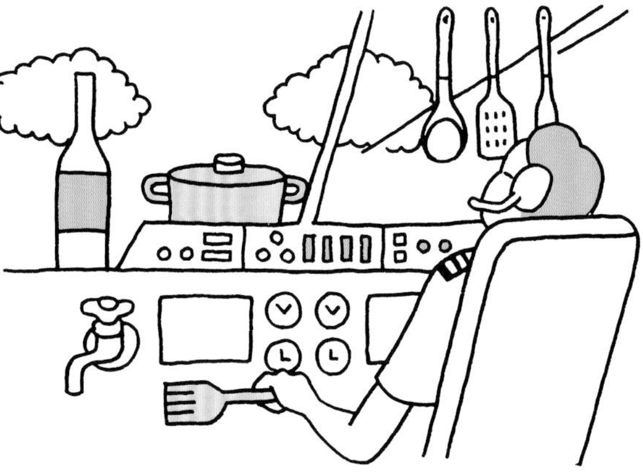

隨手輕鬆煮
駕駛座艙式廚房

A cockpit-typed kitchen to be easy to use

設置在住宅正中心的島型廚房，由於能夠望遍整個空間，輕易留意到家人生活的動態，若是家中有幼兒，會讓居住者住起來更安心。加上廚房收納櫃和內藏式電器的集中放置，讓所有的物品都在唾手可得的範圍，使用起來也更加合理。這種類似飛機駕駛座設計的廚房，我們稱之為「駕駛座艙式廚房」。

由於盡可能縮短了家事動線的距離，駕駛座艙式廚房大大提升了家事的效率。實際用過的人都會感覺，這種廚房使用起來比較不易疲累。駕駛座艙式廚房最大的特色在於可以站在定點處理所有的事情，完全毋須移動身體。倘若洗衣和浴室等用水位置的動線，也能集中在駕駛座艙式廚房的四周，便更能提升家事的機動性。

此外，為了提高實際使用的效率，最好也能把所有的開關和插座集中在一處。經過詳細評估的設計，必定能夠讓家事變成更開心的事。

上：選用桌上型抽油煙機，不設置懸吊式推拉門，讓廚房空間看起來更加寬敞。

下：從駕駛座艙式廚房望向客廳的景觀。視野之清新，完全跳脫原本狹窄的駕駛座艙印象。

POINT

把L型廚房設在室內的最內側，藉由預先設想好的必要收納，有效掌握使用功能，讓居住者不必移動身體就能立即取得所有物品，完全發揮了駕駛座艙式廚房的功效。

所有物品唾手可得的小型廚房

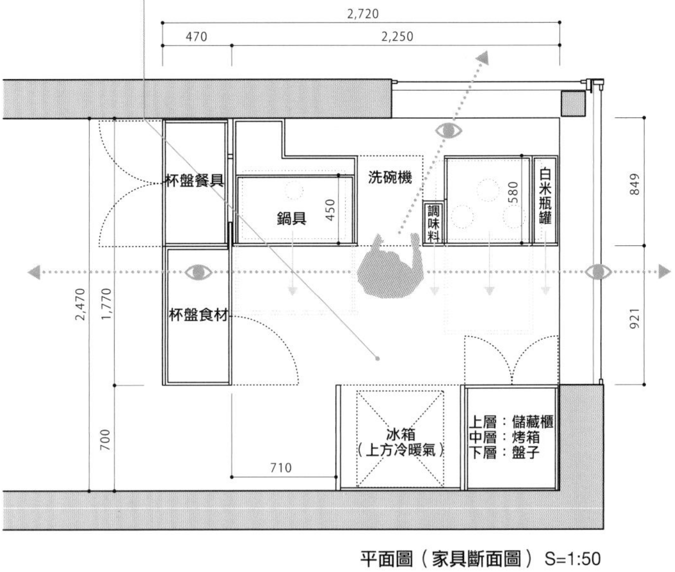

平面圖（家具斷面圖）S=1:50

隱藏式設計
空調機

A way to take off the presence of air-conditioner

現在幾乎家家戶戶都有冷氣，空調設備可以說是現代住宅的必需品，然而，就室內設計而言，空調設備確實「有礙觀瞻」。尤其熱泵型的壁掛式空調，由於機體本身極為醒目，設計師往往得花不少心思避免突顯它的存在。因此設計時不妨使用門窗或通風蓋，同時搭配訂製家具，把空調設備收納起來。設置通風蓋時，除了應該避免短循環（Short-circuiting，空氣在小範圍內循環）的現象發生，以及留意通風蓋的間隔形狀和選材之外，也必須考量到間隔的寬度。此外，正確的選色也有助於整體視覺的感受。倘若選用推拉門，夏、冬兩季可以全開，春天和秋天時關閉後即可完全隱藏。若想讓空調機和牆面、天花板完全融為一體，設計師必須熟悉空調設備本身的功能，在安全安裝的前提下，同時顧及完工後的維修，以及設計感、尺寸和相關細節。完工後只要室內處處都能感受到空氣在流動，就算是成功的設計。

利用小間距格柵營造整體性

左：將空調機隱藏在天花板裡，採用類似大樓空調的風口設計，維持空間的完整性。

右：配合空間實際的狀況，決定格柵式風口蓋的尺寸大小。刻意把風口蓋製作得比空調機更寬，是為了突顯天花板的水平線。

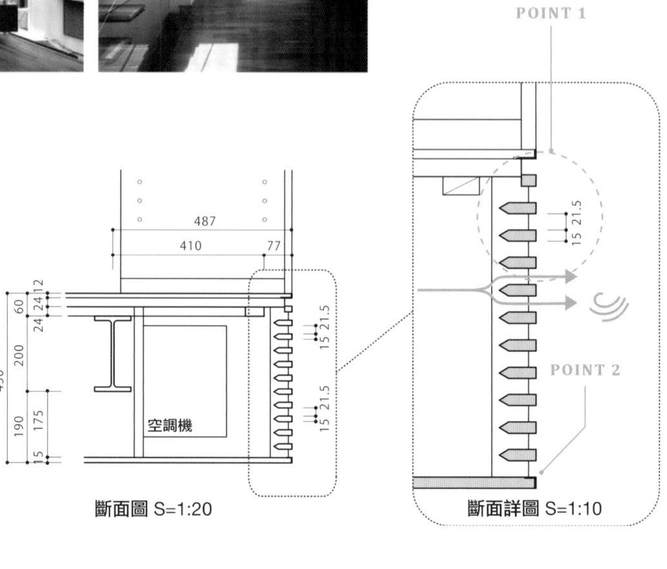

POINT 1

使用小間距的格柵風口蓋，覆蓋住壁掛式空調，完全隱藏機體。同時把格柵的木條切成五角形，以避免造成風阻。

POINT 2

格柵式風口蓋下方的造型和天花板完全一致，藉以和整體設計完全融合。為了避免冷暖氣直接吹向天花板，設計時必須根據空調機機體的外形，調整風口蓋的尺寸和距離。

家具

14

簡化家具的外觀 細部做工

Shaping a detail to get a furniture look elegance

都會住宅由於空間較為狹小，為了讓室內看起來更為寬敞，設計師多半會設法讓家具顯得輕巧、避免厚重的感覺。所謂輕巧，絕非廉價，在輕巧之餘，為了保持家具的穩定性，以及統一、整齊，勢必需要經過一些細部設計。

譬如，流理檯和浴室的洗臉檯最好統一材質，這樣才能讓居住者有一體成型的整體感。餐桌桌面的厚度則必須配合空間的大小和實際的狀況，若想讓餐桌更顯沉穩，不妨稍微加厚桌板；若想讓餐桌顯得輕巧一些，桌面則越薄越好。尺寸不論如何都必須因地制宜。門板的選材應該避免外加五金，最好能夠採用嵌入式或按壓式的無門把設計。省卻額外的五金，即可簡化家具的外觀。在確保功能完整的前提下，盡可能減少多餘的添加，就等於完成了一次簡化設計。當然，簡化歸簡化，如何發揮材料本身的優點、利用細節營造本身的品味，終究才是家具設計的重點。

上：設在廚房中間的訂製餐桌。底部採用無桌腳設計，可以讓更多人同時進餐，增添餐廳的樂趣。

下：從下方看到的訂製餐桌。由支柱放射出數根支架，支撐整個桌板。支架採用漸細設計，讓桌板看起來更薄、更輕巧。

讓餐桌薄而輕巧

POINT 1

廚房採用特別訂製的餐桌，省卻桌腳，改成一根支柱獨撐的桌面。設計時，桌面力距支架的尺寸尤其重要。

POINT 2

支架由支柱放射狀延伸，可避免桌板變形，確保足夠的強度。

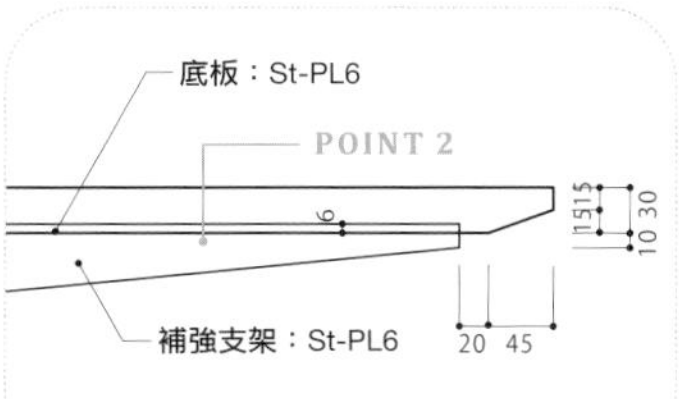

詳圖 S=1:10

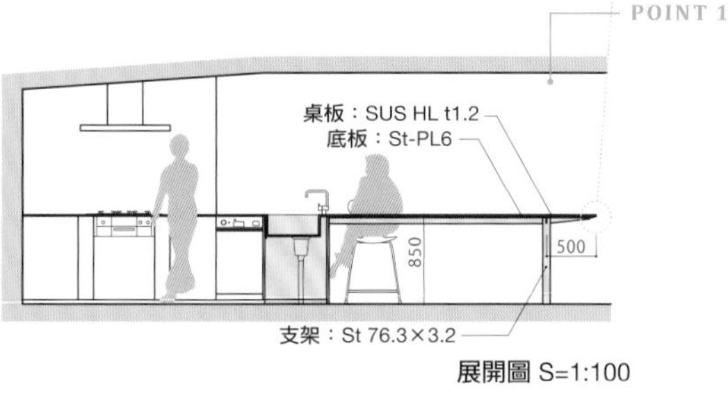

展開圖 S=1:100

庭園裡的裝置藝術

室外龍骨梯

Outdoor cantilever steps as a garden objet d'art

擁有附設中庭的住宅（也就是花園住宅），向來最受都會人口青睞。部分屋主尤其偏愛在隱密性高的中庭裡，設置一條可以通往樓上的室外樓梯。這條樓梯除了具有連接樓上樓下的功能，還具有裝飾作用，好似一座裝置藝術。因此在設計時，設計師必須特別留意到外觀的美感，也就是說，設計時應力圖簡化，去除多餘的部分，呈現單純、輕巧的細部表現。

有些設計師特別喜歡採用把踏板直接安裝在牆面上的極簡式龍骨梯，作為中庭的樓梯。搭配踏板的形狀，把鋼骨直接架接在牆壁裡，這樣的手法既可避免變形或鬆動，也能夠突顯外觀的輕巧。當然，因為設在室外，設計時還必須考量到譬如生鏽和污漬之類的事後維護。此外，為了和牆面產生對比，踏板的選材和選色，以及背景的質地觸感，也都必須經過充分的考慮，才可能達到裝置樓梯的最高境界：運用自然光線，讓居住者享受到牆面和樓梯之間的陰影變化。

上：透過一條平緩的裝置樓梯，平衡了這面超寬設計的大開口。

下：刻意縮小樓梯的寬度，藉以突顯露台本身的寬度，並提高樓梯裝飾環境的功能。

利用平緩的斜度，製造寬宏大度的印象

POINT

搭配平台的寬度，設置一條較為平緩的樓梯，為原本水平展開的空間營造出更為寬宏大度的氣氛。

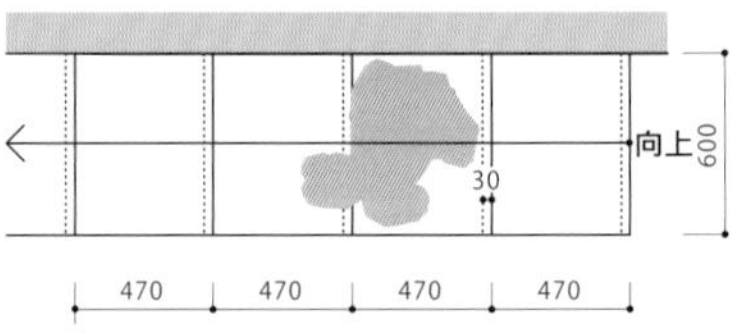

平面圖 S=1:50

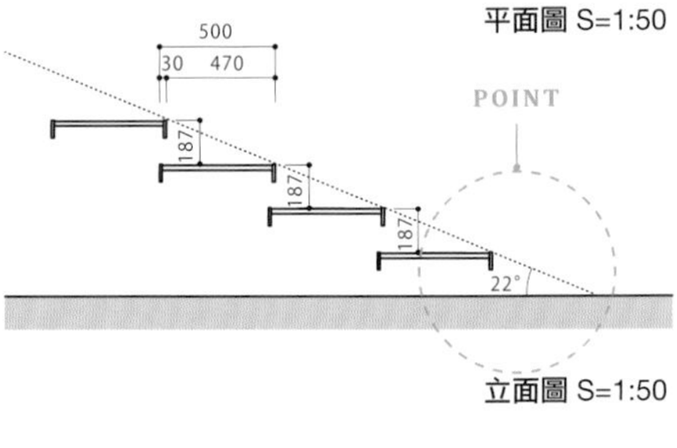

立面圖 S=1:50

樓梯

16

具簡約之美
鋼製龍骨梯

Steel cantilever steps to show edge thinly

在追求龍骨梯輕巧感的同時，如果想讓踏板的邊緣更為薄化，通常設計師會選擇採用鋼板作為踏板。然而倘若只能讓居住者感受到從上向下鳥瞰時的寬敞視野，卻無法從樓梯下方和側面欣賞到龍骨梯整體的美感，就還稱不上是完美的設計。換言之，除了踏板本身，如何讓居住者清楚意識到支撐踏板的材料，才是設計的關鍵。

譬如可以把踏板切分成三個不同的角度，製造三角構面，利用立體的效果，在加強結構強度的同時，讓龍骨梯呈現出簡約之美。這樣的設計特色在於透過鋼板本身的穩重，營造出細緻卻堅固的氛圍。這時候最大的關鍵是鋼板與鋼板之間是否融接得平整，另外，踏板的塗裝和色澤也關係到完工後給人的印象，因此最好能夠搭配整體設計，再決定樣式。譬如黑亮色的樓梯，既可以讓梯身和整體空間融為一體，又能夠表現出細膩的表情。

由三角構面所組成的龍骨梯，形成獨特的明暗對比，從側面和下方望去，都是極美的畫面。黑亮色的不鏽鋼材搭配純白的牆面，本身即是一件裝置藝術。

在牆面上設置
裝置藝術

POINT

使用三角形鐵板所融接而成的踏板，超薄化且永不變形。由於融接的精細度關係到整體的效果，施工過程必須非常仔細。

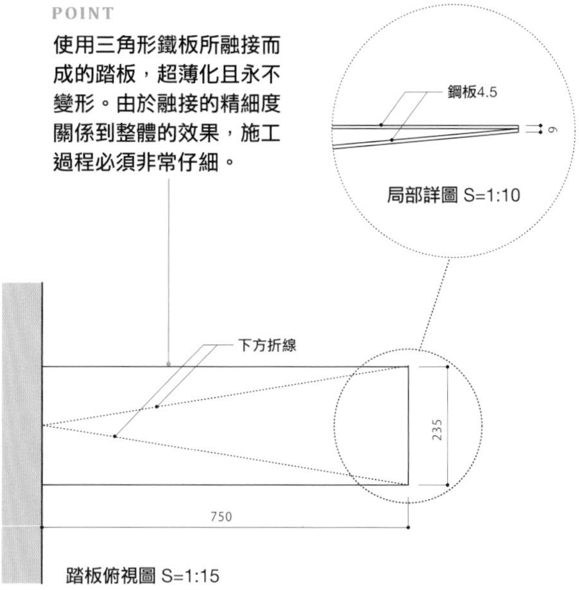

夾板包覆原木
木作龍骨梯

Wooden cantilever steps with solid wood plates

還有一種採用鋼構骨架、搭配原木踏板，外觀方正的木作龍骨梯。骨架設在牆壁裡，為顧及可能發生的變形或鬆動，踏板用的鋼板牢牢地安裝在骨架上，突出在牆壁外，外層包覆原木夾板，側面的材質和踏面一致。這種木作龍骨梯除了具有堅實的外觀，側面的夾板也突顯出原木板的厚度，設計效果十足，同時踏面的接縫也兼具止滑的作用。由於外層全部使用同樣的材料，不論從正面或下方看，都極具質樸的美感，堪稱一座美輪美奐的裝置藝術。倘若再搭配使用玻璃和不鏽鋼條做成的極簡式扶手，更能夠營造出力學藝術的氛圍。如果同時也把這種力學藝術運用在沙發等家具，空間中的華麗氣勢必不言可喻。

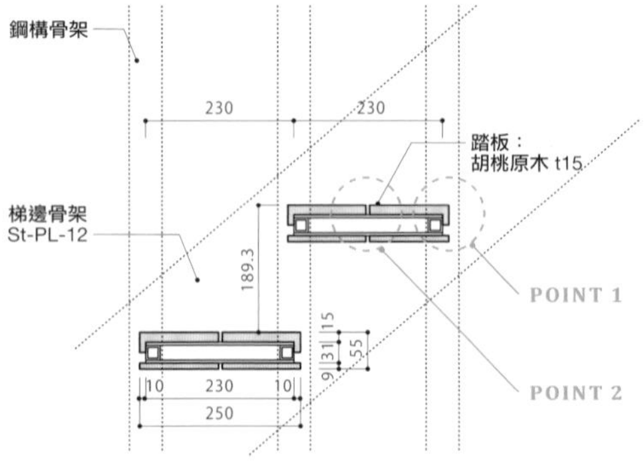

斷面詳圖 S=1:15

POINT 1

在鋼構骨架外側包覆胡桃原木板，外觀看起來好像一整塊原木。設計的關鍵在於接縫以外，隱藏了所有的螺絲孔和接縫。

POINT 2

考量到板材的變形和斷裂，刻意把踏板分割成兩片，接縫既具有止滑的作用，又能夠突顯出板材的厚實感，增加踏板的穩重度。設計時尤其必須留意到板材接縫和板材本身的尺寸。

包覆胡桃原木的龍骨梯

左：藉由木作踏板和鋼構骨架，實現了樓梯整體的薄化設計。連底部也包覆了原木板，完全隱藏了內層的鋼構骨架，大大提升了梯身的美觀和藝術質感。

右：為了搭配原木地板而選擇了胡桃原木板，紋路和色澤充分表現出鋼構骨架所沒有的溫柔和樸素。

樓梯

18

具極度輕巧質地
鋼筋水泥龍骨梯

Concrete steps to accentuate slimness

如果決定採用鋼筋水泥式樓梯，要想看起來輕巧，龍骨梯是最佳的選擇。不過由於這類樓梯必須一次完成，只准成功，不許失敗（譬如產生斷裂或劣化），為求施工正確，事前必須做好完善的準備。

最大的關鍵在於，必須盡量讓踏板薄型化，因此鋼筋的配置和外層水泥的厚度極為重要。其次則是完工後的維護，以及如何維持鋼筋結構本身的壽命。在水泥完全硬化之前，絕對不可以走上去，甚至放置任何東西。拆除模板時，也必須小心翼翼，絕不可操之過急。

倘若能夠再加上施作表面的塗封，既可保有水泥原有的質地，又不易弄髒，容易維護。由於結構的架設和施工必須同時完成，因此鋼筋水泥龍骨梯基本上屬於一種低成本的工程，這也是它的魅力之一。當然，同時也能讓居住者享有其他材料所無法享受到的獨特品味。

從建物牆面上生出的鋼筋水泥龍骨梯

薄型化設計讓踏板和踏板之間產生足夠穿透光影和視線的空隙，營造出極度輕巧的印象。從側面看去，更能夠感受到這樣的設計大大降低了鋼筋水泥的沉重感，產生落落大方的印象。

POINT

利用牆壁內的鋼筋設計施工而成的單面結構，實現了厚度只有100公釐的水泥樓梯。由於這種樓梯不可能重做，萬一失敗即前功盡棄，因此除了在設計和施工的過程必須小心翼翼留意各部環節，也得考量完工後的維護問題。

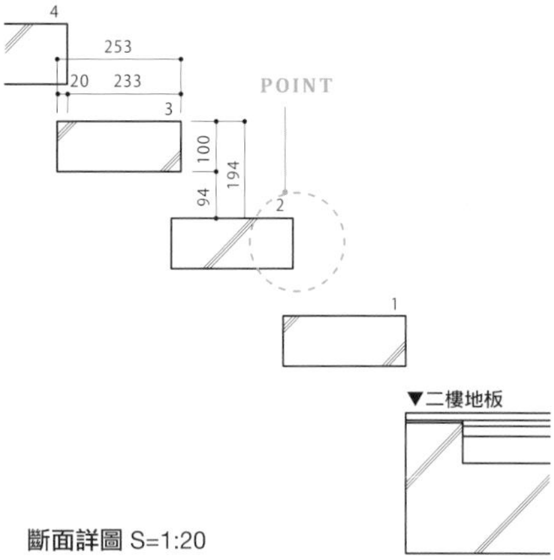

斷面詳圖 S=1:20

創造華麗氣氛
強化玻璃製欄杆

A gorgeous reinforced glass handrail

設計樓梯時，欄杆是另一個重點。若能夠取得絕對的平衡，讓欄杆和梯身完全融為一體，整座樓梯將會呈現出非常清晰的存在感，好比一座裝置藝術。完全採用透明強化玻璃做成的欄杆，特別容易營造出豪華大方的氛圍。要把厚達十公釐的大片強化玻璃豎立在地板上，必須預先做好足夠的「嵌入深度」。若想讓欄杆看起來更加美觀，不能不特別留意底部支撐面的細節設計。最理想的方式，是利用嵌入框夾住玻璃，藉此對抗水平力，然後埋入地板，隱而不現。強化玻璃的薄面最不耐衝撞，因此必須貼付一層防碎裂薄膜，避免碎裂後造成的意外。要防止碎裂，在玻璃的邊緣或上方安裝保護蓋，也確實不失為一種有效的方法，但是為了保持本身亮麗的造型，建議務必審慎考量所使用的護蓋素材和形狀。

樓梯設在空間的中央位置時，為了避免樓梯欄杆過於突顯，最好的方法就是採用玻璃製欄杆。透明玻璃具有透視風景、折射光線等特性，因此能夠創造出意想不到的景致和效果。

屹立在磁磚地板上的玻璃製欄杆

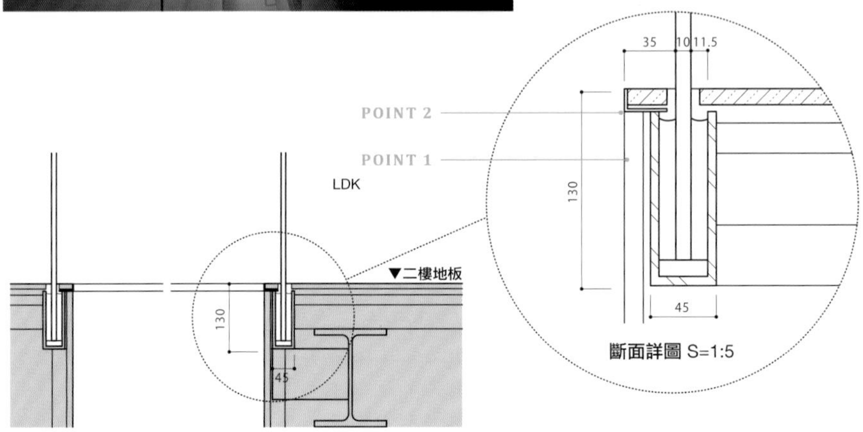

斷面圖 S=1:15

斷面詳圖 S=1:5

POINT 1

在地板下埋設不鏽鋼嵌入框，接著插入透明強化玻璃固定，便完成了光鮮亮麗的玻璃製欄杆。設計的重點在於除了玻璃之外，看不到任何五金。

POINT 2

樓梯面的空隙貼上磁磚，讓強化玻璃彷若和地板是一體的，營造出地板和強化玻璃間極簡的效果。

其他

20

搭配樓梯的匠心獨運

連續式扶手

A continuous handrail harmonized with a design of steps

搭配樓梯的形式，欄杆可以做出各種不同的設計。其中利用連續式的扶手，營造出空間的連續性和輕盈感，這種手法既合理，又能夠突顯象徵式的藝術表現。倘若能夠盡量減少支架運用，並縮小扶手的尺寸，也可以形塑出相當新潮的印象。在接連好幾層的樓梯上，利用「之」字型的連續扶手，也可以表現出空間中的韻律感。

此外，還可以利用吊掛的方式，省卻地板空間的佔用。藉由金屬壓縮和延展的特性，也可以創造出簡約又強而有力的印象。不過倘若為了追求簡約，而過度縮小了扶手的尺寸，也可能造成搖晃或鬆動，因此在強度方面，建議在設計時務必和結構設計師做好充分的事前溝通。

吊掛式扶手的清爽表現

為了搭配從牆面上迸出的龍骨梯，刻意把欄杆扶手吊掛在樓板上，形同隱藏了傳統式的扶手，讓下方變得一片清爽，同時營造出突破地心引力的簡約印象。

連續式扶手營造獨特的韻律感

從一樓直通二樓，沒有中斷、一氣呵成的連續式欄杆扶手。扶手本身的連續性，為空間帶來相當獨特的韻律感。

簡化建築外觀

窗框的表現

A reveal of a frame to show as a seemly building

相同大小的窗框會隨著收納方式的不同，而產生完全相異的效果。因此設計時必須設定好明確的目標，譬如要讓外觀呈現怎樣的效果，再進行最完善的細節設計，才可能如願成形。

舉例來說，把窗框和外牆完全結合的工法，一般稱為「無框設計」，從外部看來，完全看不見窗框的存在。倘若想給人外窗完全由玻璃所構成的印象，只需要盡量將無框設計的尺寸加深即可。

無框設計設得越淺，越能和外牆同化，同化之後，整棟建築看起來會更為輕巧。相反的，設得越深，則會突顯出外牆的厚度，建築本身會顯出相當的厚重感。至於窗框細節的操作，因為是關係到整體印象最大的因素，因此設計時，應當充分考量建築物的大小和預設目標，如果可能，最好能夠事前製作原寸模型或CG模擬動畫，以便達成最佳的無框設計效果。

利用無框設計把窗框隱藏在牆壁內，同時統一正面窗面和窗口的形式，形成唯美簡約的西洋棋盤式設計。

隱藏窗框

POINT 1

把外窗的鋁框稍微向內收縮，用外牆覆蓋住窗框，隱藏在牆壁內，形成只看得見窗面和窗口的結構表現。重點在於突顯了建築物本身的厚重感，以及堅實穩重的印象。

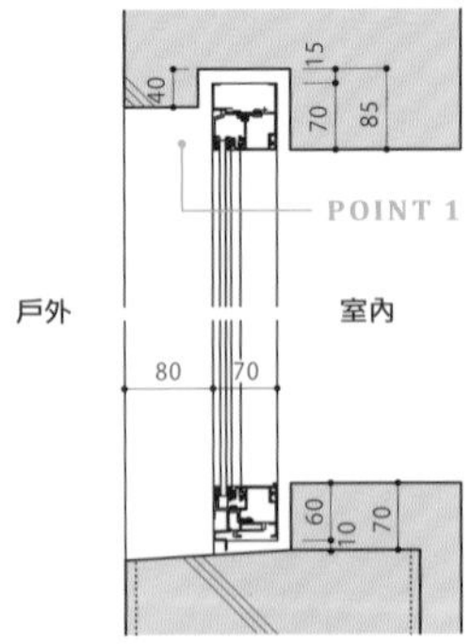

斷面詳圖 S=1:15

POINT 2

鈍角邊的牆面部位，照樣採取隱藏窗面和窗口的結構表現，以達成極致的簡約感。

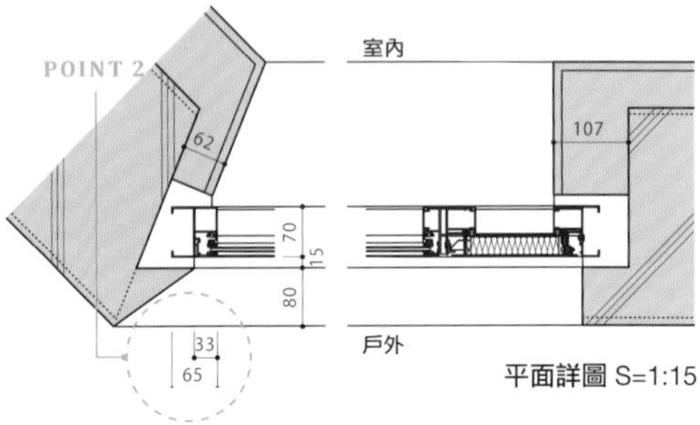

平面詳圖 S=1:15

利用窗框簡化外觀

POINT

嵌入式窗口玻璃的窗框和鰭狀（放射狀）的底框，全部使用不鏽鋼訂製而成的極致外窗。這種設計同時也是一種有效隱藏木作角柱的方法。

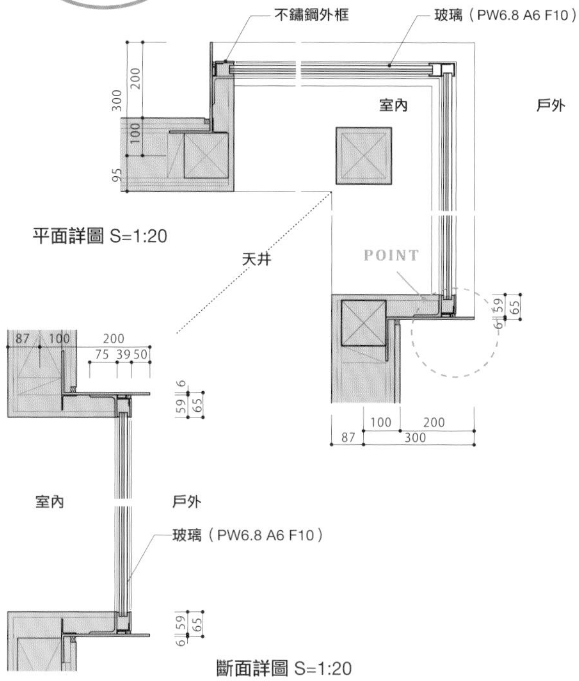

平面詳圖 S=1:20

斷面詳圖 S=1:20

完全使用嵌入式玻璃做成的角窗，玻璃的連續性營造出開放的印象。外窗的薄型化和相當於雨披深度的窗框，讓三樓看似一方外觀簡單整齊的玻璃箱。

利用平坦的窗框突顯正面設計

POINT 1

把對外開口的外框和外牆完全切齊，讓正面變得更為整齊劃一。在防水護條上噴上一層外牆塗料，以避免材料外露。

POINT 2

從外頭完全看不到牆壁的厚度，從內側也看不見開口處兩端的縱框，形成極簡的外窗收納，也為內外創造出玻璃帷幕般的輕巧和開放感。

POINT 3

縱框的支架直接安裝在外牆的牆面裡，並且和外牆塗裝同樣的顏色，成功實現了一整片平坦的正面設計。

透過細節設計，將不同的細部相互搭配起來，大大提升了大門正面給人的印象。

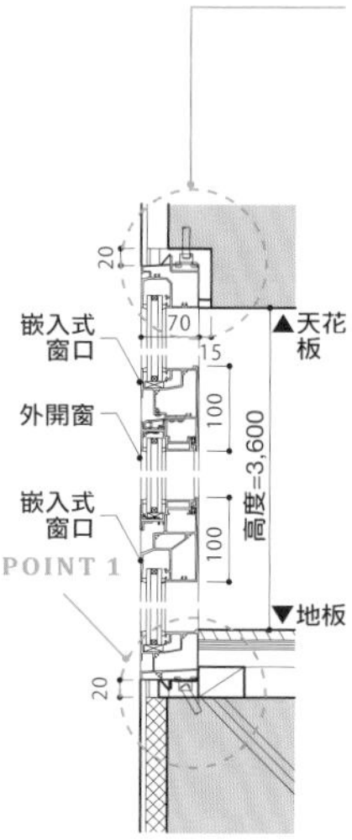

斷面詳圖 S=1:15

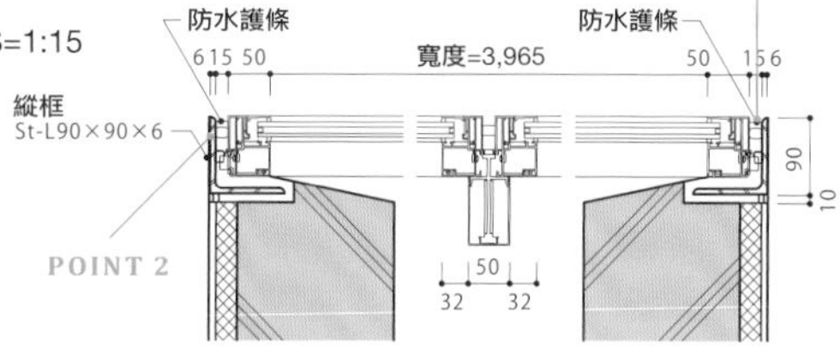

平面詳圖 S=1:15

搭配出日式建築的氛圍

雨披和木作格柵

An expression of Japanese-style with a combination of eaves and grid

朝著水平方向延伸的雨披和木作格柵，包含了許多日式建築的基本要素。設計外觀時，如果想有效加入這類雨披或木條形式的格柵裝飾，從細部的要素到相互的組合，必須全面考量所有的細節。

譬如使用南洋櫸木做成的木條圍欄，盡量縮小木條寬度和彼此的間隔，即可突顯出輕盈的印象。和木條圍欄直角相交的混凝土水平雨披，前端則不妨採用薄型化設計，同時加大雨披的深度，製造出陰影，形塑出優雅的對比設計。

即便是容易給人厚重印象的鋼筋混凝土住宅，只要尺寸拿捏得宜，照樣能夠創造出端正大方的正面設計。此外，如何導入光線、製造明暗效果，又是設計的另一個重點。因此，設計時除了尺寸的設定，還必須留意選材、工法等細節，所有預期的效果才可能如實達成。

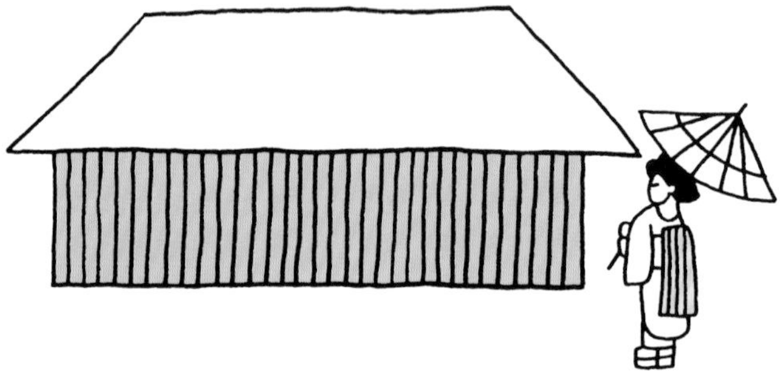

細緻的混凝土雨披和縱向木作格柵圍欄

前端厚度只有80公釐的薄型化雨披，乍看之下看不出來是由混凝土製成的。利用經過細部設定，用木條排列而成的圍欄，外觀相當顯眼，整齊劃一的線條展現出端正的日式風格。

POINT

盡可能加深和前端薄型化至極限的混凝土雨披，本身細緻的表現和縱向排列的木作格柵圍欄形成絕妙的對比。最大的關鍵在於，所有細節的尺寸都必須配合整體的比例進行設計。

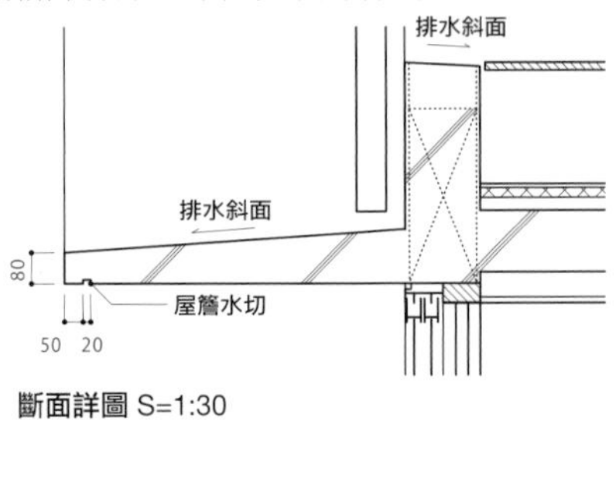

斷面詳圖 S=1:30

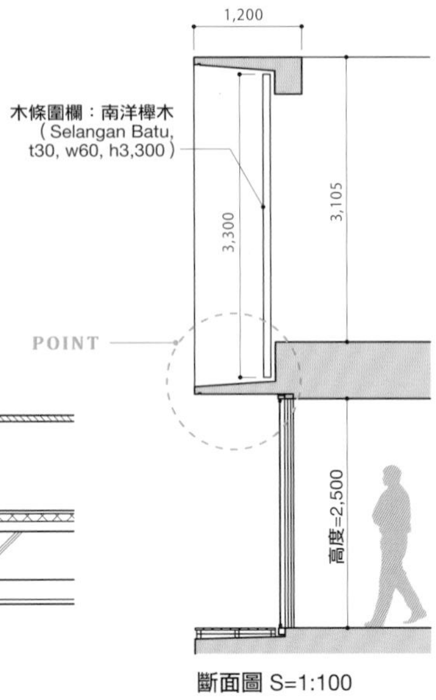

斷面圖 S=1:100

藉由水切與木條強調外形的比例

POINT 1

為了配合正面深長的外形比例，刻意把側面的屋簷加深。清楚落在白色水泥外牆上的陰影，乃是整個設計真正的重點所在。

POINT 2

正面白牆上的縱向木作格柵，固定片隱藏在後端，藉以強調木條的縱向線條。屋簷和正面的設計，營造出穩重和諧的表情。

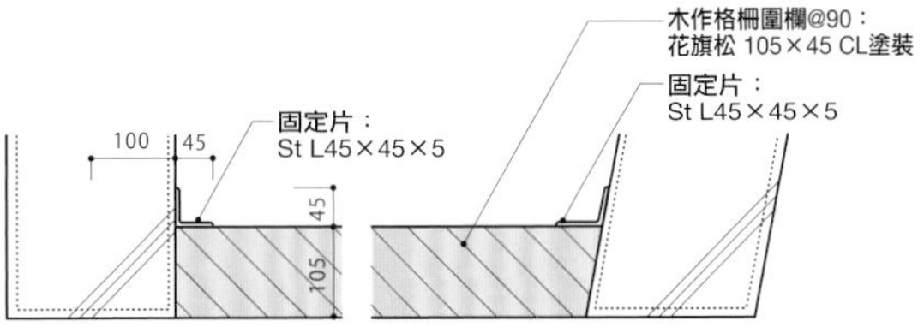

露台木作格柵圍欄橫斷面詳圖 S=1:15

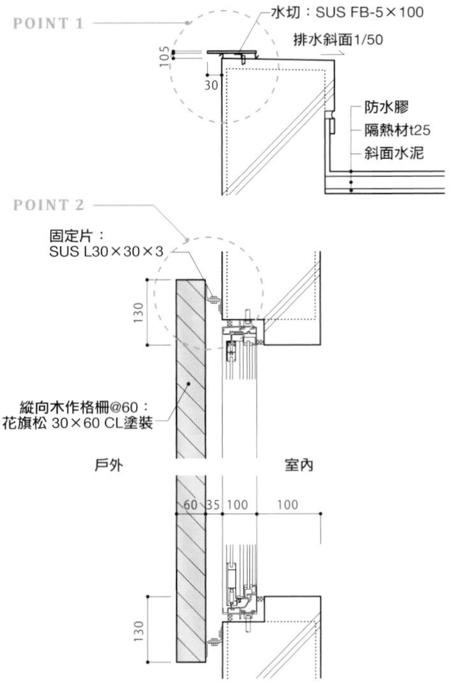

正面縱向木作格柵縱斷面詳圖 S=1:15

上：水切的線條突顯出建築物本身的輪廓，縱向木條也具有擋雨的作用。

下：正面白牆上裝設一面彷若裝置藝術的縱向木作格柵，採用光面塗裝，藉以展現原木的紋理。和一樓用杉木模板做成的水泥裸牆相互搭配，營造出整片和諧與穩重的日式正門效果。

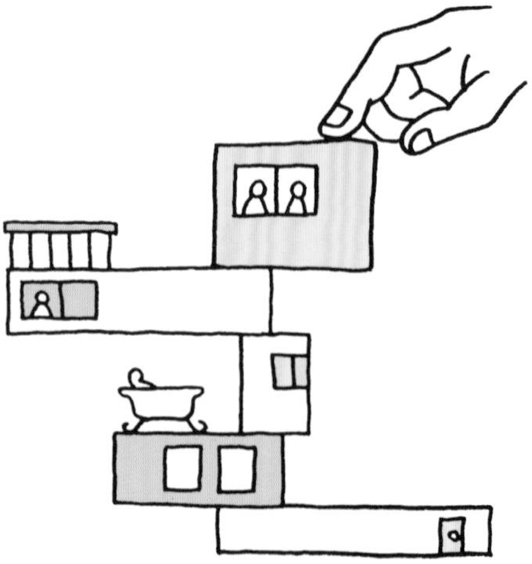

積木般的外觀
箱型空間設計

An effective way to show volume various

利用多個不同的箱型空間，彼此堆疊，也能創造出一棟別具特色的住宅建築。在重疊的接面上，勢必會產生許多細節問題，而隨著問題的解決，往往會給人完全不同的印象。

倘若是每一個樓層的結構或造型都各自獨立，不妨藉助其外觀，展現清楚明快的對比。譬如可以採用鋼筋混凝土的杉木模板水泥裸牆，打造一樓的箱型空間，然後在上頭輕輕放置一層木造的白色空間，即可形成一棟構造鮮明的主體。倘若再加上屋簷空間和天窗等功能設計，正面的韻律感和吸引力便於焉形成。

除了造型，由於結構和設備等硬體也會對整體產生極大的影響，因此從構想初期，就必須針對各部細節，和每一位參與的設計師充分溝通才行。

在使用杉木模板做成的水泥裸牆所包圍的一樓上方，搭建一層木造白色箱型空間，所組成的雙層住宅。為了強調外觀的宏偉氣派，除了結構之外，隨處可見設計師在水切等細節設計的匠心獨運。

單純的箱型表現

POINT

為了實現彷若堆積木般的外觀創意，必須充分考量各種結構組合的可能性，並且從構想初期，就針對各部細節進行考量，做好完善的工程計畫。

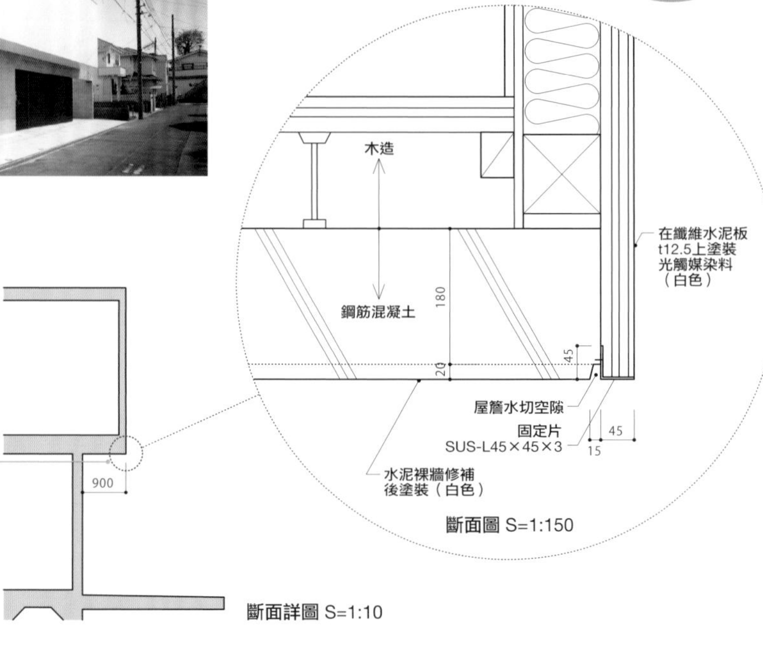

斷面圖 S=1:150

斷面詳圖 S=1:10

其他

24

雙層結構

鋼製格柵板地面

An effect of double grating

當下方並沒有特殊用途時，譬如採用鏤空素材做成的露台，（一部分的）地板面積通常可以不受建蔽率的限制。這部分判斷的標準確實有些曖昧不明，必須根據實際的行政作業而定，不過，倘若能夠通過都會地區嚴格的法令限制，積極採用類似的應變措施，也的確不失為一種突破空間限制、有效利用空間的方法。

當室外的地面採用容易維護、耐久性高的鍍鋅格柵板或鋼製格柵板時，為了遮蔽來自下方的視線，格柵板的間隔不妨越細越好。由於從室外往上看的角度也是正面的重點，因此倘若空間允許，最好能夠做成雙層結構，在平台地面下方再增設一層格柵板，如此一來既可提高本身的設計感，又能夠製造出水狀波紋的效果，完全遮蔽視線。此外，也必須留意支撐格柵板的鋼製掛架等細節，使用平面鋼板遮住鋼製掛架，避免因外露而破壞了整體設計。

使用鋼製格柵板製作屋簷平面

上：從屋簷向上看到的屋簷內側鋼製格柵板。由於採用雙層結構，可以完全遮蔽下方視線，確保隱私。裝設時必須特別留意格柵板和牆面的安裝方式。

下：屋簷內側的掛架，最好不要過於顯眼。

攝影：APOLLO

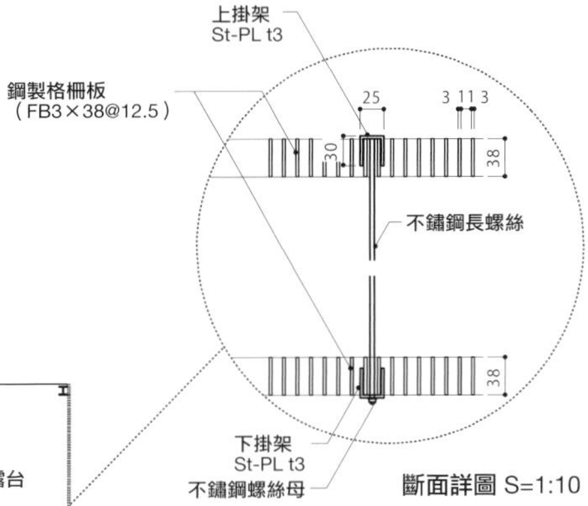

斷面詳圖 S=1:10

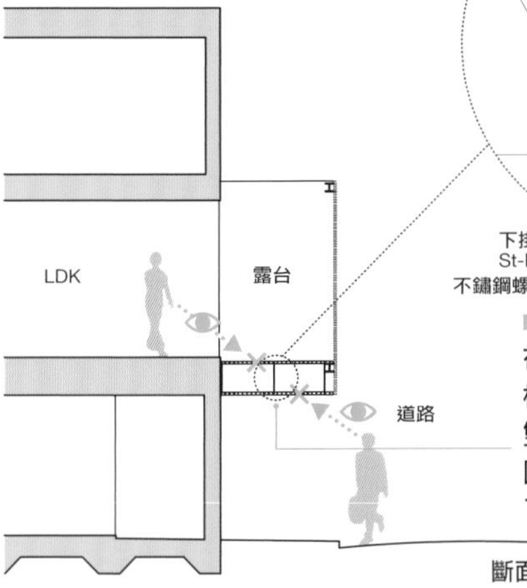

斷面圖 S=1:150

POINT

在露台地面下方額外增設一層鋼製格柵板，作為屋簷的天花板，形成雙重結構。下層的格柵板直接吊掛固定在上層的格柵板下，完全省略了其他多餘的支撐鋼架。

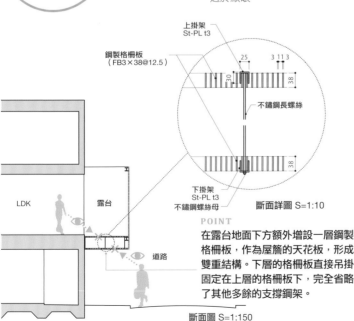

簡單俐落
屋簷和外牆水切

Eaves-weathering and exterior wall-weathering to look simple

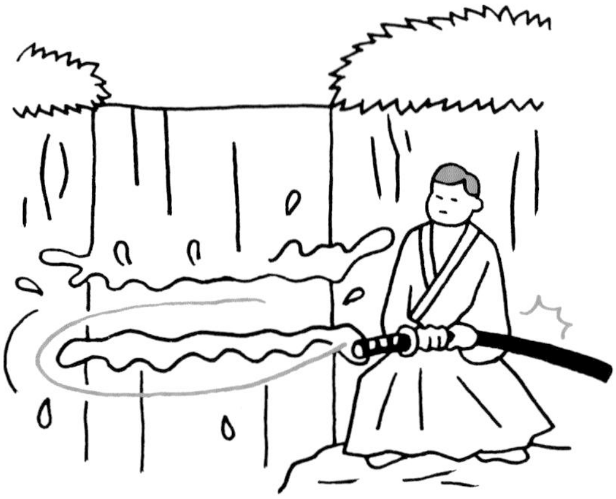

在屋簷或地基和外牆之間裝設水切，目的是為了避免從屋頂或外牆流下的雨水，造成牆面的髒污。設計水切時，除了必須正常發揮功能，另一個重點就是力求簡單俐落的收尾。

安裝在屋頂邊緣的屋簷水切，第一要務就是要和屋頂本身和牆面完全融合，避免突兀，因此就少不了簡單俐落的細部設計。外牆水切方面，最有效的方法就是盡量把安裝的位置壓低，並將地基加高，避免雨水滲入，浸濕牆壁的內緣。當然，也別忘了維持牆壁內緣的透氣通風。同樣的，屋簷的部分倘若也能採取簡單俐落的細節設計，即可避免破壞到建築主體和地面之間的連貫性，表現出與建築主體的一致性。因為水切會直接影響到建築外觀，設計和施工都需要較高的精細度。

POINT 1
在通氣層的進氣口和屋簷下方裝設鋁製水切，讓收尾處形式更為簡單俐落。

POINT 2
把地基上的外牆水切做成斜面鋁製水切。為了順利排水，水切突出牆面5公釐，做成最小化的末端收尾。

留意外觀的收尾設計

【屋簷工程收尾】

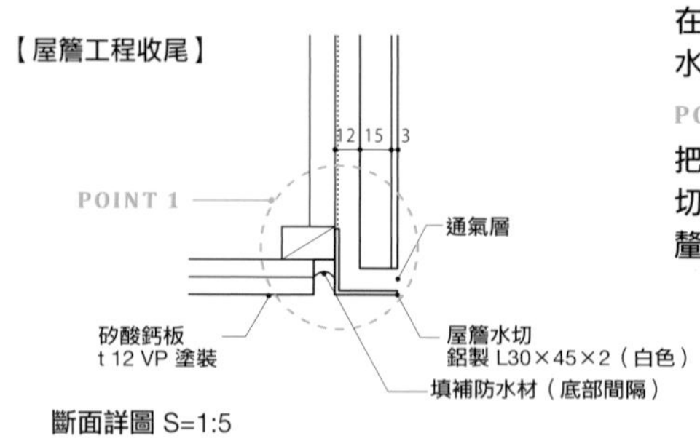

斷面詳圖 S=1:5

【外牆水切收尾】

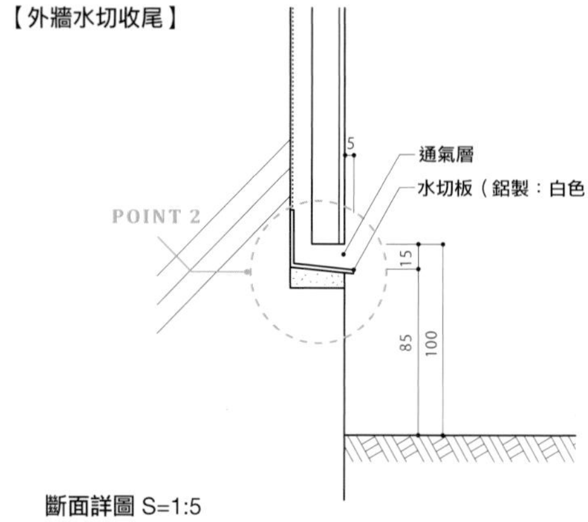

斷面詳圖 S=1:5

左上：屋簷水切使用鋁製材質做末端收邊，以強調外觀的直線設計。

左下：外牆水切不做成立面，而採以鰭狀設計，給人造型先進的印象，同時也讓外牆和地面的外觀更顯簡約俐落。

右：經過詳盡的邊緣設計處理，即便是木造建築，也能夠創造出厚實穩重的外觀。

其他
26

不畏雪雨
尖形水泥雨披

A merit of sharp concrete eaves

在最大積雪量高達三公尺的高冷地區，通常在基地前面的道路邊，都會設置測溝，以便堆雪。高冷地區的住宅由於容易積雪，除雪工作便成了居住者冬季每天的工作。採用鋼筋混凝土雨披這類雨披設計，確實耐得住更大的積雪重量，然而設計時不妨留意邊緣的處理方式，讓外觀更顯輕盈。譬如透過前端的薄型化設計，即可降低鋼筋混凝土所帶來的厚重感。另外在鋼筋的鋪設和板模的形式方面，也必須留意許多細節，所以建造時最好能夠和現場的師傅做好充分的溝通。

倘若想讓雨披的邊緣或前端更加精緻好看，不妨採用金屬板製造角度。金屬板可事先在工廠切割，調整好角度，再運至現場安裝。就好比指甲彩繪，為雨披製造出美輪美奐的造型，為整體造型做出漂亮的收尾。

上：前端極致薄型化的水泥雨披。尖形加上超大深度，讓人對正面的外觀留下深刻的印象。

下：凍結在雨披上的積雪。雨披必須做好足夠的強度，才可能耐得住積雪的重量。

採用水泥雨披對抗積雪

攝影：APOLLO

POINT 1
為了給人輕盈的印象，刻意採用尖形設計，但為了撐得住積雪的重量，也必須全面鋪設鋼筋後灌入足夠強度的水泥漿。

POINT 2
採用深型雨披作為防護，即便積雪落下，也不致傷及外牆和玻璃。

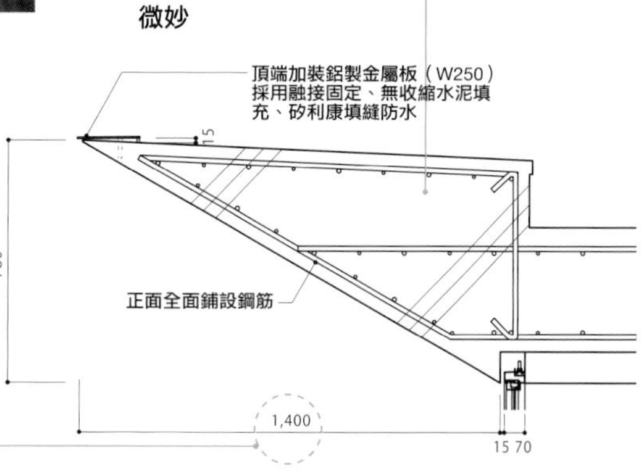

斷面詳圖 S=1:30

5

MATERIAL

素材——日新月異的設計選材

打造冷酷表情
水泥裸牆

An exposed concrete to pour beautifully

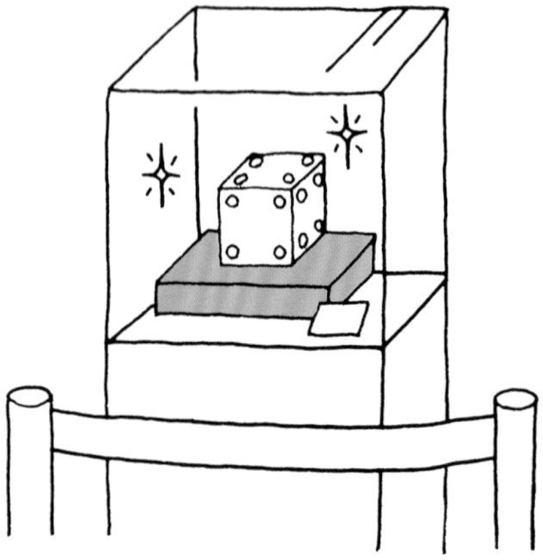

很多人特別鍾愛水泥裸牆冷酷的表情。不過要實現真正完美的水泥裸牆，需要相當的知識和經驗。若非每位身在工地現場的人員都瞭解打造裸牆的目的，然後同心協力，配合施工，肯定無法完成紋理細緻、堪稱頂級的裸牆牆面。

要實現美麗的裸牆外觀，首要條件就是水泥的硬度要夠。硬度足夠的水泥，牆面才可能光澤、黑亮。關鍵非常簡單，只要把牆壁的水分和空氣降到最低即可。其次是板模施工需要較高的精細度，而且得做到完全防水，施作過程必須非常有耐性。在完成基本的施作以後，還必須確保濕治養護的工期。因此，在施作過程中，設計師必須和施工團隊做好充分的溝通。水泥裸牆的工程，經驗代表一切，絲毫的失誤都可能前功盡棄。能否找到經驗較為豐富的設計事務所或施工業者，恐怕是成敗的關鍵。

透過周全的準備
呈現細膩的質感

左：為了實現水泥裸牆鮮明的線條，在施作板模和鋼筋時，都必須經過特別的照料和精細的溝通。正因為是「一次決勝負」的工程，只准成功不許失敗。

右：正面的水泥裸牆採用杉木模板打造而成，外觀和一般的裸牆不同。板模採用原木模板時，尤其少不了防水養護的過程。

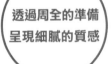

外牆
02

形塑外牆特色
格柵圍籬

A louver grid as an accent

一般圍籬設計所講求的，不外乎阻斷外來的視線，維護室內隱私，並且把戶外的光線和空氣導入室內。倘若設計的是露台圍籬，大多數設計師都會採用格柵式設計。由於木條和木條彼此的排列間隔，決定了露台的隱密度（越密集隱密度越高），因此，設計時務必實地掌握屋主或個人的需要。如果想導入戶外的光線，木條本身的角度也是設計的重點。至於通風，有時候為求採光反而會造成通風不良的狀況，這時候木條不妨採用可移動式設計。

木條的選材方面，最常見的素材包括木製、鋁製和不鏽鋼製。選材時不妨考量整體，留意防火法規和完工後的維護。格柵圍籬最大的缺點是需要定期維護，不過，歷經風霜雪雨的格柵，擁有其他素材無可比擬的自然美感，也是不可否認的事實。採用格柵圍籬的正面，除了端正整齊之外，既設計感十足，又兼具實用性。

左：正面的外牆圍籬採用花旗松木條排列而成，讓居住者和行人都能享受到格柵式設計和水泥裸牆的對比，以及特殊的外觀造型。

右：木條斷面的尺寸和間隔經過微調之後，由下向上一眼看不到室內，既確保了隱私，也達成採光、通風的效果，大大提高了居家的安全和舒適感。

兼具設計和功能的外觀表現

享受歲月風華
原木外牆壁板

A wooden board outer wall to enjoy aging

過去日本的住宅理所當然外牆是木造的，然而隨著時代演進，人們逐漸重視火災的防範，因此現在要想建造木作外牆，尤其在都會區，除非通過當地的消防安檢，否則大多難以實現。原則上，凡是容易造成火勢蔓延的區域，純木作的外牆是絕對禁止的，取而代之的則是陶瓷窯業或金屬類等新式建材。單就外牆材料而言，目前日本出現了相當顯著的「城鄉差距」；地方市鎮延續過去的習慣，價格實惠的純木作外牆隨處可見，而都會區則因為消防法規的限制，大多採用經過不燃或耐燃處理、且價格不斐的特殊木料。

然而不可否認，都會居民對於天然原木的需求從未改變，因為可以享受到歲月的風華和原木特有的質感。原木外牆會隨著時間和整體住宅產生獨特的觸感，並且透過定期的保養，讓居住者升起真摯的關懷。另外，就好比褪色的牛仔褲，原木建材永遠有著新式建材無法超越的年代感。因此，即便現代住宅日新月異，至今仍舊有不少人渴望住在布滿天然素材的原木住宅裡。

外牆使用天然素材

左：二樓外牆貼付木材壁板的住商兩用住宅。利用木材本身會隨著時間逐漸褪色、變灰，所自然產生的年代感，乃是設計的重點。

右：在造型特殊的水泥外牆上，拼貼了一層極具質感的加州紅木長木板，形成對比顯著、令人印象深刻的正面設計。

外牆

04

方便維護
金屬鋼板

A metal mesh board for maintenance

近十多年來，外牆材料的研發日新月異，要求採用免維護、免保養材質的屋主與日俱增。這顯示出許多屋主期望在購屋之餘，能夠盡量省卻日後房屋維護的支出。而降低住宅的維護成本，確實不失為一種未雨綢繆的正確思維。

金屬外牆之所以受到青睞，除了外觀以外，不需要任何維護是主要的因素。鋁鋅鋼板和熱浸鍍鋅鋼板幾乎已經成了時下住宅必然的選擇。金屬外牆的鋪設方法非常之多，最好能在發揮創意的同時，選擇最合適的方式。外牆的防水會因為不同的鋪設方式而改變，因此在鋪設之前，也必須留意到材質本身的特性。此外，由於材料的顏色五花八門，建議最好能夠事先瞭解現場的光線折射，以及可能產生的整體印象。此外，如何和周邊環境取得視覺上的平衡也非常重要。

鋪設方式決定不同的外觀表情

左：炭灰色鋁鋅鋼板搭配水泥裸牆的外觀，藉由巧妙的明暗對比，營造出正面的厚重感。金屬板越厚，越不易變形。

右：把大片鋁鋅鋼板鋪設成「一」字形，所產生的水平線設計，是外觀印象的重點所在。鋼板和鋼板的間距以及鋼板的寬度，都經過詳細的計算和安排。

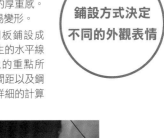

日新月異建材 1
高效能塗料

Evolving high-functionality enamel

外牆的塗料決定了外牆的效能，這麼說一點也不為過。好比說，我們在水泥裸牆上所塗布的潑水劑，比起三十年前，效能早有長足的進步。過去潑水劑屬於多功能技術，不但能夠滲透牆面細縫，還會在牆面上形成一層保護膜，而現在許多鋼筋混凝土建築，則因為塗布了新式的潑水劑，外牆壽命比以往更長久許多。此外，光觸媒塗料也是其中進步最為顯著的外牆塗料。倘若在水泥裸牆或磁磚外牆上塗裝一層具有親水性的光觸媒塗料，不僅可以淨化空氣，還具有自我清潔的作用。光觸媒塗料甚至可以塗布在玻璃面上，若能事先塗布在最難清掃的採光罩或高處的對外開口，之後的維護工作會變得更加簡單容易。當然，這類塗料的初期支出並不便宜，因此不妨在設計初期，就多方瞭解完工後的維護費用和施工估價，比較出確切的經濟效益，再行決定外牆的施工方式。

**選用正確的塗料
常保素材的品質**

左：使用杉木模板做成的水泥裸牆，藉由外層重複塗上多次高效能防潑水塗料，延長外牆素材肌理紋路的壽命。

右：由於住宅採用白色外牆，要想常保美觀，最有效的方法就是塗布光觸媒塗料。由於光觸媒塗料具有高度親水性，雨天時可自動清除外牆髒污。

地板

06

日新月異建材 2
地板材質

Evolving flooring

原木地板一向是崇尚健康、追求原汁原味者的最愛。許多人以為原木地板價格昂貴，往往望之卻步，然而，目前市場上平價的原木板料其實種類不少，入手並不如想像中困難。加上尺寸齊全，花色繁多，就連地板暖氣專用的原木地板，賣場裡也是琳瑯滿目，任君挑選。由於原木具有調節濕度和除臭的效果，特別適合過敏體質人士選用。施工方面，因為冬季會乾燥收縮，夏季會吸入水氣膨脹的特性，施工時一定要記得保留足夠的間隔，避免產生擠壓變形或鬆動脫落的窘境。

除了原木，合板和貼皮組成的三層合板製地板也比過去改進許多，市場上甚至可以買到表面貼皮厚達二到四公釐的厚皮地板，乍看之下根本無法分辨和原木有何差別。貼皮會因原料不同而出現不同的紋理，所呈現出來的原木表情也大相逕庭，不過儘管如此，外觀上仍舊和原木相去不遠。此外，有些地板暖氣專用的原木板，因為是在工廠塗裝做成的現成品，價格比較實惠，相對也更容易保養維護，因此頗受市場好評。此外，選材時應該充分掌握地板材質本身的特性，完工後則必須使用天然保養油或保養密蠟定期維護，以確保木材地板的美觀和品質。

利用地板材質賦予空間全新的意境

左：客廳等公共空間，裝有地板暖氣時，建議選用不會扭曲變形的複合式木質地板。

右：地板和天花板同樣採用櫻樹原木材質，不僅強調出原木的暖意，也非常適合用來陪襯水泥裸牆的外牆形式。

日新月異3
甲板材

Evolving deck

甲板材向來都是露台地板的不二選擇。尤其產自熱帶地區的南洋材（lauan），由於產量豐富又種類繁多，一向都被視為木造住宅外部設計的基本材料。不過儘管耐水性強、粗獷的造型魅力難擋，但是容易因為陽光照射而褪色，因此完工後務必要記得使用保養塗料，稍做維護。有些木材的種類也可能在雨後發生流出灰汁的情況，因此施工前必須加裝水切，避免造成外牆污損。近年來市面上出現一些樹脂塑料和木料混合的混合材，解決了甲板材原有的缺點，建議不妨視情況搭配使用。

除了木材，露台設計另一個高人氣材料就是格柵板。一般來說，格柵板大多採用鋼製、不鏽鋼製或纖維強化高分子複合材料材質（FRP，Fiberglass Reinforced Plastics，即玻璃纖維強化塑膠），既不需要做防水處理，又經久耐用。部分地區可利用格柵板的設計，免受建蔽率的限制，因此格柵板也非常適合用在都市住宅中。甲板材過去大多只是隨意鋪設，建議不妨多加留意鋪設後對整體設計可能帶來的影響，適度調整木板的間隔尺寸和其他諸多細節。

**配合用途
選擇不同素材**

左：採用以再生木料做成的甲板材，達到環保的效果。因為本身已經混入樹脂塑料，既維持了木材本身的質感，又不必擔心褪色等狀況發生。

右：採用天然加州紅木製的甲板材鋪設，更為經久耐用。由於甲板材的顏色並不統一，反而更能營造出自然的風貌。

地板

08

提升住宅品味
全磁化磁磚

A ceramic tile to enrich a tone

全磁化磁磚是提升住宅品味最具代表性的建築材料。它質地堅硬和正面平坦的表情，特別適合需要表現穩重和張力的空間。質地方面，舉凡陶、石、瓷、赤陶，可謂種類繁多，其中全磁化磁磚的吸水率低於百分之一，因此堪稱最適合用水位置和室外的萬用素材。不過作為用水位置地板時，應該特別避開表面平滑的材質，建議最好選擇經過防滑處理的磁磚。

一般的磁磚四周大多做成圓弧狀，鋪設之後會感覺滑順一些；但是倘若選用全磁化磁磚，四周大多是像石頭切割一樣的直角斷面，鋪設之後磁磚和磁磚之間非常緊實，比較容易營造出天然石材的表情，空間也會相對顯現出穩重踏實的張力。

由於全磁化磁磚的外觀造型光滑細緻，且較多帶有花樣和紋路的設計，選材時不妨多多留意細節部分，譬如尺寸、鋪設方式、鋪設間隔、顏色，以及是否採取特殊變化，同時也要兼顧創意和功能性，並搭配適度的監工，掌握正確的工法，如此才可能真正達成完美設計的初衷。

無縫緊貼的鋪設手法營造天然石材般的穩重張力

左：用水位置的鋪設，選用質地細緻、色澤較不搶眼的磁磚，以營造如飯店等級的高格調空間。

右：在四周圍繞著水泥裸牆的室內空間裡，採用無縫緊貼的亮黑色全磁化磁磚，為空間形塑出穩重感和張力。

09

營造氣派
車庫大門

A garage shutter to produce door proportion

由於車庫大門的設計就等同於住宅門面的設計，因此在安裝之前，免不了需要加入些許創意，藉以營造一面代表屋主個人品味和格調的車門。

車庫大門種類繁多，舉凡上下摺疊門、左右雙開門、橫向推拉門、內外翻板門等，除此之外，選擇時還必須配合住宅的地理位置和建築本身的造型。材質方面是相當齊全的，不鏽鋼、鋁製、木製，全部任君選擇。形式和質地也應有盡有，有些廠家甚至還附設消防器材，提供防火地區的住宅選用。

和往年不同，近幾年來車庫不再只是停放汽車的空間，更是收納機車、自行車的空間。因此住宅內若能夠預先規劃一處小型車庫，這類輕型交通工具即可隨時取用，增加使用上的便利性。規劃時，應特別留意室內的實用性，而不應只專注在外觀的設計。譬如車庫的通風，安裝用來排除車輛廢氣的通風扇，或者選用容易維護的照明設備、避免洗車時造成地面積水的排水斜面等，都應列為設計時的重要考量。

利用木作格柵
提升外觀印象

左：車庫大門和平台圍籬採用相同的木作格柵造型，為正門入口營造出極為別緻的表情，也提升了住宅本身的格調。

右：橫向推拉式大門因兼具玄關入口的功能，柔和了車庫原本給人的呆板印象。

門與屋簷

10

家的象徵
入口大門

An entrance door as a symbol of a house

客人來訪，第一眼看到的就是入口大門。因此設計時，必須留意大門的每一處細節，要求和整體外觀保持平衡。素材和顏色的選擇不用說，由於大門的尺寸、厚度及把手的設計等，在在都會影響到住宅整體的風格表現，因此絕不可輕忽細節的安排。必須先設想好自己預設的風格，或者是否把重點放在外觀的親和性上。要言之，入口大門的設計，最重要的就是得先清楚設計的意圖。

由於近年來屋主對防盜意識不斷升高，從一般的防盜鎖到電子鎖、指紋辨識鎖，安全系統不斷推陳出新，選擇之前，要先確認好大門的規格標準。唯有兼顧安全性和實用性，才可能設計出一面堪稱完備的入口大門。

此外，倘若能夠進一步明確掌握大門和玄關門的用途，並且讓客人產生對室內有所期待或好奇的心情，當然就再好不過了。

透過入口大門的設計確保生活隱私

入口大門採用和傾斜外牆上所貼付的加州紅木不同色調的木作格柵，讓整體外觀產生強烈的對比，同時也確保了居住者的生活隱私。

11

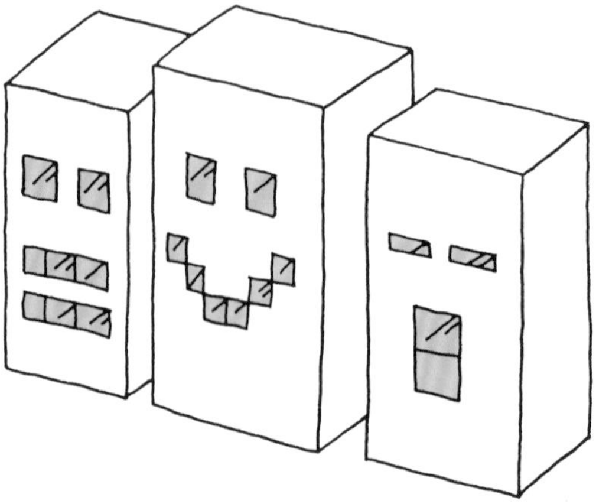

厚實又透明
玻璃磚

Glass block to make expression of a façade

玻璃磚給人彷若磚瓦般的厚實感，加上本身的透明感，堪稱獨樹一格的建築素材。一般西洋建築以石造居多，牆壁厚重、堅固且牢靠；日本則常以木門、紙門作為隔間的建築形式，偏向柔和、透明。而玻璃磚正好折衷兩者之間，或許因此才會備受新式住宅青睞。

由於玻璃磚是中空的，因此耐熱和隔音的效果良好，防盜功能又不輸給一般磚牆，且隔熱性高，具有節能的效果。此外施工時會加入鋼筋，因此耐震強度也夠，非常安全。另外，除了透明玻璃磚，另一種半透明（乳白色）的玻璃磚，使用起來和日式紙門相似，可用來取代和式拉門。倘若把玻璃磚橫向排列，還可以營造出外國電影裡常看到的閣樓空間。建議設計時不妨配合屋主或個人喜好，審慎選材，自由發揮獨到的巧思。

利用玻璃隔間 光線控制自如

左：由於玻璃磚本身獨特的表情，作為外牆會立刻形成外觀焦點，同時透過從室內流洩出來的光線，讓人印象深刻。

右：採用乳白色玻璃磚，既能夠產生日式紙門般的平衡光線，也可以完全阻斷外來的視線。

門與屋簷

12

保護建築
大型雨披

Large eaves to protect a house

儘管屋簷、雨披向來是日式住宅不可或缺的要素，然而都市住宅寸土寸金，無不力圖擴大室內空間，因此除了玄關，幾乎很難在其他部位看到它們的蹤影。也因為都市建築有日漸增高的趨勢，加上建材和外牆的日新月異，原本用來保護外牆的雨披便逐漸式微。

不過相對的，住宅建築的窗戶面積同樣也有日漸增大的趨勢，於是窗外雨披再度受到設計師的重視。窗外雨披不僅可以保護窗框和玻璃，還具有調整日照非常重要的功能，因此除了本身的設計感外，設計時還必須特別找出雨披的最佳的尺寸。尤其值得留意的是，除了功能面，雨披對正面的設計也有莫大的影響。

設計大型雨披時，可能的話，應盡量讓前緣看起來越薄越好，不僅正面，從側面看也必須給人輕巧的印象。同時，設計的重點也應放在縝密計算出大型雨披為室內可能帶來的陰影，以便為內外空間創造出最完美的光影對比。

讓雨披的效果
明確反映在
整體設計中

左：仰望偌大的屋簷雨披，會立刻感受到一股壓倒性的存在感。而室內照明在屋簷下所營造出的漸層光影，也讓人對整體外觀產生極深的印象。

右：設在大型對外開口的大型雨披，不僅具有調整日照等的功能，也是決定整體設計感極為重要的項目。

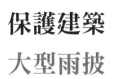

13

一體成型概念 1
不鏽鋼廚房

A stainless steel kitchen built with molding

廚房流理檯的平台最常採用的就是不鏽鋼材質（SUS）。一般我們將那種把平台和水槽等各部零件無縫焊接在一起的形式，稱為「一體成型」。透過這種形式，既可以增加整體感，同時也能提高整體的存在感和質感。而無縫焊接最大的好處是不容易藏污納垢。

不鏽鋼材質最常見的表面處理方式，是刻意全面破壞表面的拋光處理法。其中尤以髮絲紋加工最受大眾青睞，理由是細緻、美觀，還可以讓刮痕不那麼顯眼。通常不鏽鋼材質一旦刮傷，就非常容易沾留污漬，不易清洗，因此建議選擇時最好能夠考量到居住者的使用習慣和個人性格。為了避免完工後產生表面容易生鏽等問題，平台鋼板的厚度最小不要低於一．二公釐。此外，也為了避免平台發生刮痕或造成傷害，設計之前務必事先確認最大的製作尺寸，同時考量搬入的路徑。

不鏽鋼無縫處理營造空間的穩重和張力

左：不鏽鋼一體成型廚房和水泥裸牆的絕佳組合，是許多追求專業和正宗料理達人的最愛。

右：流理檯的平台和水槽一體成型的不鏽鋼廚房，大大提升了空間的質感。表面經過髮絲紋加工處理，也讓流理檯更容易使用和保養。

廚房與衛浴

14

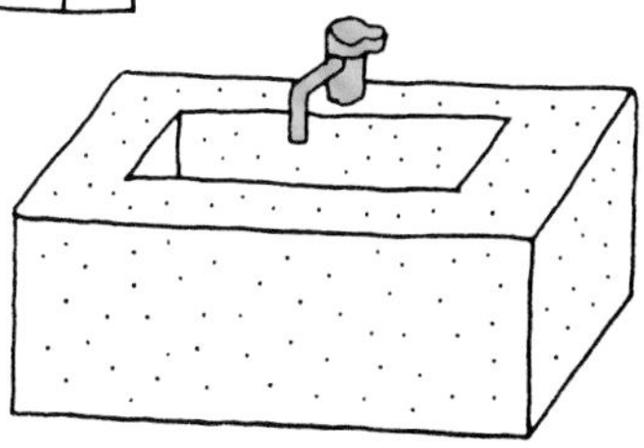

一體成型概念 2
人造大理石洗臉檯

Artificial marble dresser built with molding

一般人家中盥洗室洗臉檯的平台所用的材質，都是人造大理石，主要成分是壓克力樹脂和聚酯樹脂，硬度高且抗污性強，因此是住宅用水位置最受矚目的材料。平台的顏色從代表潔淨的白色，到表現典雅的黑色，一應俱全，甚至還有非單色系的彩色系列，可以搭配裝潢，自由選用。唯一要注意的是，人造大理石畢竟不比天然大理石，硬度相對較低，且不耐高溫，選用前千萬別忘了這兩個缺點。

和不鏽鋼製品一樣，人造大理石也可以透過無縫融接，把平台和水槽做成一體成型。必須特別留意，倘若融接的精度不夠，接合處很容易藏污納垢。另外，底部的斜面必須做得精準。排水口的五金若在施工時，未能做好完全的接合，往後很可能發生漏水等問題。一般來說，十至十二公釐的厚度比較容易加工。設計時不妨配合洗臉檯的選材，完成最耐用的用水設計。

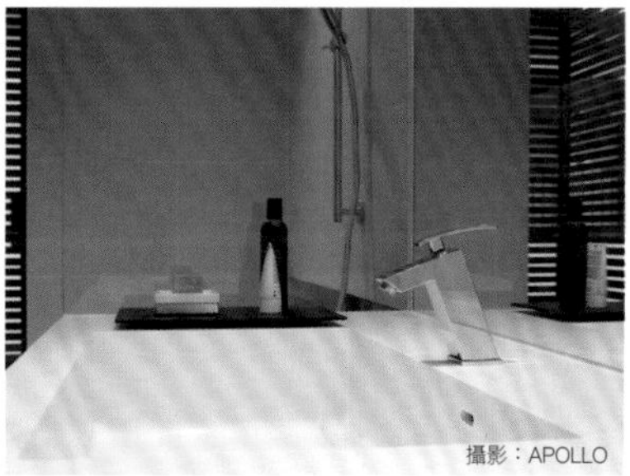

攝影：APOLLO

左上：一體成型式白色洗臉檯，沒有接縫，抗污性強。好清理、易維護則是它大受好評的祕訣。

左下：特別量身訂製的人造大理石洗臉檯，極具視覺震撼，每一處細節皆經縝密考量，充分展現屋主的堅持與品味，以及一般現成製品所缺乏的整體感。

右下：連廚房流理檯也採用人造大理石製成，給人生動的印象。由於人造大理石的硬度比一般不鏽鋼流理檯來得高，要特別小心，玻璃杯之類的易碎物如果不慎掉入水槽，很可能會立刻破掉。

採用人造大理石
發揮高自由度設計

攝影：APOLLO

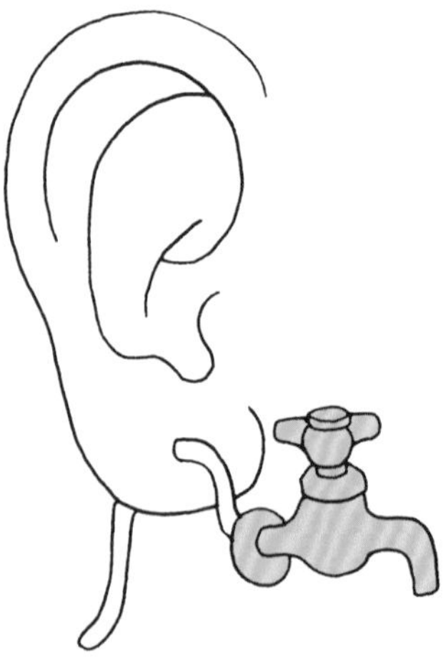

統一風格調性
衛浴五金

Water-circumference accessories to take out individuality

每天使用的浴室和衛浴空間裡的五金零件，一般必須考量的除了功能性和安全性，還有與整體搭配的設計性。由於浴室是最容易和身體直接接觸的空間，不僅要注意視覺感受，選材方面也應盡量挑選質感良好的產品。

儘管衛浴五金的功能不斷提升，年年推陳出新，選用時仍要特別留意，市場上存在著不少故障率偏高的進口產品。另外，選擇這類小零件時，最容易忽略的就是尺寸的大小。查看網路上的型錄確實能大致掌握外觀和造型，但是尺寸是否真能適用，在收到實物之前畢竟不容易判別。因此對於真正屬意的產品，建議最好能親自跑一趟樣品屋或展示中心，確認過後再行購買，如此就可以免除退貨、換貨等麻煩手續。

不論選擇鉻金屬或不鏽鋼材質，統一素材也是選材時的重點。大多數情況，不親眼看見實物，很難辨識不同產品之間些微的差距，譬如光澤和觸感，因此建議在顧及整體設計之餘，請務必審慎選材，以避免發生設計和成品之間過度的落差。

展現個性
統一調性

攝影：APOLLO

攝影：APOLLO

左：依照個人的喜好選擇水龍頭、蓮蓬頭、把手等衛浴五金，既能夠統一空間中的調性，也讓居住者愛不釋手。

右：洗臉檯和衛浴的五金設計和素材，若能選用相同的調性，即可營造出整體感。選用前，最好透過樣品屋裡的實物表現進行挑選，尤其必須留意尺寸的大小。

其他 16

加深印象
入口裝飾

Accessories for an entrance to enrich impression

除了門面整體的表現，正門入口的門牌、信箱等外部裝飾，也是決定住宅印象的重要因素。現在越來越多人願意採用特別訂製的、不鏽鋼材質等的外蓋，並且和對講機的外殼、玄關燈具相搭配。因為這些延請設計師和工程包商為自己打造住宅的屋主，自然會希望能夠透過細節的設計，堅持自家的風格，以及透過特殊的造型和字體，表現出與眾不同的個性。

此外，都會地區的頂客族尤其需要安置「宅配箱」。由於網路購物，例如amazon之類的購物網站，已經正式成為許多人購物的重要途徑，因此宅配箱的尺寸也有年年增大的趨勢。做正面設計時，必須事先安排好信箱、宅配箱內建在牆壁的位置，並做好牆壁的耐力評估。可能的話，最好能夠在設計之初就納入這部分的預算安排。

透過入口表現個性

左：設置在正門入口的住宅門牌，採用切割字型、立體式貼法，以製造獨特的陰影，也創造了入口處與眾不同的個性。

右：為了表現屋主的品味而特別訂製的信箱。信箱上包含對講機和地址門牌。正門入口是客人第一眼看到的地方，因此尤其必須留意標誌、素材等細節裝飾的設計。

攝影：APOLLO

改變室內空間的魔法
窗飾

Window-treatment to get a window impressive

大型開口是現代建築的一大特徵，最需要留意的就是玻璃的隔熱效果等功能面。而窗簾或百葉窗之類的設計，之所以有「窗飾」（窗戶周邊的裝飾和表現）的統稱，正意味著除了功能面之外，設計師對於本身的設計性有著極高的要求。因此，在設計時倘若決定選用百葉窗，應根據目的和用途，從捲簾式、水平式、垂直式等款式當中，挑選出最合適的造型。至於窗簾盒的配置，也必須在事前留意寬度、深度及窗簾本身的厚度，再配合結構設計，訂出完美的施工計畫。

由於百葉窗對空間的印象具有極大的影響，設計時應視同家具或掛畫。倘若忽視了百葉窗的素材、顏色和空間的平衡，最後的效果肯定大打折扣。至於窗飾的費用，因為數量一多，可能所費不貲，建議務必在估計建築支出的同時加入這筆預算，以免造成施工期間被迫追加經費的窘境。

利用木製百葉窗強化空間的存在感

左：在窗簾盒上方裝設間接照明，可以讓從窗片射入的自然光線顯得更為柔和，進而大大改變室內空間給人的印象。

右：垂直式百葉窗的垂直線，可以讓室內的挑高看起來更高。選擇木製窗片，則可以有效營造出溫馨舒適的整體感。

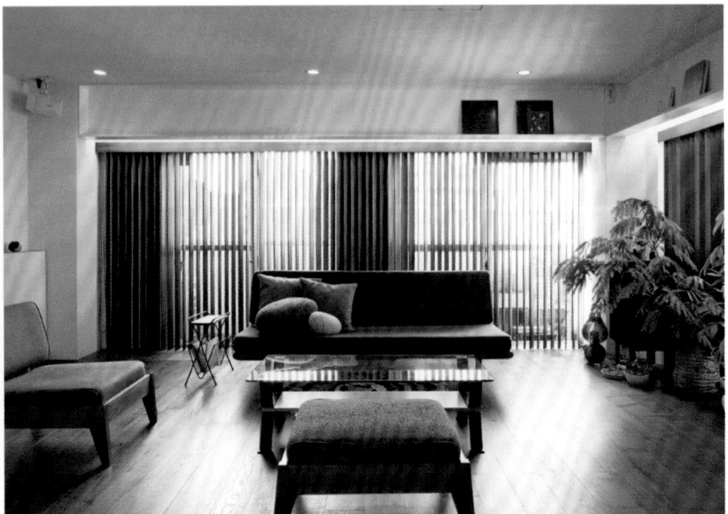

其他
18

展現玩心的小設計
開關蓋板

High-designed switch plate

住宅設計當中，再沒有比「開關蓋板」更普通的物件了。然而，它卻是所有住宅不可或缺、且最具代表性的一種物件。包括開關本身在內，正因為在空間中無處不在，設計時更值得去留意它們的造型、素材和顏色。也因為能夠搭配整體空間設計的開關蓋板種類極為豐富，選材容易。不過，倘若沒有特別指定，一般設計師或師傅可能會選用最常見的形式，因此，最好能在設計圖上特別註明指定的用料型號。

除了蓋板，近來開關本身的形式也如雨後春筍般出現了許多不同的造型。譬如可以在屋主最愛的空間裡，藉由搖頭開關（用拇指和食指掐住，上下撥動）的裝設，突顯空間的存在感，展現玩心和趣味性。或者採用具備調整光線強弱的大型開關蓋板，甚至不用蓋板，直接把開關做在牆壁上的特殊形式。總之，凡是日後居住者每天必定觸摸的位置，建議都該特別留意，不可輕忽。

在細節上
表現玩心

攝影：APOLLO

左：在咖啡色柱子上選用同色系的開關蓋板，以避免產生突兀感。堅持細節乃是維持空間品質的不二法門。

中：透過選用特殊的素材和形狀，而不採用一般常見的開關蓋板，可以立刻提升空間設計品質的等級。

右：帶點厚度且造型簡單的開關蓋板，適用於所有形態的設計，是住宅設計不可多得的萬用法寶。

6

SITE

環境—— 創造絕佳住家環境的方法

地質和地基
施工的密切關聯

A tight relation between ground and a foundation

在建造住宅的過程中，確實存在許多不確定的因素和風險。尤其是地質，因為肉眼看不見，比較不好掌握，有關地質的強度，也遠遠超乎我們所能預測的範圍。因此建造住宅前後，在設計的同時，必須防患未然，留意必要的風險控制。

以東京為例，東京部分地區地層屬於洪積台地，而另一部分地區則屬於沖積低地，屬於地質較鬆軟的地層，而且這兩種地層的結構是以皺摺狀連接所形成的大範圍區域。因此東京多坡道，且高地和低地的地質往往有天壤之別。特別是鬆軟土層的地區，必須格外留意基地的勘驗，並配合不同狀況進行必要的地質改良，施以不同的地基和基樁工法。基地設計的第一步，必須考量建築物的重量和平衡，同時選擇合適的建築結構。建議屋主在購買土地前，最好能先做好建築結構和形狀的功課，進而審慎評估，做出最後的決定。

開始著手蓋房子！

從瞭解基地開始

建築物

基地勘驗和改良模擬

購買土地之前，先透過工程公司取得基地周邊鄰近地區的地質資訊，藉以推測大致的地質狀況，以便事先掌握地質改良和基樁成本的估算。

完成規模計畫

基地的勘驗方式會因建築計畫的不同而改變。計畫必須考量到高度或斜率之類的法規限制，完成初步的工程規模計畫，並思考是否有改良地質的必要等問題，檢討土地和建築的預算分配。

土地

整體格局的考量（規模和結構的評估）

基地的勘驗方式也會因建築結構的選擇而不同。必須在顧及成本和精確度等細節的同時，選擇最合適的基地勘驗方式。

購買土地

包括土地可能有瑕疵的狀況，在完成土地讓渡的階段，應盡速進行地基勘驗。

基地勘驗

設計

配合建築選擇勘驗的方式

上：利用標準貫入試驗，取出實際的地層土壤，即可確認地質的真實土質。勘驗之前必須先行確保作業的範圍。

下：倘若建築物屬於小型的木造住宅，採用瑞典箔式試驗，是勘驗基地地質強度最經濟且有效的方法。

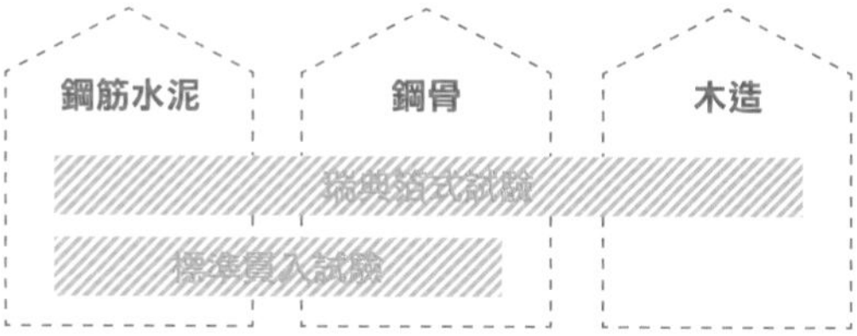

瑞典箔式試驗（Method for Swedish weight sounding test）

使用螺旋鑽頭鑽入建築四角和中央，一共5處，透過負重和轉數測量出基地抵抗值的試驗。若是兩層木造住宅，勘驗的深度大約10公尺即可。透過這5處的探鑽，多半就能探知地下是否存有障礙物等情況。通常會和標準貫入試驗雙管齊下、並行勘驗。

標準貫入試驗

使用打樁頭在建築的中心點開洞，再以重錘落入地下，藉以測量出打擊次數（即所謂的N值）的試驗。這種方法可以確認出地下水位和土壤的成分。倘若屬於鋼骨或鋼筋水泥建築，標準貫入試驗是絕對必要的過程。

選擇最合適的基地改良方法

表層改良工法

利用現有的地質，僅改良表層土地的方法。此工法最經濟且工期最短。

柱狀改良工法

適用於鬆軟土層距地表深度約2至8公尺的情況。直接採用水泥柱作為支撐。

砂樁工法

表層屬於軟弱土層，且無法採用較為淺層的地基支撐建築物的情況，則必須把基樁打入足夠支撐良好土層的工法。

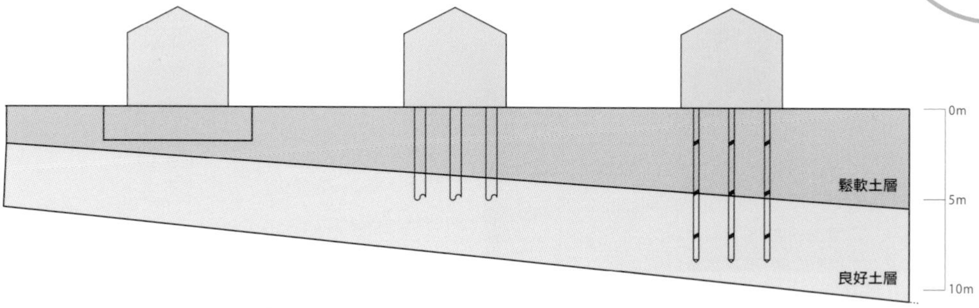

左：施工地點位於住宅區時，可能會遇到噪音影響鄰居安寧或施工空間不足的情況，便可選擇正循環迴水衝鑽法（Boring Hole）施工。

右：使用水泥和泥土混合凝固而成的柱狀，進行改良的工地現場。事前必須做好詳細的環境探勘，以免破壞基地界線上的牆壁。

與周邊環境融合的配置計劃

A site planning in consideration of surrounding circumstance

不論住宅的基地位在何處，四周一定有可觀賞的風景。唯有納入周邊的環境，創造景觀（landscape），才稱得上是專業的住宅設計。因此，在打造新家之際，最重要的就是對前人所奠定的景觀基礎抱持敬意，同時留意，不要讓新家為周邊環境帶來突兀的感覺。這不僅是對自然和周邊環境最基本的禮儀，更說明了唯有謙虛的心和用心於環境的融合，才可能建造出完美的住宅，創造美好的環境。

我們永遠不該違逆山、海及丘陵地，或者企圖去改變自然天成的風貌，因為自然界裡蘊藏著自然的法則。我們只需要輕輕把建築物擺放在自然界裡，讓建築和環境合為一體，彷若渾然天成。因此在設計配置計畫時，務必盡己所能做到無痛著陸（soft landing）。倘若曲解了這個道理，即便設計出再好的建築，產生了突兀感，這棟建築勢必難以永續長存。在整個設計過程中，必須多聆聽當地住戶的分享和建議，以掌握基地環境的特色，極力摸索出最好的呈現方式。

同時融入
兩個自然

避開圍牆產生的封閉感，藉由大型的對外開口，充分享受周邊的風景和自然。

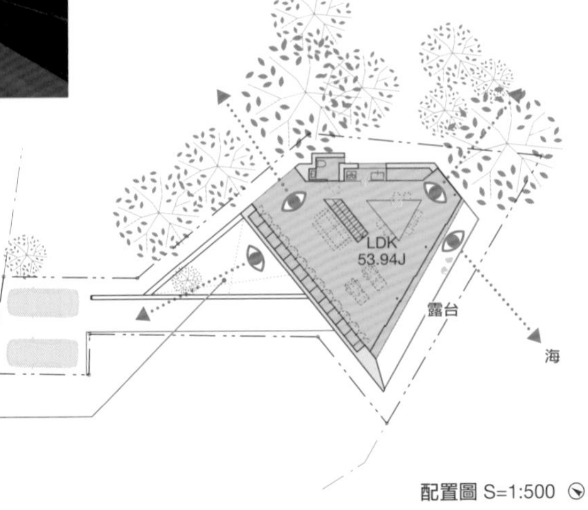

配置圖 S=1:500

POINT

住宅前方是一望無際的海洋美景，後方則是綠意綿延的森林景觀。同時把兩種截然不同的景致納入室內，簡直是奢華的極致。

與周邊環境完全融合

由於別墅位在自然公園內，前方有著漫無際涯的海洋景觀，如何將周邊環境納入室內，便成了設計的重點。外觀採用單純的鋼筋水泥平房設計，更容易融入四周圍的自然美景。

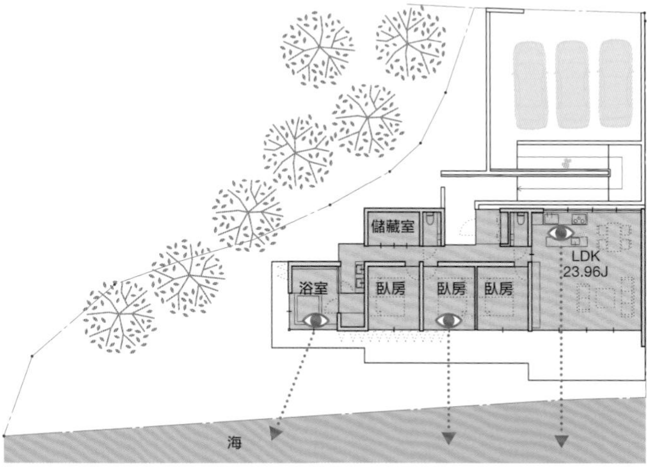

配置圖 S=1:400

利用外觀設計呈現基地與周邊的特性

利用刻意外推的露台，遮住路人的視線，同時如同繪畫般把外牆的美景納入室內。這個配置計劃成功營造出彷若山丘住宅才有的景致。

POINT

利用緊鄰在旁的自家庭園和隔壁的大樹作為借景，讓居住者從客廳即可享受到周邊環境的綠意。

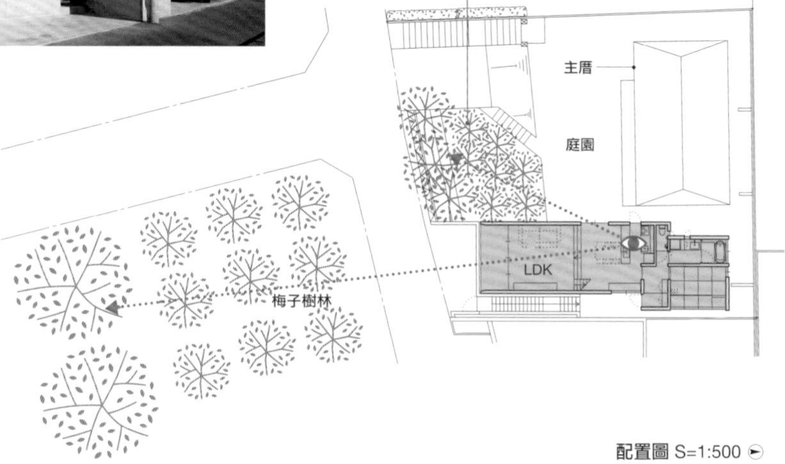

配置圖 S=1:500

密集地區
順利完成施工的方法

A proper way of construction in density area

在老舊的街區，我們隨處可以見到狹窄的巷道、歪斜和狹小的土地。有些建地的入口甚至聯外道路寬不及兩、三公尺，而且緊鄰周邊的建築，在日本，甚至存在不少面積小到不過三、四坪的基地建築。類似這樣的工地，不僅施工難度高，建造的成本也明顯偏高。由於條件惡劣，一般的思維根本行不通，唯一的方法就是另覓他途，改弦更張。

好比說，在沒有放置建材的空間，無法搬入重型機具的密集住宅區裡，倘若工人一多，擁擠不堪，反而事倍功半。因此，為了能夠以較少的人數，彼此通力合作，有效率地完成作業，工地現場帶領的工頭，相形之下就非常重要。其次是必須盡量把大部分的作業移往工廠製作，然後再搬入工地進行組裝；盡量降低現場的施工，即可以提高工程的效率。更重要的是，施工計劃也應該盡早完成，並且預估施工業者的作業速度、可能發生的風險，讓整個工程形成一次高效率、有默契的團隊合作。

把建築物較長的一邊設為耐力壁，即可以把較短的一邊整面作為對外開口。透過簡單的結構設計，然後添加各類巧思，即可大大降低施工的成本。

POINT
運用單純的結構體設計，可大大提升施工的效率，還能降低成本。

單純化結構體

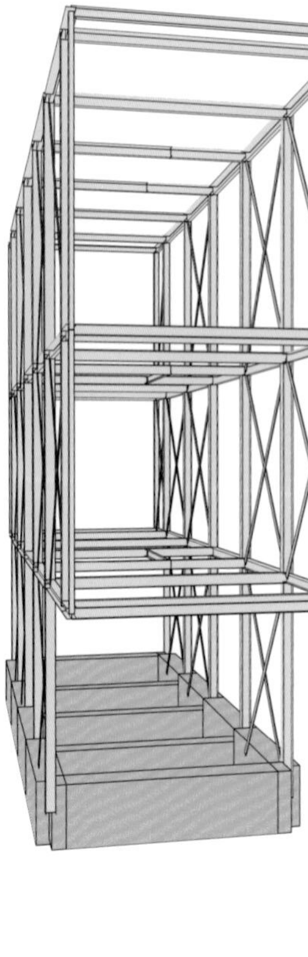

結構模型

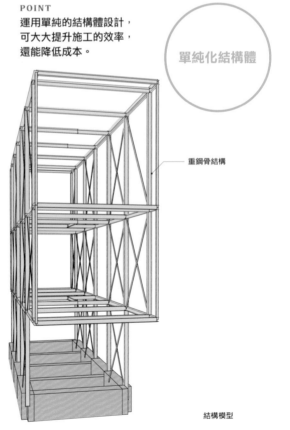

處理三面都被建築物所包圍的連棟式住宅，首要之務就是盡量事先確保大面積的開口，以便進行施工。

從內側進行外牆施工

POINT

當無法確保外部足夠施工的空間時，從內部進行外牆施工乃是最好的施工選擇。

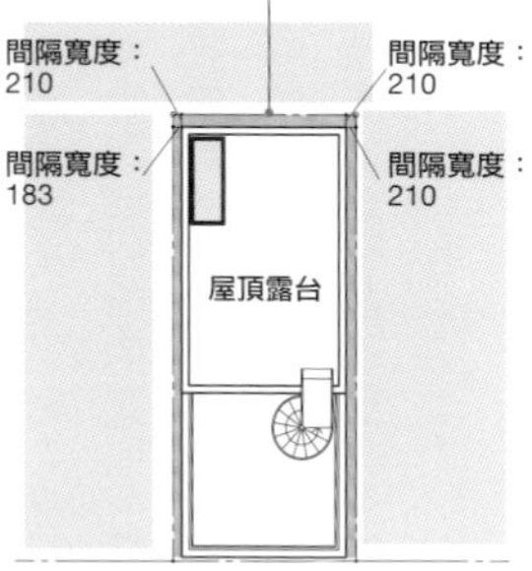

配置圖 S=1:300

兩棟建築同步施工

POINT

當鄰地境界線距離只有200公釐時，根本無法施工。但是緊鄰的兩棟建築若能夠同步施工，即可以達成這個原本可能性近乎於零的任務。

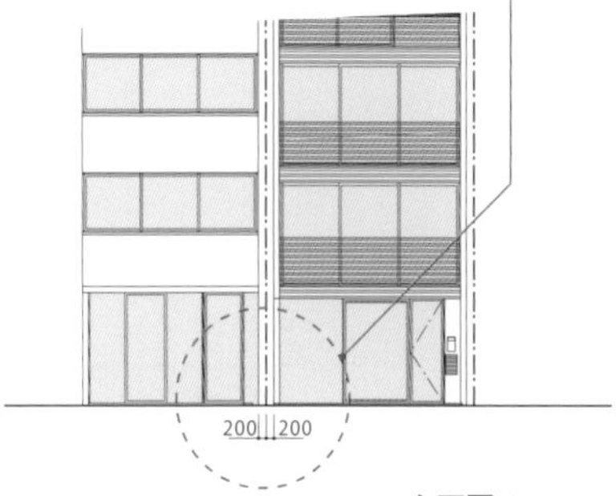

立面圖 S=1:300

利用兩棟建築的同步施工，達成確保施工區域呈現最大值的工程計劃。

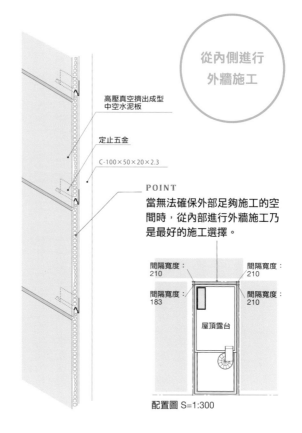

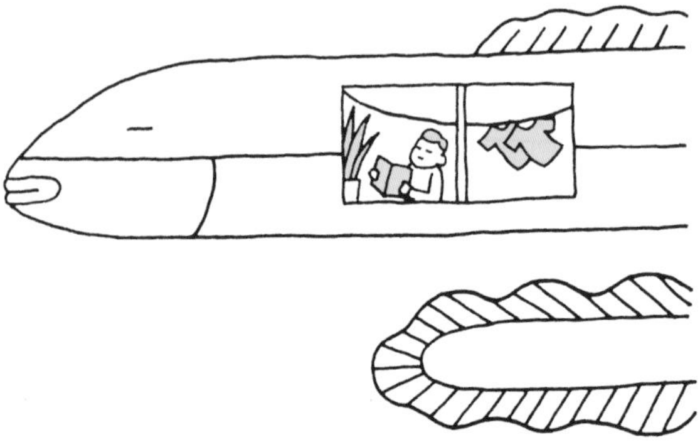

長型屋的聰明採光通風技巧

A smart way of lighting and ventilating on a site of Unagi-no-nedoko(long, narrow house)

日本人把正面狹窄、側面較深的土地，稱為「鰻魚睡床」（うなぎの寝床），最常見於京都的民宅（町家）。這類建築通常會把對外開口發揮到極致，過去多以店面、臥房、客廳的順序作為基本格局配置，類似現代SOHO族住商兩用的生活空間。之所以出現這樣的格局形式，源自於江戶時代的稅制是以住家正面的寬度作為課稅標準，限制不得超過「二間」（即三．六公尺）。

於是為了充分發揮建地正面的寬度，人們在建造房屋時不得不盡量縮小和鄰地的距離，把正面設在建地較短的一邊，並試圖改善室內的通風。另外，又利用正面的開口作為採光，在挑高的天花板上裝設天窗，再以夾層和中庭突顯空間的實用性。過去日本所謂的「長屋」，都會在「土間」（玄關或廚房）和「居間」（客廳和臥房）之間安排一條通道（通り庭），目的就是為了把光線和空氣導入原本窒悶而陰暗的室內。藉由類似這種以現代的眼光、重新詮釋傳統設計手法的方式，相信一定可以為麻雀雖小卻五臟俱全的小型住宅注入新的生命。

從中庭納入光線和空氣

上：正面採用格柵式外牆設計，避免截斷內外空氣流通，在創造舒適的生活環境方面發揮了極關鍵的作用。

下：室內因為中庭照入的柔和光線而顯得窗明几淨，窗戶可以隨時開啟，讓居住者得以在舒適的微風中享受居家生活。

POINT
在長條形的建地上，藉由中庭的設置，順利達成通風和採光的效果。

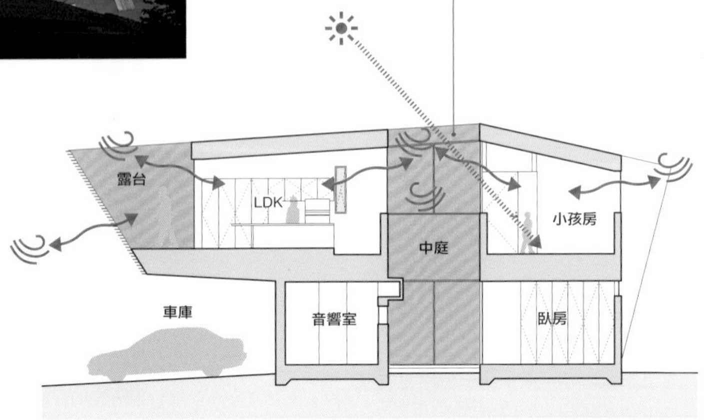

斷面圖 S=1:200

從高窗納入光線和空氣

POINT

在面對天井的正面上方設置排煙窗，讓採光、通風一次完成。

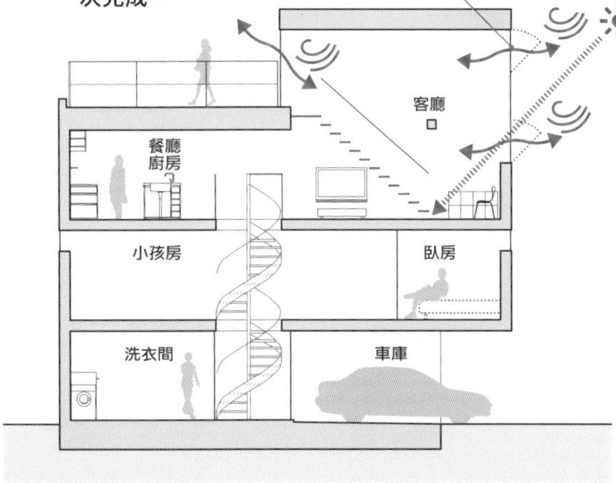

斷面圖 S=1:200

左：透過相同造型的嵌入式窗口和排煙窗，營造出正面設計的一體性。

右：從高窗導入的自然光線，既可創造複雜的光影效果，又能讓光線直接深入室內每一個角落。

從天窗納入自然光線

POINT

搭配天井設置一面天窗，將自然光線引導到樓下的死角。

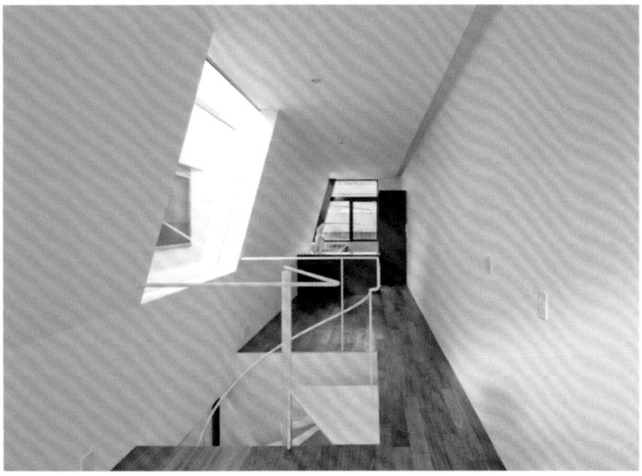

上：在因為高度限制而造成的傾斜壁面上安裝採光窗，藉此達成採光的效果，也減輕了傾斜壁面所產生的壓迫感。

下：從天井射入的柔和光線，產生類似聚光燈的效果，照亮了整個樓梯四周。

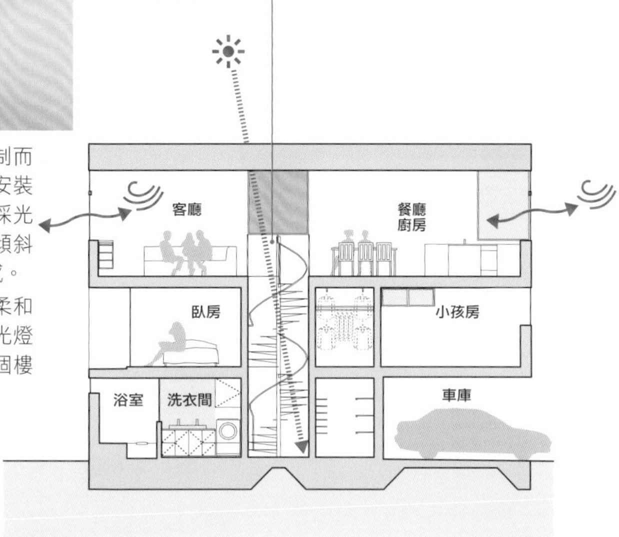

斷面圖 S=1:200

轉角和正面的關聯

A relation between a corner-side site and facade

所謂「facade」，就是建築物的「正面」，而最有利於正面設計的環境，就屬有著多個轉角的建築，而不是單面對著道路的住宅。因為轉角一多，設計師可以利用不同的視角，創造出更為豐富的正面表情，讓建築的外觀隨著視線移動產生不同的樣貌。

假若建築物的位置正好位在視野良好的十字路口轉角上，設計師自然會希望把正面設計得更別緻些。設計時不但要考量行人的視線，甚至會顧及車輛行進中駕駛人的視線，試圖創造具有多角度性格的正面。另外在設計的同時，也須留意是否符合法令規定，例如日本的建築法設有轉角房屋若面對的道路寬度低於六公尺，則必須截角退讓等規定。而為了轉角而特別量身訂做的正面，一般都會成為街區的地標，讓地方活絡起來。

左：由於基地形狀和高度限制等外在因素，所形成獨樹一格的都市住宅正面。

右下：不僅從東面的超大窗口導入街角的綠意，還刻意採用具有通風作用的細框落地窗，讓居住者隨時可以感受到清風吹拂的舒適感。

取得街角的景致

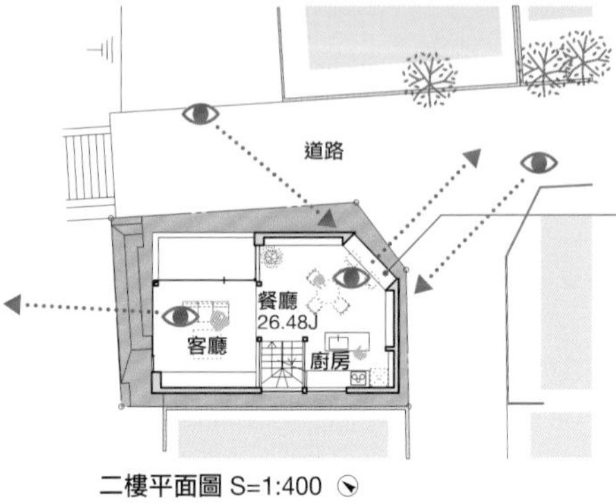

二樓平面圖 S=1:400

POINT

在面對轉角的位置設置一處大型開口，既可把光線導入室內，又能享受到街角的綠意美景。

利用截角發揮創意設計

POINT

利用街角切出的三個面所結合而成的整個正面，不僅具有一致性和整體感，也成為街區別具特色的地標。

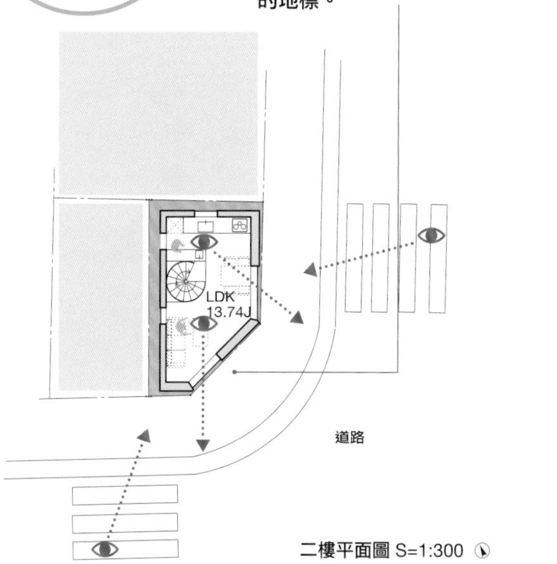

二樓平面圖 S=1:300

採用西洋棋盤式設計，把正面的外觀規劃得井然有序，隨著位置改變，可立即享受到完全不同的建築表情。

正面和側面風情迥異

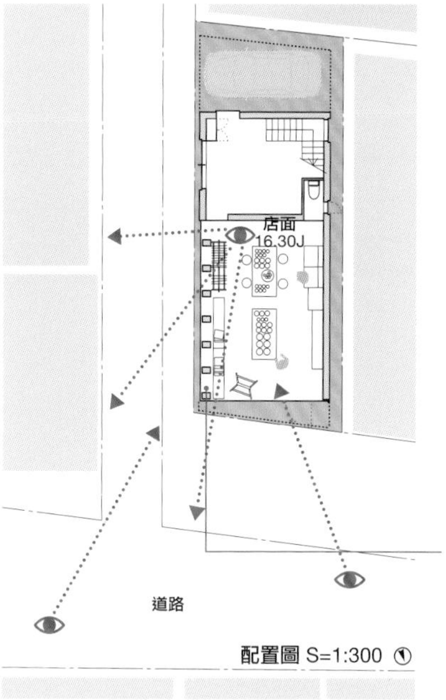

配置圖 S=1:300

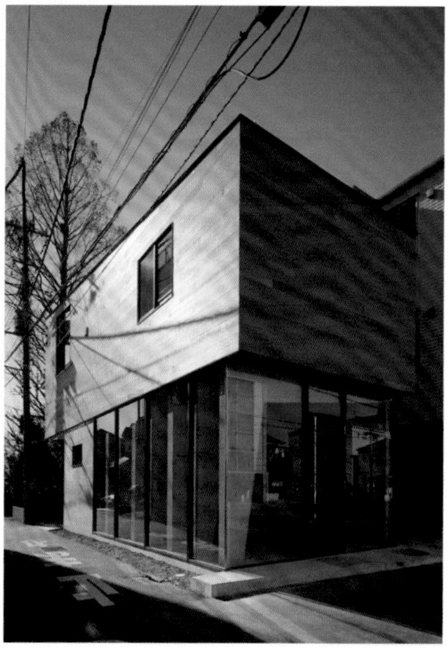

左：框架式（Rahmen）鋼筋水泥樑柱的設計，本身既是店頭裝潢的一部分，同時也大大提升了空間的質感。

右：一樓店面部分的落地玻璃搭配框架式鋼筋水泥樑柱，和二樓住家部分的木板外觀，形成了極具對比性的正面設計。

POINT

刻意把造型特殊的框架式鋼筋水泥樑柱做成等距配置，形成象徵地標味道十足的正面，而從正看和側看，也各自有著完全不同的風貌。

06

在非方正土地上形塑特殊的表現形式

A characteristic form to be produced with eccentric formed site

最易於籌劃設計的建地，莫過於形狀方正的土地。不過，方正的建地永遠是多數人和建商的首選，價格自然不斐，一般人要入手並不容易。然而，即便是多斜角的非方正土地，其實也具有設計的潛力。而且非方正土地不僅價格相對較低，又容易創造出獨樹一格的空間表情，因此不少獨具慧眼的行家，反倒更偏愛這種土地。

一般市售的預售屋或新成屋，建築體的平面原則上都是由直角構成的，理由是相對於方正土地，形狀歪斜的土地規劃較為困難。不過由於量身訂做的私人住宅通常都是以千分之一的比例進行設計，因此即便土地上有頓角、銳角，設計師絕不會輕易浪費掉任何一寸土地。換言之，只要能夠依循建地特色和法規限制，在非方正土地上所設計出來的住宅，反而更能夠表現出屋主需要的造型和形式。所謂建築，說穿了就是將建地的特色透過視覺化呈現出來的結果，因此，越是奇形怪狀的土地，建築的形式必定會更有個性。

左：因為高度限制所造成的後傾外牆，是設計師將建地的可能性發揮到極致的表現。

右：因此而形成的內部空間中別具一格的天花板線條，讓室內產生了非常耐看的光影變化。

利用高度限制創造個性

POINT

在一片完全看不到直角的建地上，設計時必須盡量配合並利用基地的形狀，不浪費半點空間。

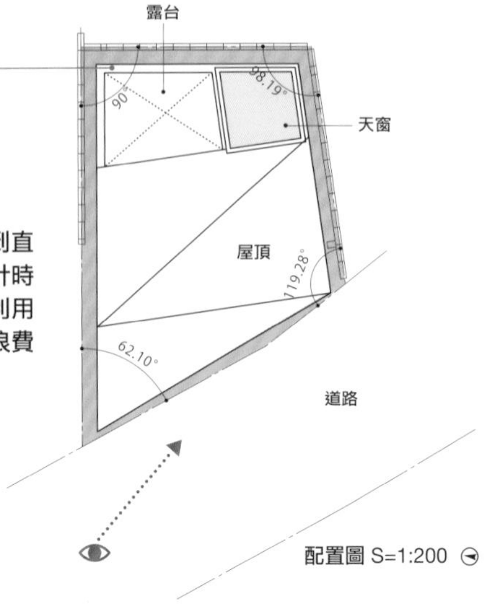

配置圖 S=1:200

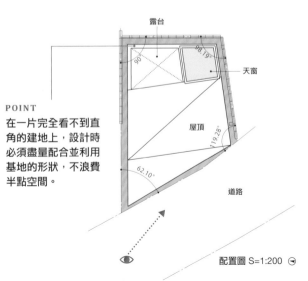

充分發揮多角形建地的長處

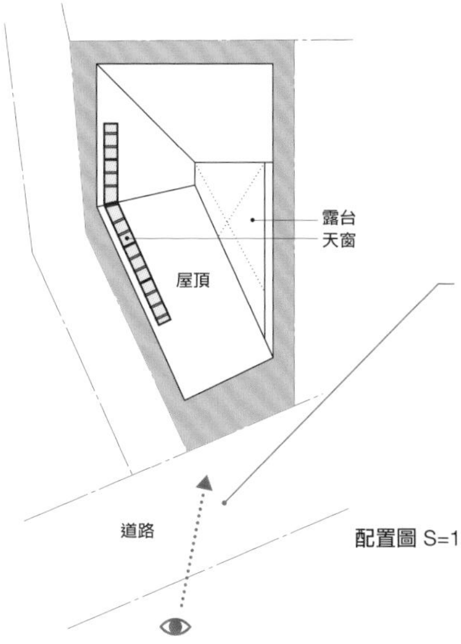

配置圖 S=1:300

POINT

面對一處五角形的歪斜建地，設計師可以把建地切割成幾塊平面，分別進行設計。

上：一樓採取底層挑空的結構設計，讓建築物產生輕盈的漂浮感。單從正面看去，完全看不出這棟住宅建在歪斜的土地上，難以想像的是裡頭還設置了中庭和天窗。

下：利用裝設在屋頂的天窗，導入豐富的自然光線，營造出動態的室內空間。

在非方正的建地上刻意突顯細長的印象

上：藉由前端露台，製造出一處開放式的停車場。同時採用懸臂樑設計，以強調建築物本身的細長形狀。

下：一、二樓的外牆分別採用不同的設計形式，呈現上下不同的對比性。

POINT 1

刻意設計出薄型化的平台翼牆（wing wall），藉以突顯建築物的細長形狀，也讓整體外觀給人鮮明的印象。

POINT 2

為了有效利用正面較狹窄的部分，刻意把它設計成停車場和露台，也確保了最大面積的室內空間。

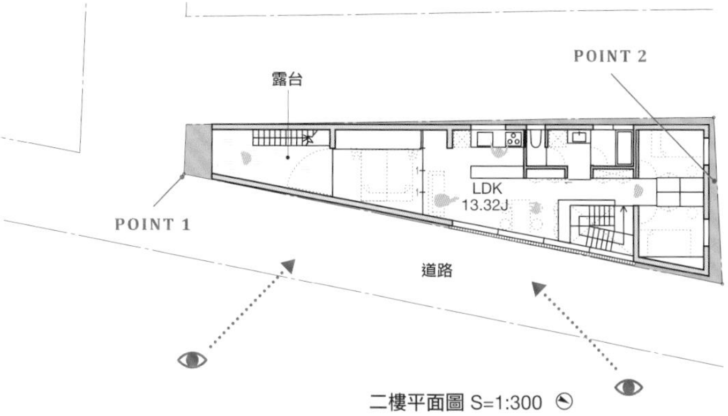

二樓平面圖 S=1:300

充分發揮入口門徑作用的旗桿基地

A flag-like site to make use of an approach

倘若建地上還包括了一塊寬度狹窄、長度卻很深的土地，通常設計師會優先確保主建物所在土地的方正完整，然後把剩餘的、長度至少兩公尺以上，作為通道之用的基地，視為「旗桿基地」。相同大小的建地，一般來說，方正土地的價格較高，而理所當然，附帶一塊旗桿基地的土地則會便宜許多。便宜的理由除了因為四周被鄰居的住宅圍繞等的環境問題，細長形的土地既難以有效利用，能夠運用的面積也非常有限。

因此在設計時，設計師就必須做些特別的處理。譬如完全封閉面對鄰居的外牆部分，把它設計成內部中庭之類的開放空間，以便讓居住者感覺不到基地天生的缺陷。此外，相當於旗桿部位的通道部分，則可利用外推的手法，做成漂亮的門徑空間，為建築物形塑出幽靜的玄關入口。相對於受限的外觀，特別加強內部的設計，即可讓居住者享受到內外反差的對比。

上：利用通道的空地，實現一面彷彿建在街道轉角處、高開放式的正面設計。

下：把對外開口設在面對通道的空間，既可確保南面的採光，也為室內帶來更為寬廣的戶外景致。

利用旗桿基地的通道寬度進行整體設計

POINT

兩處旗桿基地並排所產生的4公尺通道，由於無法搭建任何建物，因此設計師刻意將對外口開朝向通道，藉以提升建築物本身的開放性。

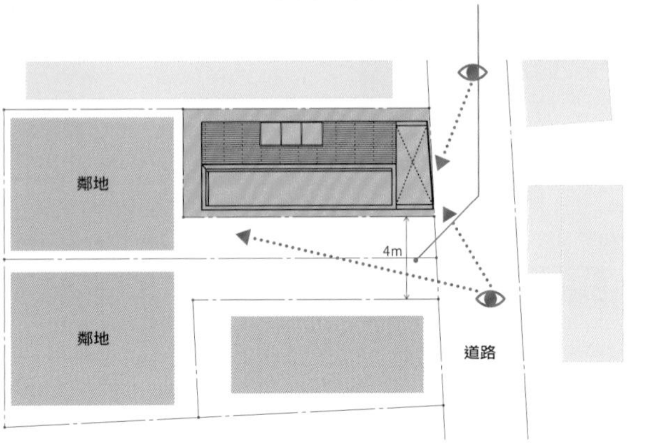

配置圖 S=1:400

擁有足夠深度和寬度的旗桿基地，門徑不可給人壓迫的感覺。利用植栽等裝飾，即可表現出深邃幽雅的品味。

賦予門徑故事性和生命力

POINT 1

格柵圍成的L形花園露台，是有效利用因都市計劃法而退讓牆壁所空出的空間。

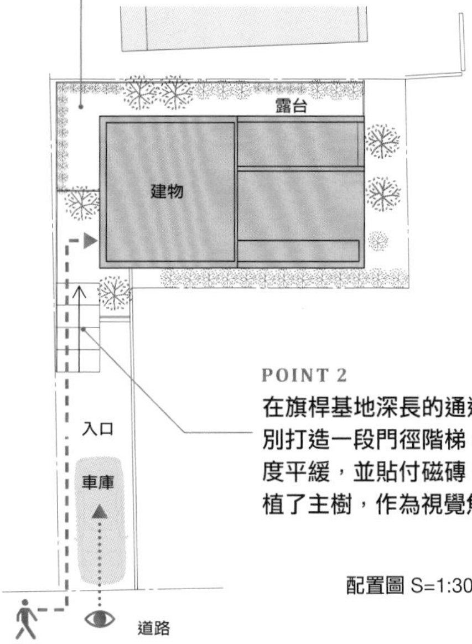

POINT 2

在旗桿基地深長的通道上，特別打造一段門徑階梯。階梯高度平緩，並貼付磁磚。盡頭種植了主樹，作為視覺焦點。

配置圖 S=1:300

充分運用入口的旗桿部位

POINT

深長的門徑相當於切換公領域和私領域的開關。不妨利用向外推向門徑所形成的空間，營造別具一格的正面設計。

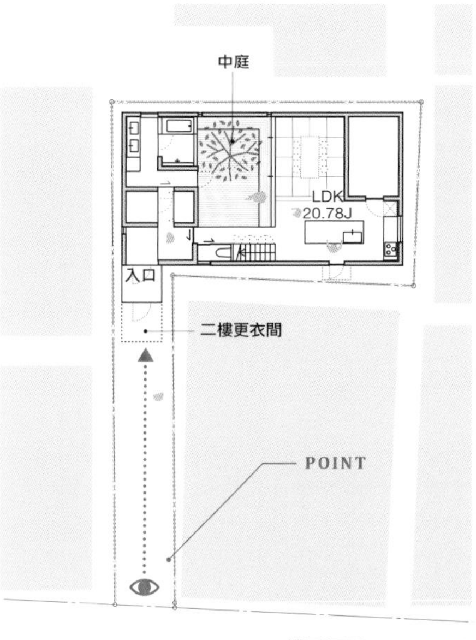

一樓平面圖 S=1:400

左：在細長的入口門徑盡頭設置舒適的中庭，為空間製造意外的反差，讓內外產生明顯的對比。

右：把建築物的旗桿部位單面向外推出，形成底層挑空式的設計，除了充分運用有限的建地，也為住宅創造出別具個性的正面景觀。

坡地和挑高夾層

Skip-floor and a steps-like site

在東京這樣一個擁有無數高地和低地的城市裡，隨處可見有著高低落差、位處坡地的建築用地。設計師常會接到屋主的請託，希望協助解決建地或室內的高低差問題，其中許多狀況必須採取水土保持或擋土牆才可能解決。不過一般來說，這種解決方式價格不斐，倘若真的讓屋主看到了價錢，恐怕大多會萌生退意。然而事實上另有一種利用這種高低差作為設計的重點、有效迴避法令的高度限制，把成本降到最低的方法，那就是採用挑高夾層式設計。

由於賣主和不動產經紀人通常已經預設有坡度的建地施工不易，因此通常在設定價格時，會稍微打點折扣，不論如何價格至少會低於平坦的建地。所以我們要特別提醒買主，購買時除了事前必須針對建地的狀況做好詳細的調查，也別忘了和設計師充分溝通，研擬對策，如此才更可能實現擁有個性住宅的夢想。

將基地坡度完全融入設計之中

上：選擇挑高夾層式設計，非但可以為空間賦予獨特的節奏感，也能讓有限的空間創造充實的生活感受。

下：挑高夾層式設計可以營造出向下和向上的視野，讓居住者隨時留意空間中所有的動態。

POINT

直接利用坡地的坡度設計成室內的高低差，既可簡化建築計劃，又能有效節省成本。

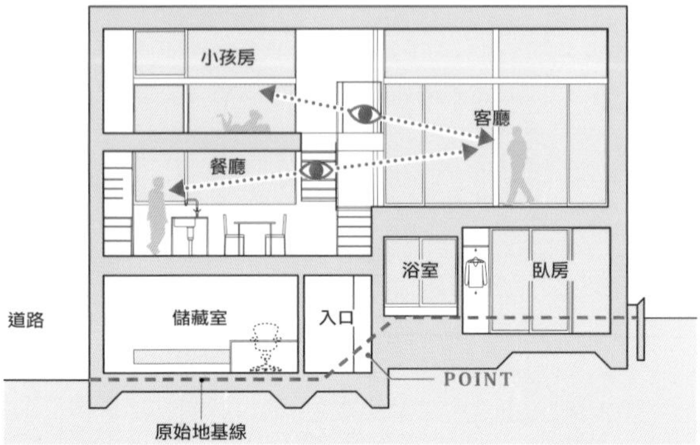

配置圖 S=1:200

基地 09

懸崖峭壁上的觀景屋

A view house to aim at on Cliff-site

一般人對懸崖峭壁多半沒什麼好印象，不過這恐怕純粹是個誤解。大家的理由可能是因為，為求住宅的安全，峭壁面的整修勢必會增加額外的工程支出，而且爬坡多、距離車站又遠。可是別忘了，這類建地通常價格相對低廉，只要確保住屋的安全性，在預算之內，反而更可能達成建築設計和室內裝潢的目標。因此毋寧說，這類地段其實充滿了更多的可能性和無限的魅力。

施工計劃的重點應該放在如何把四周的景致納入室內。為了設置大型開口，包括結構在內，也應該做好事前的模擬，積極採用大面積玻璃窗，提高室內的開放性。究竟該採取全開式設計或裝設無框的嵌入式窗口，必須依設計師所訂定的計畫執行。不過無論如何，計劃和施工時都必須特別留意峭壁的強風。此外，如同之前提過的，也必須做好事前的地質勘查，以及最周全的擋土牆和地基施工計劃，以避免高低差可能造成的地層滑動等狀況。

把都市景觀納入室內

左：充分利用居高臨下的地理環境，在每一層樓設置大型的對外開口，以便取得毫無屏障的都市景觀。

右：三樓的空間利用鋼骨支架，打造出三面全開的對外開口，藉以納入戶外的全景視野，作為景觀。

互動與隱私的平衡

住宅區的隱密性

A skill for privacy on residential area

在新興住宅區的新建社區裡，隱密性永遠是最重要的課題。由於居民大多擁有較強的隱私意識，連同住宅本身，不論是外牆、入口、庭園，都格外講求隱私權。也因此，在進行玄關、車庫、大門設計，為住家打造門面的同時，想要如實解決隱密性的顧慮，就必須留意和周邊街坊的協調性，小心翼翼地進行設計。

當然，在緊鄰道路的邊線附近設置大門，把內部設為隱私區域，確實可以防止外人的干擾，創造出舒適、充實的內部空間。然而，過於要求隱密性，也可能造成住宅過度封閉，讓自家孤立於街坊之中。因此，如何在與人、與街坊的互動及隱密性設計之間取得恰當的平衡，才是設計的重點。

左：一樓近似底層挑空的設計，形塑出住宅內外之間的過渡空間，開放度恰到好處，不至於過度封閉。

右：二樓LDK空間對外的視線，刻意採用鋼骨外牆作為屏障。外牆設計的重點在於避免影響通風，故採下部懸空的高架式設計。

利用鋼骨外牆創造隱密性

採光同時
阻斷視線

左：露台的地板採用不鏽鋼格柵板，藉以遮住路人向上看的視線；一樓的底層挑空則因為格柵板透入的光線，入口處不至給人留下陰暗的印象。

右：正面外牆利用半透明的毛玻璃阻斷戶外的視線。由於光線仍可以透過毛玻璃照進室內，讓室內原有的舒適性不致減損。

左：內側空間採用落地玻璃作為對外開口，和外側空間形成明顯的對比，大大提高了空間內的開放性。由於建築物本身是L形，所圍出的中庭自然形成了一處高隱密性的外部空間，內外在彼此呼應之間，宛如一體成型。

右：為了確保內部的隱密性，刻意刪減了面對道路的外牆上的窗戶。一樓完全不設外窗，二樓則設有細長形高窗，藉以採光和通風，同時截斷來自戶外的視線。

對外封閉
對內開放

百分百的安心住家 住宅區的防盜設計

A design for security on residential area

在靜謐的住宅區裡，一般對於防盜總會有較高的要求，因此設計時必須格外留意居家環境的安全措施。儘管我們可以在玄關、入口大門、窗戶等的對外開口設置牢靠的鎖匙開關，多少能夠降低居住者的擔憂，但單純考量對外開口的大小和位置，而非完全倚靠鑰鎖五金來避免意外，也是設計時的一大重點。

譬如一樓的窗戶可以採用即便打破也無法闖入的細長形玻璃高窗或低窗，玻璃還可以貼一層防盜貼紙，延遲宵小入侵的時間。入口大門若採高牆包圍，萬一遭人擅闖，神不知鬼不覺，反而更加危險，因此許多設計師寧可採用格柵之類的半透明建材，讓外頭可以看到內部的動靜。當然，基本上，防範宵小最好的方法還是和鄰居共同建立守望相助的制度，在這個前提下，再進行開放或封閉的設計，從中取得平衡，設計出真正安全、放心的住家，才是設計的關鍵。

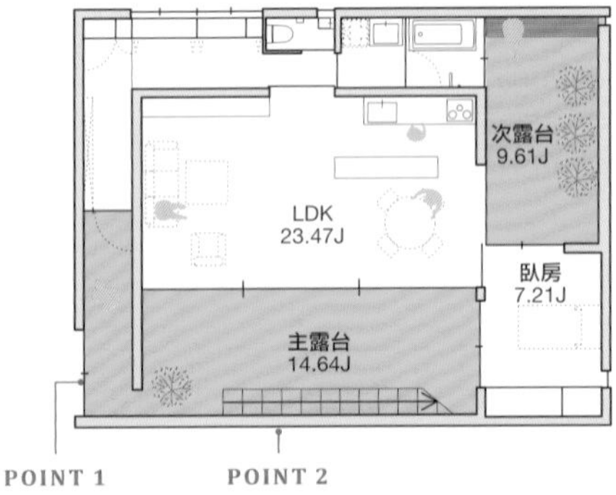

一樓平面圖 S=1:250

POINT 1
把入口大門設成單片門片的大型拉門，限制了出入口的範圍，以提高防盜效果。

POINT 2
利用高聳的外牆避免宵小闖入，讓居住者得以安心起居，是防盜設計最基本的要求。

利用高牆創造安心的居家環境

左：在三邊緊鄰道路的建地上，所刻意採取的高牆設計，由封閉的外觀完全難以想像內部的開闊和寬敞。
右：外牆上一面窗戶也沒有，目的是為了給人戒備森嚴、切勿擅闖的印象。

配合外牆設計門牆

POINT

門牆和外牆統一鋪設鋁鋅鋼板，形成整面如黑板牆一般的典雅外觀。打開大門，立刻映入眼簾的是玄關通道。

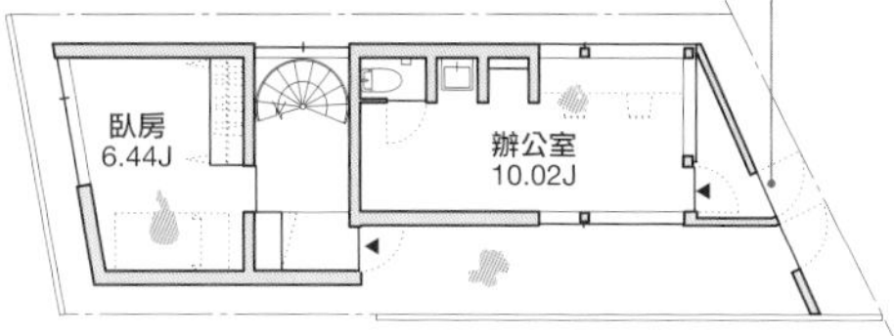

一樓平面圖 S=1:250

左：門牆和外牆造型統一的正面設計，不僅形塑出整體的一致性，也給人安全無虞的印象。

右：玄關通道倘若直接外露，不免讓居主者憂心宵小闖入；一旦圍上門牆，即可高枕無憂。

兼具車庫大門和入口大門的設計

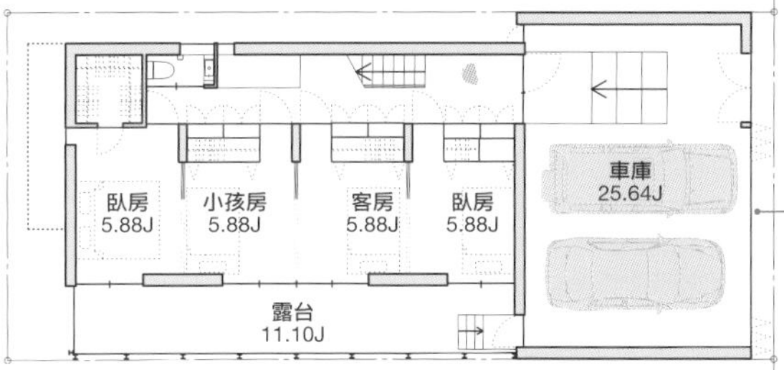

一樓平面圖 S=1:250

POINT

車庫和入口大門合而為一，既可強化外牆的設計感，也能提高防盜效果。

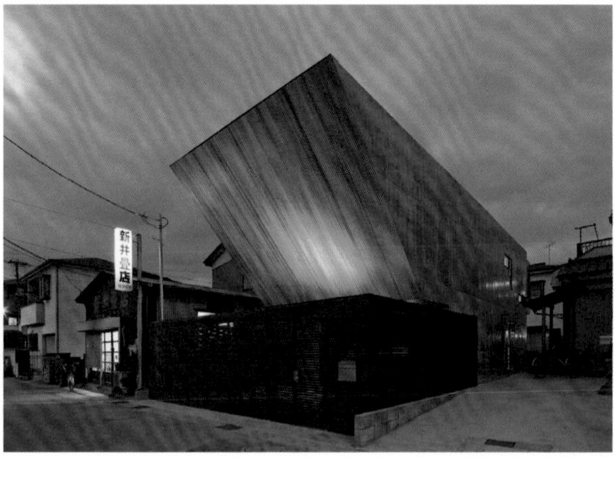

左：入口大門刻意採用格柵式設計，由外頭也能觀察到車庫和玄關的動靜，目的是讓意外發生時更容易應變處理。

右：藉由車庫大門和入口大門統一的造型，同時提高防盜效果和設計感，並營造出具有整體感的正面設計。

打造臨海的夢幻住宅

A house to coexist with seaside environment

在一片被大自然擁抱的建地上，最容易打造舒適的居住空間。尤其是臨海的建地，成功打造的可能性又更高。這類可以眺望無盡水平線、可享渾然忘我境界的空間，就是絕佳的別墅環境。不過，享受自然不只有好處而已，可別忘了與嚴酷的自然環境共處，必須面對的事情還真不少。

好比說住在海邊，首先面臨的是鹽害問題。外牆和所有對外的開口不用說，就連安裝在室外的空調機組，也必須特別講究避免鹽害的防治措施，譬如加上一層保護蓋，否則壽命肯定會減短。其次是烈日的曝曬，尤其是外牆和安裝在戶外的五金最易折損，建議不妨盡量選擇容易維護的類型。此外，對於海邊特有的海風乃至季節性的颱風，譬如設置防雨窗等的因應措施也是絕不可少的。不過話說回來，儘管存在著海水倒灌、海嘯危機，臨海的住宅確實有著數不盡的危機，然而，只要多用點心思定期維護，仍舊不難造就一處舒適快意的生活空間。

打造舒適的臨海居家環境

左：利用設在大型對外開口外側的露台空間，讓居住者可以從室外進行房舍的維護。盡可能讓舒適的居家環境得以持續長久，是臨海住宅設計的重點。

右：能眺望大片海洋的浴室，是身居都市難以享受的況味。正因為這片美景，人們才能夠繼續在嚴苛且現實的環境中久居不膩。

基地
13

住宅北面緊鄰道路的優點

What is a merit on a condition of a north side facing a road?

對絕大多數相信坐北朝南最好的日本人來說，南面緊鄰道路的土地始終較受青睞，因此價格也偏高。相反的，朝北的土地則人氣低迷，但是價格實惠，容易入手。事實上大家有所不知，北面緊鄰道路的土地由於高度限制較為寬鬆，可能的建築空間更為寬廣，就整體而言，其實是非常實惠的選擇。

另外，很多人也不知道，由於日照直射南面，北面的景色一般來說會比南面柔和且優美；加上擴散光的效果，坐南朝北還可防止陽光直射，連大型的對外開口都能不必安裝窗簾。倘若再依循道路限制，做斜角退讓的斜面屋頂上安裝天窗，即可享受二十四小時持續且穩定的自然光線，是畫室和書房的最佳選擇。買下一塊坐南朝北、物美價廉的土地，除了可省下一筆可以轉作建屋工程的費用，說不定也等於換來更具設計感和獨創性的居住空間。

享受持續穩定的北面擴散光

左：可以享受到較為寬鬆的高度限制、免除斜線退讓、容易加高建築物的高度，是北面緊鄰道路的建地最大的優勢。

右：面北的窗戶整天都能享受到太陽擴散光的照入，室內隨時充滿了柔和的光線。由於並非陽光直射，連窗簾也都能省略不裝。

非住宅區最適合打造兩代同堂住宅

Non-residential area adequate to 2 families

多數人在尋找住宅用地時，往往會把目光放在住宅區。這原本無可厚非，不過何妨試著看看商業區或工業區等區塊，因為那裡的非住宅用地其實存在著許多反而更適合建屋的漏網之魚。尤其是鄰近商業區的狹小建地，由於無法完全發揮指定容積，不適合興建大樓或大型公寓，卻非常適於建造三到五層不等的小型樓房。另外，在準工業區裡，建地前方的道路通常比較寬闊，即便有法規上的高度限制，要建造十公尺高的樓房是綽綽有餘，因此用來興建三層左右的住家再適合不過，同時也非常符合一般SOHO族和兩代同堂的家庭所需要的住商兩用住宅。或者，也可以把一樓的店面或辦公室對外出租，收取租金的生活方式也是都市人值得一試的選擇。總之，何妨摒棄成見，從不同用途的都市區劃用地中，找出最適合自己生活形態的居住環境，創造更多的可能。

交叉混合式二代同堂住宅設計

POINT

兩代共用的客廳和餐廳，目的是為了創造家人溝通的平台，既可降低代溝，也能夠避免同在一個屋簷下卻自掃門前雪的窘境。

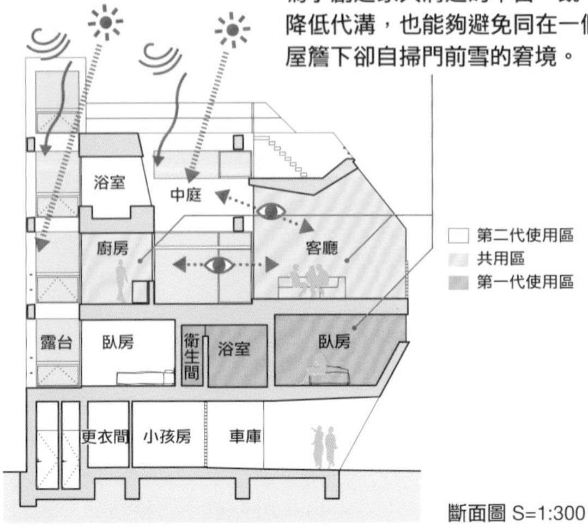

斷面圖 S=1:300

左：因為高度限制而被切成斜面的傾斜外牆，藉由天窗的設置，營造出前衛的造型。上下連貫的對外開口，完全看不出是兩代同堂住宅。

右：即便建地不大，透過中庭即可讓居住者得以接觸自然的空氣和光線，更加感受到「家」的氣息。

利用挑高夾層設計創造兩代同堂

POINT

透過挑高夾層的結構，避開完全隔離或封閉式的設計，即可讓居住者隨時留意到家人的存在，住得更安心。

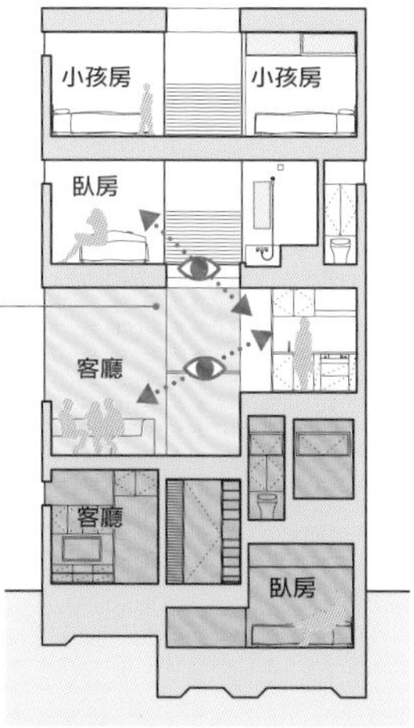

第二代使用區
共用區
第一代使用區

斷面圖 S=1:250

左：藉由挑高夾層式設計，營造向下和向上交錯的視野，讓居住者在有限的空間裡，享受更豐富的室內風景。

右：即便建地只有11坪，透過立體的操作，創造出不同世代共同生活的居住空間。

分層切割各自生活

POINT

把生活的空間上下完全分割開來，讓兩代尊重彼此不同的生活形式，但是在設計時仍不忘利用有限的空間，刻意設計兩代共用的共用樓梯。

上：透露出柔和燈光的正面大型對外開口。一樓採取底層挑空式設計，既突顯出外觀的輕盈感，也化解了兩代同堂可能產生的生活壓力。

下：共用樓梯的直立窗除了可以導入自然光線，也能讓居住者在經過時享受戶外的風景。

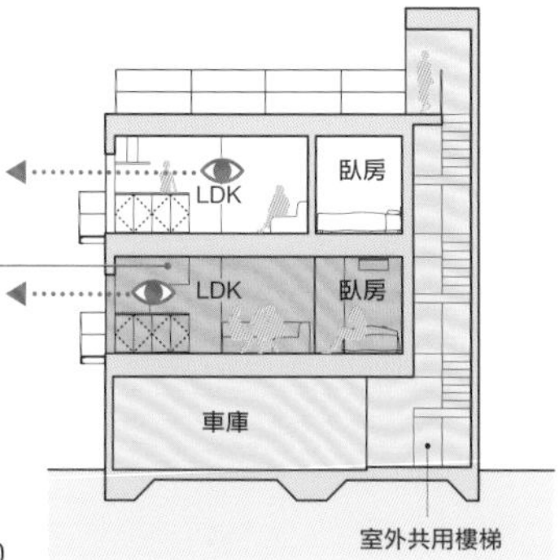

第二代使用區
共用區
第一代使用區

斷面圖 S=1:300

7

URBAN

都市——享受舒適的城市生活

01

日本都市住宅六十年

60 years of urban houses

不論時代如何變遷、社會如何發展，總有一群「不住都市死不休」的都市追求者，對於都市生活的嚮往從未改變。就日本的建築史來看，興建於五〇年代的「立體最小限住宅」（池邊陽設計）和「最小限住宅」（增澤洵設計），是日本工業化時期的集體夢想；而六〇年代的「塔之家」（東孝光設計）和「住吉的長屋」（安藤忠雄設計），則代表著日本人對於都市生活的新領悟。隨後，新生代的設計師又掀起了一場都市住宅風潮，直到二〇〇〇年以後，才逐漸確立了追求舒適的都市生活印象。至於時下的都市住宅，則已經發展到租賃和店面兩用，以及適合ＳＯＨＯ族和分租公寓的複合型設計。

都市住宅隨著時代的推演，不斷出現新的詮釋，逐漸從單純的生活實用性，跳脱到倚賴收租為生的生活型態，追求資產價值的經濟結構，乃至於可變動式和保護身家性命的防盜設計。建築和室內設計的歷史儼然反映了社會潮流的變化過程。

選擇居住在都市中

左：單純由水泥裸牆搭配木作格柵的正面設計。把住屋設計成市區資產的一部分，並且歷久而彌新，才是都市住宅的真正使命。

右：無法確保大面積建地的都市住宅，必須透過俐落的設計手法，才可能取得最佳的舒適性。

選擇做個收租達人

左：利用具有個性化外觀的店面換取租金，也能讓人過好都市的生活。棋盤式的正面設計，形式既單純，又能提高店面租賃的附加價值。

右：光線從整片面對道路的大型對外開口納入室內，並且可以透過裝飾窗欣賞美麗的街景。

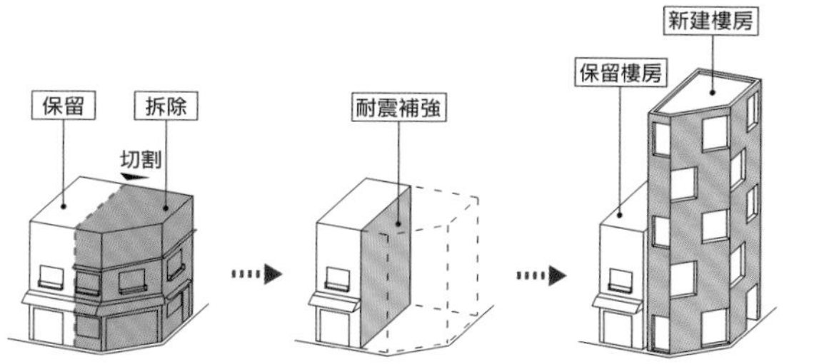

步驟一 ——拆除——
將位在市中心、轉角位置的老舊二樓建築的邊緣拆除。

步驟二 ——保留——
為保留的部分建築施作耐震補強。

步驟三——新建——
保留下來的樓房和新建的樓房兩者並存，形成新的街區地標。

配合生活變化可任意調整的都市住宅

左：揚棄房間和房間之間的間隔，藉由挑高夾層式設計，營造出一處大套房空間，同時可以隨著生活的改變，做適度的調整。

右：利用裝設不鏽鋼窗框的大型開口和白色外牆的對比，不做其他特殊設計，而自然形成的單純、個性化正面，讓戶外的景觀變成市區資產的一部分。

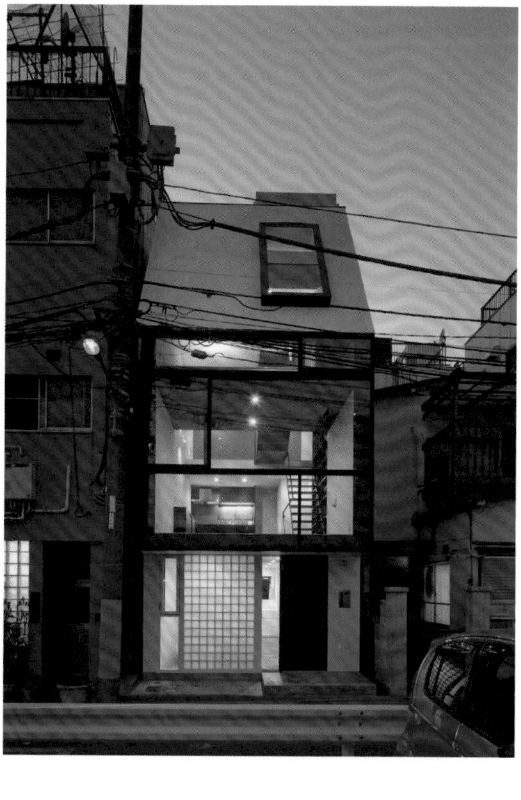

住宅的原點
量身訂做的舒適住宅

A human-scale as origin of living

正好比一件穿著舒適的衣裳，住宅也必須藉由量身訂做，達成真正住得舒服的目標。住宅設計經常在探索的，說穿了，不過就是人與物、人與自然之間最合適的關係和距離。而舒服與否的標準，則會因人、因各種不同的條件而有所差異。

建築大師柯比意（Le Corbusier）所倡導的「基準尺度」（Modulor），係指以人的尺寸作為創作的基準，換句話說，人就好比一把度量用的標準尺。不過由於這個尺寸會因國籍、種族而異，因此絕不可以直接引進，而必須因地、因人制宜，進行適度的調整。這種尺寸和距離的舒適度，甚至每一個家庭都不盡相同，也正因此，「量身訂做」可以說是追求舒適住宅的最高境界。總言之，透過人與物、人與自然的尺寸對照，所找出的「人的尺寸」，乃是住宅設計的原點；也唯有透過「量身訂做」為人建屋，否則住宅設計永遠不可能進步。只要能夠充分掌握人與物、人與自然的關係和距離，就必定能夠設計出真正適合人居住的空間。

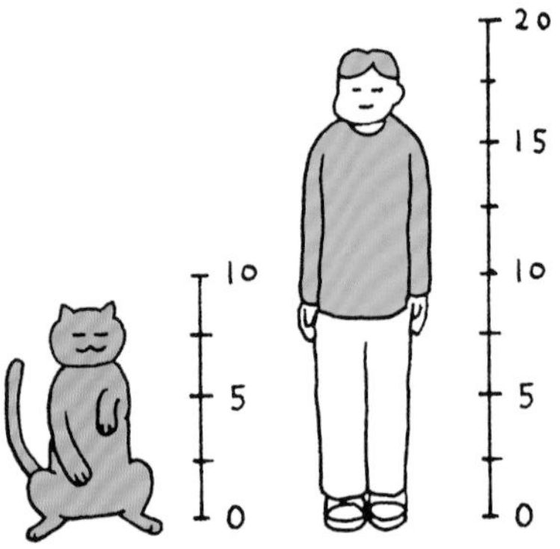

探索人與空間
最合適的關係

上：面對開放度較高的露台，透過挑高設計，讓空間顯得更具設計性，也營造出更為寬敞、開放的客廳空間。藉由傾斜的天花板，製造LDK空間的層次感和高低差。

下：刻意降低餐廳天花板的高度，以營造用餐時的親和性，拉近與家人之間的距離。從人的心理和角度決定空間的尺寸，正是都市住宅追求的目標。

享受明暗的落差

左：在窗明几淨的開放式空間中，向下設置一處起居室，為整體空間帶來無限想像。利用大片自然光線的明暗變化，也讓居住者在生活中自然會去尋找當下最舒適的落腳處。

右：刻意導入些微的自然光線、壓低天花板的高度，以及安排不到六疊的面積，透過尺寸的拿捏，讓起居室成為最適合沉思冥想的空間。

大小兩個空間的組合

左：面對屋外露台全面展開的高開放式LDK。寬敞的空間搭配挑高設計和大型開口，形成與臥房的對比，更突顯出公、私領域各自的空間特性。

右：空間較小的臥房，既具功能性，也容易製造安心的氣氛。透過和客廳之間若即若離的關係和距離，為空間營造出張力和重力感。

逆向操作與人際關係
成功設計超小住宅

A small site is led to a success

設計超小住宅時，一定得分毫必較。因為建地的面積有限，即便一公釐的距離也絕不可以視若無睹。如何才能把面積這個缺點，透過高度、節奏感、關聯性的整合，創造出一處大而舒適的空間，正是設計超小住宅時的奧妙所在。通常設計師為了完成一棟魅力十足的超小空間，至少會花下比平常多兩到三倍的精力。

即便受限於面積，設計超小住宅時，研擬可能的施工技術、克服法規（譬如高度限制等）的種種限制，是絕對少不了的設計過程。由於施工時必須借用鄰居的空間，譬如搭建鷹架，屋主本身也必須具有良好的溝通能力和人際關係。另外，施工中上上下下隨時可能發生事前無法預料的狀況，因此任何一處施作都不可以掉以輕心。而施工之前，對於建地的掌握也十分重要，倘若未能做好各個專業領域知識的蒐集，進而做出整體、綜合性的判斷，要想成功設計一幢超小住宅，恐怕並不容易。

利用都市工程的惡劣條件逆向操作

左：面對面積狹小的建地，想要功能性和設計感兩者兼得，確實不是件容易的事。然而，倘若能夠深思熟慮，設計一幢沒有「贅肉」的住宅，肯定會變得容易許多。

右：在住宅密集的地區施工，成功的關鍵在於是否能夠取得鄰居的協助與配合。因此包括人際關係在內，平常就應該培養留意細節的習慣。建立良好的人際關係，也是建屋過程中極為重要的一部分。

都市

04

全方位管理 免於地震危害

A way of protecting oneself from an earthquake

關於基地的地盤，我們往往會遇到許多曖昧不明的狀況，若非經過實地探勘，根本無法正確掌握基地的資訊。因此在規劃過程中，必須透過基地的勘驗和鄰近地層資料的蒐集，進行不同角度的分析和研判，進而做出必要的風險評估。

同樣地，建築基準法訂定的地震標準之所以也常教人一頭霧水，是因為實際地震的種類實在太多，強度難以評估，甚至不同搖晃的方式，震度也會出現極大的差異，因此在規畫時，設計師根本無法單就震度進行判斷。更別說到目前為止，全球連個海嘯的具體強度標準都尚未問世。何況，儘管耐震等級越高的建築物確實堅固耐用，但相對成本較高，遠遠是一般封閉性較高、施工自由度較低的住宅空間所望塵莫及的。

此外，儘管建築本身堅固耐用，倘若地基和基樁選擇錯誤，地震一旦發生，照樣難保不會有事故發生。即便在規劃時，每一位建築設計師已經盡可能選擇了最安全的結構和工法，但是包括基地地盤，以及實際難以預估的地震規模，要想做好風險評估確實不易。

做好全方位風險管理

為了避免受到地震等天然災害的影響，建議在購買土地前，最好事先邀請專家協助評估，他們會明確指出合適的建築結構和基樁類型與工法。建屋不可能零風險，然而倘若能掌握正確的資訊，確實做好風險的評估和管理，就可以將災害風險降到最低。

05

化限制為創意的好房子

To change a restriction into a design

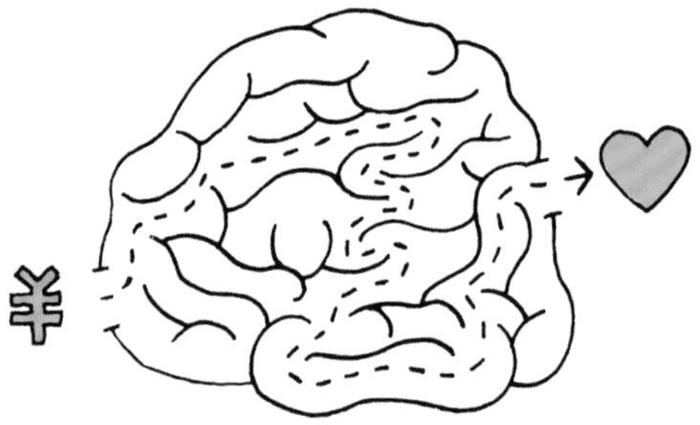

設計都市住宅時，往往會伴隨許多來自屋主或外在的限制，好比說屋主的預算、家庭的狀況，以及坐落地點的法規限制等。事實上，正是因為這些零零總總的限制，創意才得以產生。換句話說，限制正是創意設計的必要條件，少了這些限制，恐怕也生不出創新的概念。

在有限制的情況下，針對預算，設計師會先為屋主安排出優先順序，去蕪存菁，進而設計出一棟沒有「贅肉」的住宅，而且設計上會顯得更為俐落、美觀而樸實。在法規方面，會讓設計師去嘗試更有效運用空間的方法，創造出井然有序的住宅空間。

面對限制時，消極的態度只會製造出「受侷限的空間」，而積極的態度則是試圖去超越、改善和突破，因此所設計出來的住宅，自然也會「別出心裁」，更具有說服力，這才是所謂的「好的設計」。

左：直接利用因高度限制而被迫向後斜推的外觀，最後所完成的正面設計。採取積極的態度，將外在的限制和條件轉化成創意，才可能設計出別具個性的住宅空間。

右：把向後斜推的頂樓外牆設成天窗，直接導入自然光線和外頭的風景。讓居住者得享隨著時間產生變化的光影，以及更具生命力的舒適空間，正是都市住宅設計的精髓所在。

轉化高度限制
創造個性設計

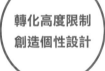

藉由重新裝潢突顯空間的特性

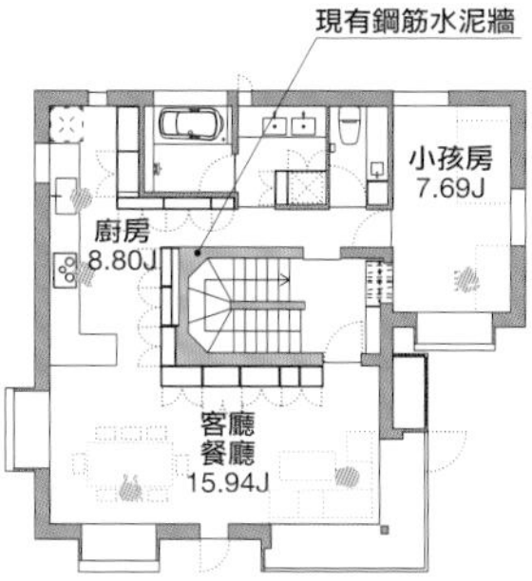

平面圖 S=1:300

上：配合室內中心位置的鋼筋水泥結構牆，裝設了訂製家具，讓空間感覺更為氣派堂皇。掌握建築本身的結構，將它發揮到極致，進而突顯出空間的特性，是重新裝修的關鍵。

下：刻意加深窗戶深度，增添空間的厚重感和明快的對比性，在原就極具張力的黑白空間裡，營造出俐落的光影變化。

用最少的花費達成最好的設計

左：全面採用柳安材，把花費降到最低。減少家具製作，以裝修的形態取而代之的施工策略，即可大大節省工程開銷。

右：外觀採取單純的箱型式設計，同時把主要的花費集中在正面的大型開口和外牆的特調塗料，形塑特殊的造型。

不浪費空間
無贅肉設計

A design to rid extra pound of a building

在地狹人稠、有嚴格高度限制的都市住宅，如何盡可能地讓地板、牆壁和天花板薄型化，正是所謂「結構設計」的任務。要達成這項任務，還需要「創意設計」的配合，譬如選擇哪些材料做底或收尾，才可能到達不浪費空間的目標。少了這兩種設計，通常建築物會顯得相當臃腫，處處贅肉，看不到輕巧和精緻，更別說美感了。透過設計，不但可以創造出合理的美觀，也能讓空間表現得有如健美選手般精實和富魅力。當然，還有一種一舉兩得的好處，那就是割除贅肉等於節省開銷。

唯有經過結構設計的巧思所建造出來的空間，由於更加井然有序、舒適實用，才稱得上是「住宅」，算得上是大功告成。不過，值得注意的是，都市裡的住宅因為情勢所逼，「減肥計畫」勢在必行，所以大多數都建造得美輪美奐，然而都市以外的地區，倘若忽視了無贅肉設計的重要性，恐怕很難在生活中體認到視覺美觀和結構創意的具體價值。

透過混搭式結構達成絕美設計

POINT

為了在五邊形的空間裡達成無柱設計，採用了微微傾斜的斜式屋頂。由於省卻了多餘的樑柱，一條條的小屋樑更顯得條理分明，展現出空間中細緻、整齊的美感。

要完成一套絕美的設計，除了必須顧及所有的可能，還必須不斷檢討、改進，否則肯定創造不出完美的成果。設計師透過木樑取代鋼樑，並且把木樑做成夾心狀的混搭式結構，實現了極為明快的創意設計。

都市

07

強調建地的特性

To emphasize a feature of a site

建地的形狀形形色色，有的呈長條形，有的呈三角形，甚至多邊形。不是每一塊建地的形狀都是方方正正的。不過也正因為建地本身有其形狀和特色，設計師的任務即是去充分了解土地的特性，進而將這個特性發揮到極致。

好比說日本人的「鰻魚睡床」（譯註見第六章第四節，一六八頁）這類細長形的連棟式住家，與其強調它狹窄的正面，倒不如把設計重心放在深長的室內空間，更容易突顯出建築本身的特色。譬如配合室內的深度，採取挑高設計，增設天井，即可以紓解正面給人的侷限或壓迫感。

或者也可以利用斜度較為和緩的樓梯、大片橫向的細框窗，突顯空間內的水平特性，營造出連續延伸的感覺。在挑高的空間裡，也不妨大膽採用高掛的照明燈飾，突顯空間本身垂直的高度。倘若是具有高低差、位處斜坡上的建地，則可藉由空間設計的基本手法，譬如利用挑高夾層或閣樓突顯建地的特性，也讓居住者能隨時感受到自己所在位置的與眾不同。

利用建地本身的特色進行設計

左：現場會勘的目的，在於瞭解建地四周的風景、動靜、空氣的流向、光線的角度，甚至土地的氣味。用身體直接去感受是設計工作的第一步。

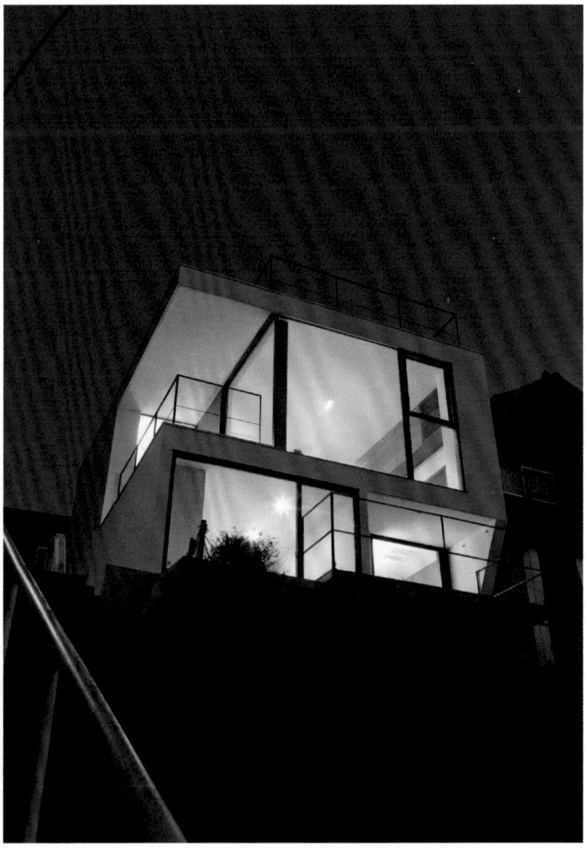

右：所謂建築，就是把建地的特色視覺化。譬如位在山崖上的住屋，重點一定是如何把四周所見的美景導入居住者的生活之中。透過不斷想像居住者未來的生活，並尋找最佳的視野及角度，在最好的位置上開設對外開口，最後一幢視野絕佳的景觀住宅便於焉成形。

08

設計空間序列

To design a sequence

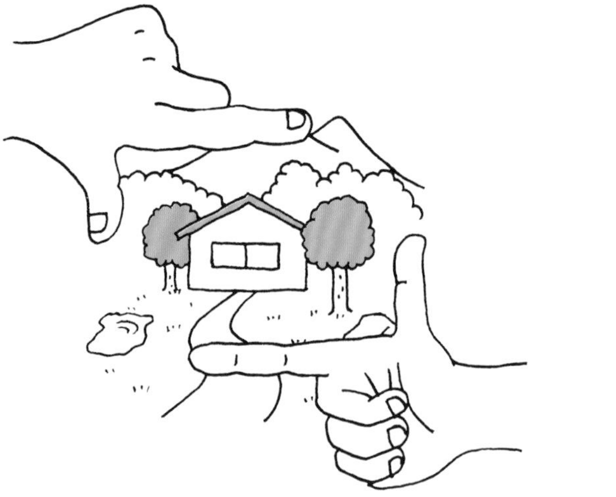

隨著身體的移動，接近或回首，空間會產生出許多不同的樣貌。這些連續不斷的景觀即是所謂的「空間序列」。序列的安排越豐富，空間會給人更多的滿足感。因此，在進行空間設計時，絕對少不了外觀造型的想像和編排。如何編排造型、營造故事性，正是空間設計的首要任務。

好比說「進入玄關之後會看到什麼？」「走上樓梯之後會出現怎麼樣的景觀？」設計師必須不斷想像，在腦海裡「實際」走過。經過多次的確認，才可能將腦海中的想像付諸現實。這也就是為什麼設計師必須頻繁地前往現場會勘的理由，因為他必須一一確認自己在設計時腦海裡所想像的序列。住宅是居住者每天生活的地方，更應該做出更完整的、全方位的規劃，以便讓「家的印象」深深留在居住者的記憶裡，永不褪色。

畫情品味
每一處景致

左：爬樓梯時，可以一邊享受住宅側面大型開口處的室外風景，坐在餐廳時又能夠感受到面對天井的天井光線。走進刻意壓低高度的客廳，迎面而來的是穿過百葉窗後的另一處風光。在同一個空間裡，不斷顯現不同的景致，就是所謂的空間序列，景致越豐富，空間給人的印象一定越為深刻。

右：路人在行進中，會立刻感受到住宅正面和側面完全不同的印象。如同室內設計一般，外觀上具有空間序列效果的房舍，才稱得上是真正的「建築」。

都市

09

訂製家具和照明的效果

An effect of order-made furniture and illuminations

相對於配合室內裝潢而添置的現成家具，訂製家具毋寧說是建築設計的一部分。配合空間特別量身訂做，建築設計和訂製家具就好比是不可分割的共同體。尤其是都市住宅，說它是用一個一個訂製家具所組合而成，一點也不為過。因此，我們必須從「空間」的角度看待訂製家具，而非單純視之為「家具」。

譬如當我們把一整面牆壁全部設計成訂製家具，這些擺設會即刻對整體空間產生極大的影響，倘若再搭配上材料、顏色及燈光照明的選擇和安排，又更能為訂製家具帶來完全不同的感受。不過提到照明設計，「間接照明」仍是最好的選擇。因為間接照明可以利用訂製家具的深度和長度，突顯出連續性和輕盈感，為空間營造出意外的對比。有時候，甚至可以讓訂製家具變成被強調的主體，或者一具燈箱。無論如何，最重要的還是和訂製家具的業者密切配合，進而打造出訂製家具和空間彼此的平衡。因此，在設計之初，就應該事先確保訂製家具的預算，以免出現中途叫停的窘境。

打造
高演色性空間

左：在牆面收納之類的訂製家具上設置間接照明，既可以提升空間的柔和度，也能夠提高空間的演色性（Color rendering）。如何配合用途選擇合適的光色和亮度，是設計的重點。同時也能巧妙搭配了天窗的光影變化，營造空間的氣氛。

右：為了讓牆面收納看起來更為輕盈，刻意在牆面收納的上下方製造大約20公分的空隙，裝設間接照明，讓整座牆面顯得更有立體感。由於間接照明通常具有相當的亮度，設計時必須留意和基礎照明之間的搭配。

在空間中創造節奏感

A rhythm to be produced in space

從天花板較低的空間走進天花板較高的空間時，即便在沒有設置高低差的大套房裡，也會立刻感受到視野的急速展開。之所以會出現這樣的變化，正是因為天花板高度的改變會為空間帶來無形的節奏感。另外，從狹小的空間移向寬敞的空間，或者由陰暗的房間走往明亮的房間，人的情緒同樣會出現相當明顯的變化。人在開心的時候，會本能趨向明亮、寬敞的空間，而情緒低落或想要獨處的時候，則會自然選擇待在陰暗、狹小的空間裡。類似的空間操作所製造出來的空間節奏，我們可以選擇比較緩和的方式，也可以採用相對急遽的變化。透過緩與急的控制，即可為空間創造出獨特的韻律，避免單調乏味的狀況。進入具有節奏感的空間，不須任何言語提醒，人會自然接收到舒適、輕快的訊息。「韻味十足」的空間能夠激發人積極正向的態度，因此特別適合一般的住宅。

總之，空間相當於創造人類心理節奏的裝置，當然不可等閒視之。

利用挑高夾層製造韻律

左：挑高夾層設計產生的高低差，可以不動聲色地在空間中營造出不同的節奏感。向下或向下的視野變化（空間序列）正是夾層屋最大的優點。

右：輕快連結各個樓層的鏤空式樓梯。透過空間的層次，營造獨特的韻律。

藉由挑高創造節奏

左：採用傾斜的天花板，較一般平面天花板更能突顯空間的寬敞。利用落地窗和天窗照入的光線，為天花板帶來明暗層次，也製造出挑高的錯覺。

右：刻意把餐廳的高度設計成低於客廳傾斜的天花板，以提高廚房空間的親和性。同時由於增強了挑高的客廳帶給人的動態印象，也為整個一氣呵成的空間營造出細微的對比性。

透過色彩的變化營造韻律

把餐廳的天花板漆成黑亮色，地板同樣鋪設黑亮色的磁磚，以強調客廳的白色挑高。利用地板墊高、天花板的高低落差及色彩的變化，為空間創造出獨到的韻律和律動。

11

製造空間焦點

To set a focal point

在任何一個空間裡，一定都存在著幾處令人驚艷、忍不住駐足片刻的角度或角落。這些角度或角落當然屬於整體空間的一部分，不過大多都是設計師的刻意安排。這類能夠吸引目光的位置，我們稱之為「焦點」（focal point），透過特殊的安排，焦點會為空間增添不少魅力，甚至提升空間的品味和質感。

好比說，設在空間中央、看似一部裝置藝術的螺旋式樓梯，不僅是供人上下樓的通道，更是讓人印象深刻的空間象徵物。又好比一條細長的走道，盡頭有一面落地窗，外頭的自然美景清晰可見。這樣一面能夠集中人們視線的窗戶，其實也是設計師刻意安排的焦點。製造焦點是住宅設計的基本任務，它能夠讓屋主在入住之初立刻感受到新家的美好和舒適。

吸引視線的走廊盡頭

POINT

由於屋簷的遮蔽，玄關往往缺乏光線照亮，於是設計師利用收納櫃下方的間接照明和從細框窗導入光線所形成的明暗對比，營造出吸引目光的焦點。

居住者和訪客來來往往的玄關最容易達成視線的集中，因此在玄關製造焦點的效果特別好。藉由間接照明的配置、適當的選材和選色，以及鏡子的反射效果，彼此相輔相成，將玄關營造成如畫般的角落。

導入戶外的光線
和景色

POINT
利用細框門窗的設置，將人的視線吸引到清晰可見的戶外風景，再藉由外頭的風景，製造出空間焦點，以加深室內的空間感。

打開玄關門，路樹的綠意即刻映入眼簾，享受到自然之美。刻意把玄關門兩側的牆壁改成細框窗，藉由導入的自然光線成功製造了焦點角落。

將特殊形狀
轉換成空間特性

左：為傾斜的屋頂加上整面尖形的水平連續窗，創造出極為特殊的外觀景致。
右：光線從特殊的三角形天窗照亮了傾斜的天花板。利用因為道路斜率限制而退讓形成的三角形外牆，巧妙製造出與眾不同的視覺焦點。

享受亮光 創造陰影

To make darkness considering a light

構思如何把戶外的自然光線導入室內，一向是都市住宅設計的重點。由於自然光線的特色會因為建地所在的位置，以及四周圍的環境而有所不同，因此設計師在進行規劃之前，必須先對光線的特性擁有足夠的瞭解才行。也因為是否能夠順利把戶外的自然光線導入室內，對整個計劃有著關鍵性的影響，如何善用「光線」這個素材也成了設計時的一大重點。

譬如我們可以利用天窗，導入北面的擴散光，並以雨披截斷南面直射的太陽光。也就是說，處理的手法必須因方位而定。同時還必須充分了解反射、折射、干擾等光線特性，決定對外開口最合適的位置。此外，還必須留意光線的質量，譬如選定哪裡適合朦朧的亮度，哪裡需要的是比較鮮明的亮度。光線本身會因為季節和時間產生不同的變化，因此只要採光效果恰如其分，就能讓居住者一年四季都能感受到光線的異動。所謂採光，說穿了也就是「採影」。因為光亮與陰影黑暗本來就是一體兩面。換句話說，如何創造高品質的陰影，正是住宅設計的重大目標。

堅持自然光線的質量

POINT

通常來自天窗的自然光線，因為折射效果，會在天花板上產生明暗對比的效果，但是設計師卻刻意把天花板塗成暗黑色，減少折射光，目的是藉此突顯直線射入的自然光線本身的線條。

從北面天窗射入的擴散光和強烈的直射光，為空間增添了明暗的變化。都市住宅的設計不僅必須留意自然光線的導入，更重要的是在於如何見好就收，適度保留陰暗，以便讓光線隨著時間變化反映出不同的方位和角度，讓空間產生戲劇性的表情變化。

都市
13

無縫連續的生活空間

A living like seamless

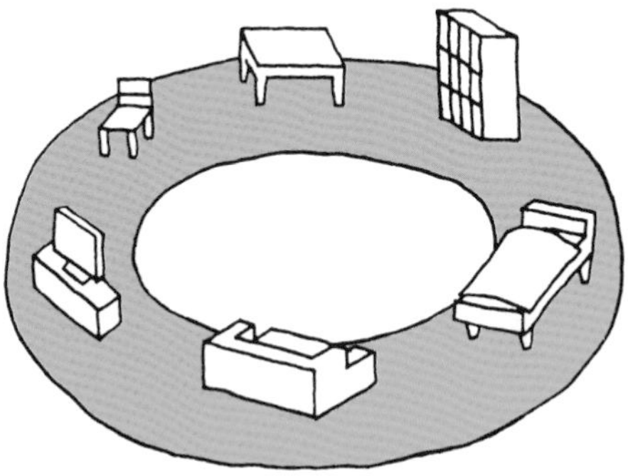

都市住宅的設計必須做到盡可能避免切割，讓空間無縫連貫、一氣呵成，同時還要確保居住者個人起居的隱私或隱密性。要達成這個目標，最有效的方法就是採用可變動式隔間，讓居住者能配合個人的需要，隨時收合，靈活改變空間的格局，以避免單調、封閉的狀況。

在連續的空間裡，居住者除了可以享受到最大的空間效果，另一個好處是能夠保留住走道的設計。走道屬於過渡空間，一般來說會比採用牆壁隔間更能讓居住者放鬆，少一點封閉空間所帶來的壓力感。另外，都市住宅設計的一大使命，就是創造更具彈性的空間，而藉由連續的空間，搭配家具的擺設和可變動式隔間的設計，正好可以達成這個目標。譬如可以配合家人年齡的增長或生活方式的改變，適時更動室內的格局，讓居住者不受限於原本的設計。無縫連貫、連續空間的設計概念所打造的舒適空間，特別適合喜歡求新求變，以及必須同住一個屋簷的家庭或族群。

享受連續的空間

儘管連續式的大型空間是都市生活可遇不可求的極致享受，但是倘若能夠配合實際需要，隨時變更格局，又能夠為空間創造出更多的可能。

樂在垂直的樓梯空間

Steps to enjoy vertical living

相對於公寓「水平移動」的特性，都市住宅毋寧說是「垂直移動」的。迫於有限的建地，都市住宅不得不「向上」發展，因而形成了必須和樓梯朝夕相處的縱向生活節奏。然而，樓梯的垂直移動由於距離較大，結果往往容易因為樓層的分隔而阻斷了樓上和樓下的關聯。因此，如何讓空間繼續保有連續性，讓居住者得以樂在垂直的生活，又是都市住宅設計的另一個重點。

好比說，降低樓梯的斜度就可以讓空間顯得較為安穩，或者在樓梯的中段設置類似於挑空夾層的樓梯間，也可以避免居住者經常意識到樓梯的存在，有效製造出上下空間的連續感。又好比說，加大踏板的深度、縮小豎板的高度，讓居住者可以隨時坐下的樓梯空間，所營造出來的舒適性和安全感，更會讓人嚮往。留意居住者垂直的視線，試圖把樓梯的魅力推到極致，正是都市住宅設計的絕妙之處。因此，我們期盼設計師都能夠積極掌握室內實際上下移動的感受，進而讓居住者真正享受垂直生活的樂趣。

在縱向移動中享受生活的樂趣

左：樓梯邊的牆面收納展示著屋主個人收藏的書籍、CD，讓樓梯變成一處隨時可以坐下欣賞收藏的空間，而不再單純只是上下樓的通道而已。享受垂直連續的樓梯或天井，乃是都市住宅不可多得的樂趣。

右：橫跨在挑高夾層之間的橋樑式樓梯，讓上下空間自然串連。完全開放、沒有牆壁阻隔的天井設計，行經時還可以享受室內寬敞的視野。

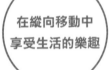

利用夾層設計 貫穿整個空間

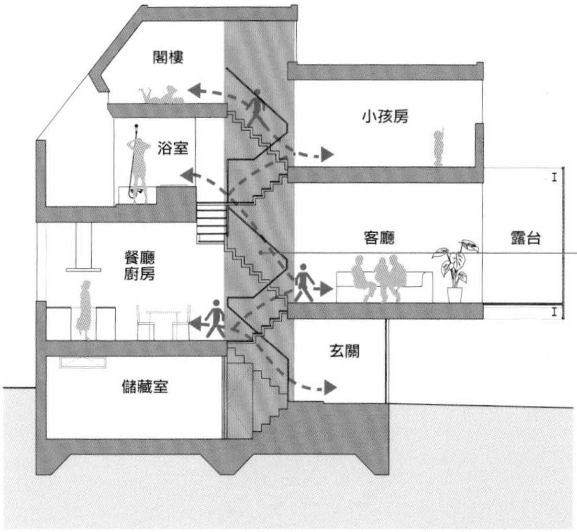

斷面圖 S=1:200

POINT

減少居住者意識到樓梯的次數，並感受到縱向移動的樂趣，這樣的空間才稱得上是成功的挑高夾層設計，等於是把每一層空間都變成樓梯間。

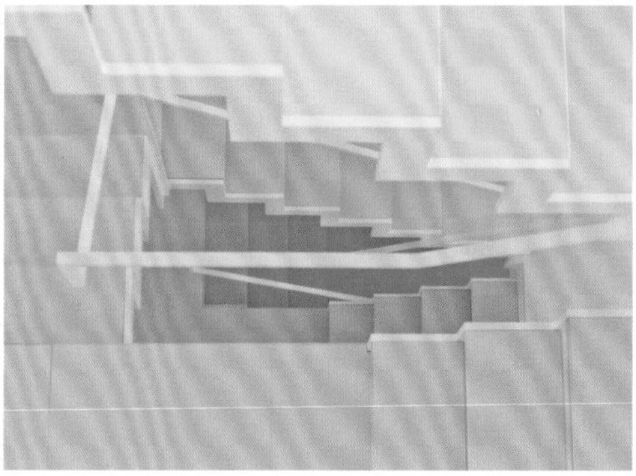

左：利用外推式露台和木作格柵所形成的特殊正面。都市住宅設計的任務之一，就是要創造讓人禁不住會去想像、揣測內部設計的空間。

右上：在夾層屋裡利用空間的串連，讓居住者得以在上下樓梯時體驗到各種的視野。即便是一段短短的樓梯，也能產生特殊的律動，避免生活中移動時可能產生的單調乏味。

右下：透過省略樓梯的豎板，薄型化並且讓梯身一路連貫，即可為整座樓梯帶出輕盈、漂浮的印象。

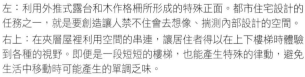

15

堅持完美比例的好房子

To stick to a proportion

在寸土寸金的土地上，住家和大樓交錯櫛比，街道巷弄排列著大大小小不同設計形式的建築物，這正是典型的都市光景，也是名副其實的「混沌」狀態。在這般難以駕馭的街區裡，所謂景觀設計，充其量也僅限於建築物的外觀，說不上真正的整合。

然而，設計師仍舊會盡力而為，譬如透過對外觀比例（黃金比例或白金比例等）的堅持，讓住宅變得小而美、小而精緻，並藉由一個個住宅光「點」，串連成「線」，形成「面」的可能。為求內部空間的美觀，也少不了比例和尺寸的調整。從深、寬、高度，到家具的比例，乃至格柵的間隔，設計師必須清楚掌握每一處細節的關聯。只要掌握住每一處尺寸和比例，空間中肯定不會有地方讓人看了礙眼，住得不舒服、不自在。每一位設計師心中所盼望的，不過是為了讓人賞心悅目而已。

取得整體外觀的完美比例

左：設置了大型推拉門的正面，和單向傾斜的屋頂搭配組合而成的外觀設計。設計師刻意藉由減緩屋頂的斜度，並稍微加寬了入口，表現出整體的平衡之美。

中：外觀由L型的正面和水泥裸牆組合而成，形式極為簡潔。向外推出的L形部分，給人輕巧的印象，也為正面營造出了立體感。

右：正面的大型連續窗採以方正比例，並且讓窗框和牆角切齊。尺寸比例的拿捏和細部的處理，是正面設計極為重要的關鍵。

堅持空間的比例

左：為了強調挑高的天井空間，刻意把電視櫃安排在較低的位置，形成特殊的對比。而之所以不讓電視櫃接觸地板，是為了製造櫃體的輕盈感。

右：龍骨梯由鋼構骨架外包原木板，而原木板則由上下夾合，藉由不同的厚度及接合處的接縫，突顯出梯身獨樹一格的形式。

透過連續的安排表現秩序

由鋼骨和木材所組成的大型屋頂，以及牆面收納、六片式推拉門，還有全景的視野，一氣呵成，井然有序。為求搭配三角形屋頂而特別把餐桌設計成三角形，也讓整體空間流露出完美的一致性。

限制素材
容易創造最好的效果

To limit materials

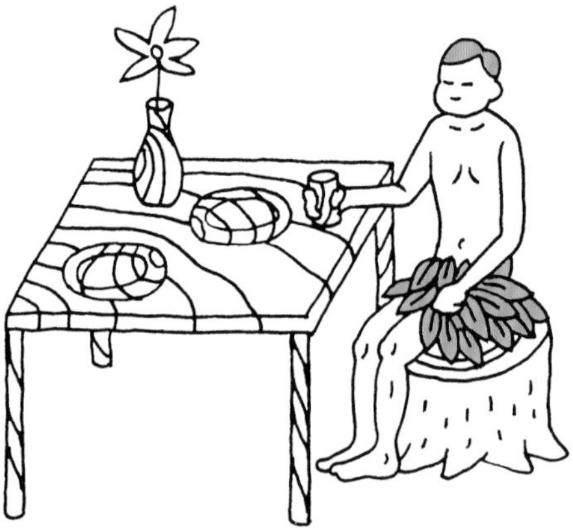

空間的印象取決於素材的組合。尤其是都市住宅這類面積較小的空間，很容易帶給人素材種類過多、紊亂複雜的印象，因此設計時應該盡量限制素材的種類。換句話說，創造素材少卻內涵豐富的空間，也是都市住宅的另一個設計重點。

在素材不多的情況下，所製造出來的對比、組合效果，一般來說，可以很輕易地讓人產生空間的舒適感；加上空間不大，更容易突顯出素材本身的力道，也更容易把居住者的目光焦點放在每一處細節上。這就好比日本料理中的豆腐，要想創造豆腐本身的美感，必須從選擇最合適的原料、維持豆腐原本單純的形狀下手，而不是極力去加油添醋。

當然，限制素材還有另一個好處，就是可以降低費用，等於是一舉兩得。建議平時不妨多花點時間，經常去感覺哪些素材是絕對少不了的，而哪些又是可有可無的，不斷去蕪存菁，自然就能夠嚴選出最適合都市住宅的元素。

以最少的素材
創造最好的效果

左：正面設置大面積對外開口的厚重型外觀，其實只是利用水泥裸牆本身的質感和比例勻稱的鋁門窗兩者的組合而已。

右：利用薄型化設計，為鋼筋混凝土龍骨梯營造出輕巧的印象。而牆壁和天花板也選用了相同的素材，既為空間製造出一體感和連續性，也大大節省了材料的花費。

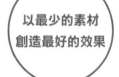

限制素材
形塑空間調性

左上：黑色木作格柵和純白外牆，是最好的搭配。

左下：二樓客廳的訂製收納櫃和廚房的板材，和一樓完全一致，藉此營造出住宅的整體感。

右：玄關收納、室內配件、樓梯踏板，全數採用胡桃木，形塑出空間中統一的調性。

藉由素材的
對比性，創造
視覺效果

左：相對於一樓利用玻璃和水泥形成的厚重印象，二樓的外牆則採用加州紅木。透過不同素材本身的力道，營造出特殊的對比。

右：相較於一樓內部的水泥裸牆設計，二樓則改用南洋材，刻意製造柔軟的印象。二樓獨立的空間完全採用單一素材，既可以創造空間的整體感，也能讓空間的外觀體積感覺更大且厚實。廚房流理檯的檯面和抽油煙機外層則統一改採白木木料，目的是為了讓居住者產生整個空間完全都在掌握中的印象。

17

善用大套房式設計

To utilize one-room

都市住宅的空間原本就有限，想從中擠出一點多餘可用的面積何其困難。於是，現代住宅的設計概念，已經不再是把用途不同的空間整合在一起的nLDK式設計手法，而是盡量把空間設計成具有多種用途，以提高空間的使用效率，即所謂的大套房式設計。透過這種多用途設計，空間會變得更有深度，而且會自然產生凝聚居住者共聚一堂的效果。在現代都市裡，我們已經鮮少看到一家人齊聚客廳看電視的光景，如今的家庭多半是齊聚客廳各做各的事。現代都市需要的，是類似個人電腦這種一台機器功能俱全的設計。倘若所謂「都市」就是追求速度和縮短距離兩種概念的集合體，那麼會出現這種具有多用途、多功能、多目的的大套房式設計概念，也就不足為奇了。

享受沒有距離的居家生活

利用大套房式設計，設計師所追求的是家中每位成員得以共聚一堂、共同使用的多用途特性，而不是去限定或維持空間原有的功能。創造多用途的舒適空間，正是時下大套房式設計最大的魅力。

都市
18

小而美的小房子

Since it is small, it can do

都市住宅絕不適合習慣以消極的態度面對「小」的屋主。唯有已經確立了個人生活的形態，對人生懷抱著某種程度的豁達，或者本身就對小型空間沒有排斥感，懂得小有小的好的屋主，都市住宅才會是他最佳的選擇。

都市住宅其實包含了追求「小」的可能的設計概念。一來因為居住者本身東西不多，不需要大型的收納或倉庫，二來他們認為好友相聚，約在附近的餐廳、飯店一樣可以賓主盡歡。

至於生活的形態，由於位處市區，有著便利的大眾運輸系統，交通根本不成問題，因此尤其適合高齡者居住。

這樣一個舒適、精緻的小小空間，說它是「家」，倒更像是個「殼」。它的小而美，正好和以茶道文化著稱的日本精神不謀而合。對於追求精緻生活的屋主來說，其實他們已經在都市住宅裡體悟了大房子永遠無法體會的宇宙觀和生命觀，也真心懂得享受小而美的樂趣。

用放鬆的心情和行動力，實際享受都市生活

密集的住宅區儘管地小人稠，照樣可能建造出令人滿意的住宅。堅持個人的生活態度，輕鬆挑選，乃是在都市生活中成功的不二法門。

結合屋主和建築師雙方的熱情，即使建地再小，也能夠打造出魅力十足的住家。唯有這樣的建築，屋主才真心願意去經營、享受居住其中的樂趣。

小即是美
承載生活印記的小住宅

Small is beautiful

回首日本都市的發展，你一定會不得不為它驚人的進步和成長的速度歎為觀止，儘管過程中產生了許多的成就，但也犧牲了一些單純生活的美好。如今高度成長的時代已經過去，在人口成長逐漸趨緩的背景下，今後全球都市裡的「小」勢必會成為都市發展的關鍵。就現代人來說，如何從生活中重新找回真正的富裕，也將是每一個人必須面對的共同課題。

在這樣的時代背景下，突破法令和環境限制，經由設計師絞盡腦汁所精心打造的小型住宅，儼然變成了我們生活中無可取代的寶藏。從中可以清楚看到居住者和設計師的匠心獨運及想像力，試圖把有限的土地和空間發揮出最大的可能。或許也因為社會對於未來已經失去了偉大的憧憬，如今我們才會轉而追求生活中原本理所當然或微不足道的小細節。然而，透過這些生活中瑣碎的小細節而有所領悟，正是生活的基礎，也是日本人自古以來審美觀念的根源。

後記 *Epilogue*

從事住宅設計工作十二年來，我經常想起許多客戶在滿心期待的新房總算完工的那一刻，順口說出的一句話，「真希望能再蓋一棟！」他們對於整個建造過程的喜悅，顯然已經遠遠勝過當初為了購買土地、打算建立一個家時所付出的一切。我想這些屋主肯定也已經品嚐到從無到有的感動，才會興起想去再度經驗、體會的念頭。

不用說，我也是對住宅設計上癮、成痴的人，經手設計的房屋不下八十處。我從不感覺厭倦，如今仍舊持續精進，好奇心始終未減。我無意孤芳自賞，很願意和更多樂於享受住宅設計之樂的人分享我的快樂，於是便結集成這本書了。讀者不妨從個人偏好的主題開始，細細咀嚼，輕鬆享用。

和我的前一本著作《新住宅設計教科書》一樣，本書仍由X-Knowledge出版社的三輪浩之先生負責編輯，由衷感謝。我還要藉此感謝提供我多方建議的作家加藤純先生，以及透過風格輕快、幽默的插畫，突顯住宅設計之樂的設計師：Surmometer設計公司的山城由小姐和小寺練先生。另外，若是少了APOLLO設計團隊的力挺，我想這本書也是不可能完成的。

最後，我由衷感激所有出現在這本書中的屋主，以及每一位住宅設計的同業朋友。

二〇一二年五月三十日
建築師 黑崎 敏

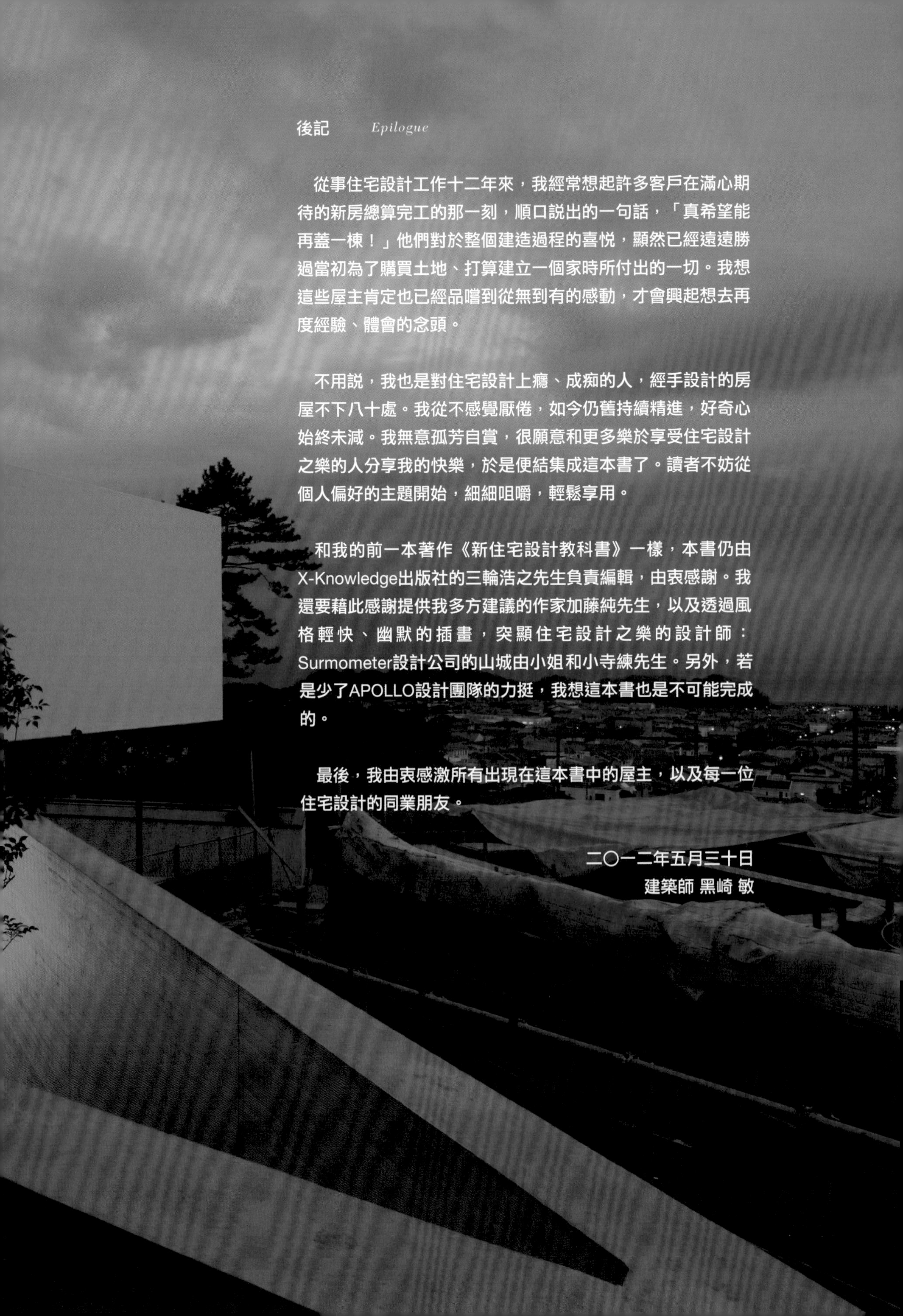

作者簡介

執筆者　黑崎 敏／APOLLO architecs & associates

E-mail　info@kurosakisatoshi.com

網址　http://kurosakisatoshi.com

經歷

黑崎 敏 Satoshi Kurosaki

1970年　生於日本石川縣金澤市

1994年　明治大學理工學院建築系畢業

積水房屋株式會社東京設計部商品企劃開發

1998年　FORME一級建築師事務所主任技師

2000年　APOLLO一級建築師事務所負責人

2008年　APOLLO株式會社一級建築師事務所董事長

日本大學理工學院約聘講師（～2010年）

2014年　慶應義塾大學理工學院研究所約聘講師（～2015年）

2017年　慶應義塾大學理工學院系統工程學系約聘講師（～2020年）

著作

2008年　《世界奇妙住宅趣味寫真精選60家》（黑崎 敏 ＋ Beach Terrace編著，二見書房出版）

2010年　《夢想的住家》（黑崎 敏＋ Beach Terrace編著，二見書房出版）

2011年　《新住宅設計教科書》（黑崎 敏著，X-Knowledge出版）

2012年　《TINY Houses 小小的家、可愛的家》（Mini Zeiger著，黑崎 敏 譯，二見書房出版）

2017年　《新・世界奇妙住宅趣味寫真精選50家》（黑崎 敏著，二見書房出版）

獲獎

Wallpaper Design Award （2016）
iF DESIGN AWARD （2024・2021）
ICONIC AWARDS （2020・2016）
GERMAN DESIGN AWARDS （2024・2021・2017）
DFA Design for Asia Award （2023～2020）
OUTSTANDING PROPERTY AWARD （2023・2022・2020）
GOOD DESIGN AWARD （2023・2021・2020・2017～2014・2012）
BLT Built Design Awards （2023）
DNA Paris Design Awards （2023～2021・2019）
Architizer A+Awards （2023・2021・2017）
A' DESIGN AWARD （2023～2021）
LOOP Design Awards （2021）
ARCHITECTURE MASTERPRIZE （2020・2016）
Wood Design & Building Awards （2016）

團隊

成員　堀田 梢／三上 哲哉／北野 英樹／八島 健介／李 圭範／前田 幸矢／越光 晉

攝影　西川 公朗／西川公朗攝影事務所
鳥村 鋼一／鳥村鋼一攝影事務所（P.33、P.91下方兩張、P.100右、P.192、P.195下方兩張、P.215右第三張）

日本設計師才懂の

好房子法則

小坪數的難題，他們最懂；蓋房子的設計，他們想得最細。
日系動線、格局、建材、手法、蓋屋知識全公開！

作　　者　黑崎 敏
譯　　者　桑田 德
執行編輯　莊雅雯
封面設計　林秦華
內頁構成　黃雅藍
編輯校對　溫芳蘭、莊雅雯
責任編輯　莊雅雯、詹雅蘭

總 編 輯　葛雅茜
副總編輯　詹雅蘭
主　　編　柯欣妤
業務發行　王綬晨、邱紹溢、劉文雅
行銷企劃　蔡佳妘

發 行 人　蘇拾平
出　　版　原點出版 Uni-Books
Email　uni-books@andbooks.com.tw
電話：（02）8913-1005　傳真：（02）8913-1056
發　　行　大雁出版基地
新北市新店區北新路三段207-3號5樓
www.andbooks.com.tw
24小時傳真服務（02）8913-1056
讀者服務信箱 Email: andbooks@andbooks.com.tw
劃撥帳號：19983379
戶名：大雁文化事業股份有限公司

二版一刷　2024年06月
I S B N　978-626-7466-14-8 (平裝)
定　　價　630元

版權所有・翻印必究（Printed in Taiwan）
ALL RIGHTS RESERVED
缺頁或破損請寄回更換

大雁出版基地官網　www.andbooks.com.tw

國家圖書館出版品預行編目資料

好房子法則：小坪數的難題，他們最懂；蓋房子的設計，他們想得最細。
日系動線、格局、建材、手法、蓋屋知識全公開！／黑崎 敏著；桑田 德譯
-- 二版. -- 新北市 : 原點出版 : 大雁文化發行, 2024.06
224面 ; 19×26公分
ISBN 978-626-7466-14-8（平裝）
1.房屋建築　2.空間設計　3.室內設計

441.52　　113005877

SAIKO NI TANOSHII IEZUKURI NO ZUKAN
©SATOSHI KUROSAKI 2012
Originally published in Japan in 2012 by X-Knowledge Co., Ltd. TOKYO,
Chinese（in complex character only）translation rights arranged with
X-Knowledge Co., Ltd. TOKYO,
through Tuttle-Mori Agency, Inc. TOKYO.
Complex chinese translation copyright c 2013 by Uni-books, a division of AND Publishing Ltd.
ALL RIGHTS RESERVED